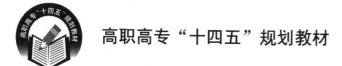

高职高专"十四五"规划教材

# 物联网应用系统项目设计与开发

赫宜　韩多成　李美萱　韩娜　编著

北京航空航天大学出版社

# 内 容 简 介

本书为物联网应用系统设计与开发入门教材。全书共 8 章,包括对物联网现状与产业的分析、物联网系统的设计方法、无线传感网开发、Web 应用开发、物联网移动应用开发以及多种典型的实训案例等。本书第 1 章为绪论,第 2 章详细介绍物联网应用系统设计的方法,第 3～6 章介绍物联网中各个层级的开发方法,包含大量示例,第 7 章以前面的内容为依托,扩展出多个物联网的典型应用系统设计案例,第 8 章结合 3D 虚拟仿真技术与 VR 技术,展现虚拟化技术与物联网系统结合的开发方法。本书各章例题和习题为学生提供理解和巩固的途径,注重培养学习者的实践技能和应用能力。

本书可作为物联网、电子信息、计算机软件以及通信等相关专业的教材,也可供高等职业院校相关参赛者、物联网技术领域的科研工作者参考。

## 图书在版编目(CIP)数据

物联网应用系统项目设计与开发 / 赫宜等编著. --
北京 :北京航空航天大学出版社,2021.7
ISBN 978 - 7 - 5124 - 3558 - 2

Ⅰ. ①物… Ⅱ. ①赫… Ⅲ. ①物联网－应用－系统设
计 Ⅳ. ①TP393.4②TP18

中国版本图书馆 CIP 数据核字(2021)第 133786 号

**物联网应用系统项目设计与开发**
赫宜 韩多成 李美萱 韩娜 编著
策划编辑 冯颖 责任编辑 冯颖

\*

北京航空航天大学出版社出版发行

北京市海淀区学院路 37 号(邮编 100191) http://www.buaapress.com.cn
发行部电话:(010)82317024 传真:(010)82328026
读者信箱:goodtextbook@126.com 邮购电话:(010)82316936
涿州市新华印刷有限公司印装 各地书店经销

\*

开本:787×1 092 1/16 印张:17 字数:435 千字
2021 年 8 月第 1 版 2021 年 8 月第 1 次印刷 印数:2 000 册
ISBN 978 - 7 - 5124 - 3558 - 2 定价:49.80 元

# 前　言

物联网应用涉及国民经济和人类社会生活的方方面面,因此,"物联网"被称为继计算机和互联网之后的第三次信息技术革命。它并非一个全新的技术领域,而是现代信息技术发展到一定阶段后出现的一种聚合性应用与技术提升,是随着传感网、通信网、互联网的成熟与积淀,人类生产、生活方式的变化应运而生的。

我国政府对物联网产业投以极大的关注及支持,因此产业发展迅速,已经逐渐从未来愿景走向现实应用,同时加大对物联网教育的投入,旨在培养更多的物联网专业人才,满足物联网产业发展的需求。当前很多高等院校都开设了物联网专业,但作为新兴专业,在教育的过程中仍然暴露出了很多问题,这也需要各大高校不断完善物联网教育,提高物联网教育的水平。

物联网应用技术是物联网在高职层次的专业,升本专业为物联网工程。作为一个复合型学科,物联网应用知识体系繁杂庞大,高校如何才能为社会和企业培养符合需求的人才,变得尤为重要,学生毕业后能进行物联网应用系统的设计与开发工作,这就要求掌握嵌入式、传感器、无线传输、信息处理等物联网技术,掌握物联网系统的感知层、网络层和应用层关键设计等专门知识和技能,具有从事WSN、局域网、安防监控系统等工程设计、施工、安装、调试、维护等工作的业务能力,具有良好服务意识与职业道德。

本书作为物联网应用系统设计与开发的入门教材,力求理论介绍系统性,实训案例可操作性。本教材共8章,分别讲述物联网的概念和产业结构、应用的需求分析与设计方法、无线传感网开发、无线通讯协议、Web页面开发与移动应用混合开发,全面介绍物联网应用系统每个层级的设计与开发方法,同时提供多个典型的物联网应用开发流程等。

为方便读者学习,本书提供电子资料包,内容包括本书课件、实验指导书、源代码、微课与实操视频,请扫描封底二维码获取。

本教材在编写过程中得到方源智能(北京)科技有限公司北京研发中心团队的大力帮助,教材编写中参阅了大量的图书和互联网资料,在此一并表示衷心的感谢。

物联网应用系统设计与开发的涵盖面较广,本书并未涉及全部的物联网相关技术,且物联网开发技术不断发展,书中难免会有不少疏漏和不足之处,恳请读者提出宝贵意见和建议。

编　者
2021 年 5 月

# 目　　　录

# 第 1 章 绪 论

**🎓 知识目标**

- ➤ 了解物联网的概念；
- ➤ 了解物联网的分类与产业结构；
- ➤ 了解物联网应用发展的现状与问题；
- ➤ 了解物联网应用的发展前景。

## 1.1 物联网概述

### 1.1.1 物联网的定义

物联网（Internet of Things）被称为继计算机、互联网之后世界信息产业的第三次浪潮，但它并非一个全新的技术领域，而是现代信息技术发展到一定阶段后出现的一种聚合性应用与技术提升，是随着传感网、通信网、互联网的成熟与积淀，人类生产、生活方式的变化应运而生的。

目前，对物联网的通用定义是：通过射频识别（RFID）、传感器、全球定位系统、激光扫描器等信息传感设备按约定的协议把任何物品与互联网连接起来，进行信息交换和通信，以实现智能化识别、定位、跟踪、监控和管理的一种网络，物联网概念图如图 1-1 所示。

**图 1-1　物联网概念图**

顾名思义，物联网就是物物相连的互联网，包含两层意思：

其一，物联网的核心和基础仍然是互联网，是在互联网基础上延伸和扩展的网络。

其二，物联网用户端延伸和扩展到了任何物品，进行信息交换和通信，也就是"物物相息"。物联网通过智能感知、识别与普适计算等通信感知技术，广泛应用于网络的融合中，是互联网的应用拓展。与其说物联网是网络，不如说物联网是业务和应用，因此应用创新是物联网发展的核心。

### 1.1.2　物联网的发展历程

物联网的发展史最早可以追溯到比尔·盖茨于 1995 年出版的《未来之路》。在此书中,已经多次提到"物物互联"的想法,但是由于受当时网络技术与传感器应用水平的限制,比尔·盖茨朦胧的"物联网"理念没有引起重视。

1998 年,美国麻省理工学院的研究人员在成功完成了产品电子代码研究的基础上,提出利用射频标签、无线网络和互联网构建物物互联的物联网的概念与解决方案。

物联网概念真正引起各国政府与产业界的重视是在 2005 年国际电信联盟发布的互联网研究报告《物联网》之后。图 1-2 中展示了国际电信联盟提出物联网概念的发展过程。

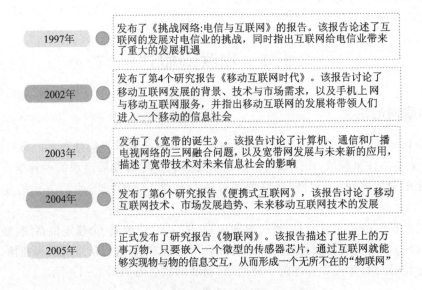

图 1-2　国际电信联盟提出物联网概念的过程

如今,物联网已经广泛应用于各个领域,世界也在慢慢地将物联网转变为万物互联。据悉,到 2022 年,全球物联网技术支出预计将达到 1.2 万亿美元,2017—2022 年复合增长率为 13.6%。由图 1-3 可以看出,物联网应用经过 50 余年的发展,已呈现蓬勃发展的态势。

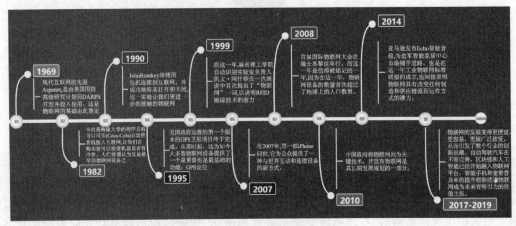

图 1-3　物联网应用的发展历程

可以看出,早期的物联网设备包括手机、台式电脑和笔记本电脑。此后,物联网逐渐应用到冰箱、自动售货机等众多日常设备中。现在,烟雾报警器、电子设备、平板电脑和扬声器等智能家居设备都接入了互联网。物联网最终会变成万物互联,因为最终所有能想象到的"物"都会连上互联网。

在4G时代,大家开始接触物联网。5G时代将是物联网大爆发的时代。在不久的将来,物联网将继续在各行各业快速发展,并被大规模采用。

# 1.2 应用分类与产业结构

## 1.2.1 物联网应用的分类

物联网最明显的特征是网络智能化,通过信息化的手段实现物物相连,提高不同行业的自动化管理水平,减少人为干预,从而极大程度地提升工作效率,同时降低人工带来的不稳定性。因此,物联网在许多行业应用中将发挥巨大的作用。例如未来通过感应设备将电网、铁路、桥梁、隧道、公路、建筑、供水系统、大坝、油气管道等数据信息化,并通过网络传输方式实现信息的采集及管理,将物联网与现有的互联网整合起来,实现人类社会与物理系统的整合。

物联网可分为三层架构:感知层、网络层以及应用层。感知层收集物理信息并处理,实现数据信息化;网络层通过无线或有线的方式对相应数据进行收集与传输;应用层最终可以实现物联网系统多种智能化应用。

物联网应用有很多分类方法,本书只介绍两种主要方式,一种是按照服务范围进行划分,另一种是按照功能进行划分。

按照服务范围可以将物联网应用分为以下4类:

➤ 私有物联网,一般这种网络只向单一机构内部提供服务;
➤ 共有物联网,以互联网为载体,向广大公众或大型用户提供服务;
➤ 社区物联网,向特定的关联群体或社区提供服务;
➤ 混合物联网,有统一的运用实体,将以上两种或两种以上的物联网组合起来。

按照功能可以将物联网技术分为以下3类:

➤ 感知技术,运用移动的数据采集技术对设备信息进行识别和感知;
➤ 网络技术,涉及组网技术、交换技术等多种信息技术的综合应用,运用互联网的基本功能将感知信息通过高性能、高安全性的路径传输出去;
➤ 应用技术,运用了多种信息协同及共享和互通技术,如软件和算法、信息呈现、平台服务、并行计算、数据存储等技术。

## 1.2.2 物联网应用的产业结构

在"智慧城市"理念的引导下,我国积极展开了物联网的建设,各地政府高度重视物联网产业发展,物联网产业链逐步完善,形成统一的物联网布局,实现物联网市场的蓬勃发展。物联网产业结构如图1-4所示。

物联网产业链包含8大环节:芯片供应商、传感器供应商、无线模组(含天线)厂商、网络运营商(含SIM卡商)、平台服务商、系统及软件开发商、智能硬件厂商、系统集成及应用服务提供商。

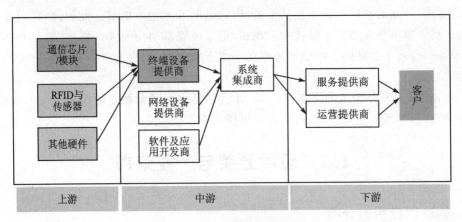

图1-4 物联网产业结构

**1. 芯片供应商:物联网的"大脑"**

芯片是物联网的"大脑",低功耗、高可靠性的半导体芯片是物联网几乎所有环节都必不可少的关键部件之一。依据芯片功能的不同,物联网产业中所需芯片既包括集成在传感器、无线模组中实现特定功能的芯片,也包括嵌入在终端设备中提供"大脑"功能的系统芯片——嵌入式微处理器。

传统的国际半导体巨头包括arm、英特尔、高通、联发科、德州仪器、意法半导体等。国内主要厂商包括华为海思、展讯、北京君正、全志科技、北斗星通、通富微电、华天科技、力源信息、润欣科技等。国内一些厂商从特定细分领域入手,包括芯片设计、制造、封测等,并逐步缩小与国外厂商的技术差距。

**2. 传感器供应商:塑造物联网的"五官"**

传感器本质是一种检测装置,是用于采集各类信息并转换为特定信号的器件,可以采集身份标识、运动状态、地理位置、姿态、压力、温度、湿度、光线、声音、气味等信息。广义的传感器包括传统意义上的敏感元器件、RFID、条形、条形码、二维码、雷达、摄像头、读卡器、红外感应元件等。

工程中常用的传感器可分为物理类传感器、化学类传感器、生物类传感器三大类。而根据传感器的基本功能可细分为热敏元件、光敏元件、气敏元件、力敏元件、磁敏元件、湿敏元件、声敏元件、放射线敏感元件、色敏元件、味敏元件十种。

**3. 无线模组厂商:实现联网和定位的"关键"**

无线模组是物联网接入网络和定位的关键设备。无线模组可以分为通信模组和定位模组两大类。常见的局域网技术有Wi-Fi、蓝牙、ZigBee等,常见的广域网技术主要有工作于授权频段的2/3/4G、NB-IoT和非授权频段的LoRa、SigFox等技术,不同的通信方式对应不同的通信模组。NB-IoT、LoRa、SigFox属于低功耗广域网(LPWA)技术,具有覆盖广、成本低、功耗小等特点,是专门针对物联网应用场景开发的。

**4. 网络运营商:掌控物联网的"通道"**

网络是物联的通道,也是目前物联网产业链中最成熟的环节。广义上来讲,物联网的网络是指各种通信网与互联网形成的融合网络,包括蜂窝网、局域自组网、专网等,因此涉及通信设备、通信网络(接入网、核心网业务)、SIM制造等。

**5. 平台服务商：完善物联网的"有效管理"**

平台是实现物联网有效管理的基础。物联网平台作为设备汇聚、应用服务、数据分析的重要环节，既要向下实现"管、控、营"，又要向上为应用开发、服务提供及系统集成提供 PAAS 服务。根据平台功能的不同，可分为以下 3 种类型：

- ➢ 设备管理平台：主要用于对物联网终端设备进行远程监管、系统升级、软件升级、故障排查、生命周期管理等功能，所有设备的数据均可以存储在云端；
- ➢ 连接管理平台：用于保障终端联网通道的稳定，网络资源用量的管理、资费管理、账单管理、套餐变更、号码/IP 地址资源管理；
- ➢ 应用开发平台：主要为 IoT 开发者提供应用开发工具、后台技术支持服务、中间件、业务逻辑引擎、API 接口、交互界面等，此外还提供高扩展的数据库、实时数据处理、智能预测离线数据分析、数据可视化展示应用等，让开发者无须考虑底层的细节问题就可以快速进行开发、部署和管理，从而缩短开发时间、降低成本。

**6. 系统及软件开发商：打造物联网的"动脉"**

系统及软件可以让物联网设备有效运行，物联网的系统及软件一般包括操作系统和应用软件等。其中，操作系统（Operating System，OS）是管理和控制物联网硬件和软件资源的程序，类似智能手机的 iOS、Android，是直接运行在"裸机"上的最基本系统软件。其他应用软件在操作系统的支持下才能正常运行。

**7. 智能硬件厂商：提供物联网的"终端承载"**

智能硬件是物联网的承载终端，集成了传感器件和通信功能，可接入物联网并实现特定功能或服务的设备。如果按照面向的购买客户来划分，可分为 To B 和 To C 类：

- ➢ To B 类：包括表计类（智能水表、智能燃气表、智能电表、工业监控检测仪表等）、车载前装类（车机）、工业设备及公共服务监测设备等；
- ➢ To C 类：主要指消费电子，如穿戴式设备、智能家居等。

**8. 系统集成及应用服务提供商：物联网应用落地的"实施者"**

系统集成及应用服务是物联网部署实施与实现应用的重要环节。所谓系统集成就是根据一个复杂的信息系统或子系统的要求把多种产品和技术验明并接入一个完整的解决方案的过程。目前主流的系统集成包括设备系统集成和应用系统集成两大类。

# 1.3 现状与存在的问题

## 1.3.1 物联网应用现状

物联网应用没有一个严格的定义，几乎只要是运用科技通信技术来带动的都可以列入。狭义地讲，科技通信应用中具备传感器来收集数据并能送往后端以作分析应用。美国公司所提出的智能插座就是在电器插座上持续收集各电器的用电数据并汇集到云端，让用户可以通过系统去监视电器的用电状况，作为消费者使用电器的参考值，以达到省电的目的。

另外一个例子是智能保健牙刷。当使用智能牙刷时，牙刷上的传感器就开始收集个人的刷牙状况并发送给系统，让用户了解自己的刷牙状况，以便指导哪里需要加强等。这项应用可以鼓励孩童刷牙，对儿童的牙齿保健很有帮助，如图 1-5 所示。

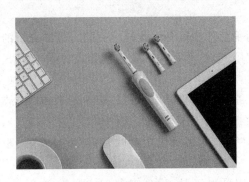

图1-5　智能保健牙刷

还有会判断购物者年龄层的自动售卖机，机器除了销售还能主动推荐该年龄层喜欢的物品。此外售卖机还能做到个性化喜好推荐，进一步提供哪些物品可以在哪些售卖机购买的信息。

一般在谈论物联网时，会把系统架构分成三层，最底层就是感知层，它可以去撷取、收集及感测应用上所需的相关信息。比方说，我们想知道市区目前的交通状况，以提供给路人有更多路径选项，但如何收集交通状况呢？方法有很多，例如在每个路口装摄影机，摄影机将实时路况传送到云端，再将实时信息累积起来进行分析；另一种是在马路上装传感器，计算单位时间内有多少车子从这里通过，就可以知道这条路上有多少车在走、这条路堵不堵。

从这里可以看出，物联网与海量数据的关系非常密切，在物联网架构最底层，就是万物联网，目的就是去撷取及感测数据，这一过程中会收集到大量的资料，但要筛选出有用的数据，就要经过收集、处理、分析阶段，因为数据的收集与分析在整个物联网的应用架构中扮演相当重要的角色。现今谈物联网的应用多半以智慧城市为例，包含城市中所需的环保、交通、能源、物流、医疗以及智慧建筑等。

尽管我国的物联网技术起步较晚，在核心技术的掌握能力上稍落后于发达国家，但如今在社会生活中的应用也变得越来越多。共享单车、移动POS机、电话手表、移动售卖机等产品都是物联网技术的实际应用。智慧城市、智慧物流、智慧农业、智慧交通等场景中也用到了物联网技术。

我国的物联网技术在发展中呈现以下特点：

**1. 生态体系逐渐完善**

在企业、高校、科研院所共同努力下，我国形成了芯片、元器件、设备、软件、电器运营、物联网服务等较为完善的物联网产业链。同时涌现出一批物联网领军企业，初步建成一批共性技术研发、检验检测、投融资、标识解析、成果转化、人才培训、信息服务等公共服务平台。

**2. 创新成果不断涌现**

中国在物联网领域已经建成一批重点实验室，汇聚整合多行业、多领域的创新资源，基本覆盖了物联网技术创新各环节。

窄带物联网引领世界发展，话语权不断提高。目前，我国三家基础电信企业都已启动NB-IoT（窄带物联网）网络建设，将逐步实现全国范围广泛覆盖，2017年全网基站规模超过40万站，一批省市已经开始了商用网络。江西鹰潭、福建福州等很多地方政府都支持NB-IoT发展，正在推进数十万台基于NB-IoT的智能水表部署；西藏正在尝试将NB-IoT网络引入牦牛市场。2020年7月9日晚，ITU-R WP5D♯35远程会议上，我国提交的NB-IoT技术正式被接纳为5G技术标准，如图1-6所示。这也意味着，由中国产业链主导的NB-IoT网络，不仅在实践

图1-6　NB-IoT与5G

中获得了全球产业链的广泛认可与支持,而且正式纳入全球 5G 标准。NB-IoT 将与 5G NR (新空口)携手共创万物互联的智能世界!

**3. 产业集群优势不断突显**

中国形成了环渤海、长三角、珠三角以及中西部地区四大区域发展格局,无锡、杭州、重庆运用配套政策已成为推动物联网发展的重要基地,构建了比较完整的物联网产业链。

### 1.3.2 物联网应用发展中存在的问题

我国的物联网技术得到政府部门的重视,但要加快和推动物联网的持续发展,还需要解决以下问题:

**1. 核心技术有待突破**

信息技术的发展促使物联网技术初步形成,虽然我国物联网技术发展还处于初级阶段,存在的问题比较多,一些关键技术还处于初始应用阶段,但急需优先发展的是传感器接入技术和核心芯片技术等。

首先,我国现阶段物联网中所使用的传感器连接技术受距离影响限制较大,由于传感器本身属于精密设备,对外部环境要求较高,很容易受到外部环境的干扰。

其次,我国物联网技术中使用的传感器存储能力有限,随着应用发展的要求,对信息的存储量需求变大,其存储能力和通信能力还需要继续提高,且数量较大,现有存储能力不能满足物联网发展的需求。

最后,物联网技术的发展还需要大量的传感器传输信息,因此需要发展传感器网络中间技术,不断创新和完善新技术的应用。

**2. 统一标准规范重要性**

物联网技术的发展对互联网技术有一定的依赖性。目前,我国互联网技术仍处于发展阶段,尚未形成较为完善的标准体系,这在一定程度上阻碍了物联网技术的进一步发展。目前由于各国之间的发展以及感应设备技术的差异性,难以形成统一的国际标准,导致难以在短时间内形成规范标准。

**3. 信息安全和隐私保护的问题**

信息安全和隐私保护已经成为网络技术的重要内容。电子计算机技术和互联网技术在不断方便人们工作生活的同时,也对信息安全和隐私保护提出了一定的挑战。物联网技术主要是通过感知技术获取信息,因此如果不采取有效的控制措施会导致信息的自动获取,同时感应设备由于识别能力的局限性,在对物体进行感知过程中容易造成无限制追踪问题,从而对用户隐私造成严重威胁。因此需要设置必要的访问权限,具体可以通过密钥管理,但由于网络的同源异构性导致管理工作存在一定的难度,保密工作存在一定的难度。此外,在不断加强管理、提高设备水平的同时,对物联网的发展成本提出了较大的挑战。

# 1.4 物联网应用前景

物联网几乎在所有领域都有巨大的发展潜力,主要是因为物联网可以感知上下文(在普适计算的环境中,人与计算机不断进行着透明性的交互,在这个交互过程中,普适系统获取与用户需求相关的上下文信息来确认为用户提供什么样的服务,例如,可以收集自然参数、医疗参数或用户习惯等信息),并提供量身定制的服务。无论应用领域如何,都是为了提高人们的日常生活质量,并将对经济和社会产生深远的影响。通过在各个行业中应用物联网技术对于进一步获取及时有效的信息、提高企业竞争力、降低人力成本、获取更大的经济效益具有重要作用。当前物联网技术的应用价值主要体现在通信行业、智慧城市建设以及智能工业制造等方面。

**1. 通信行业**

物联网技术的发展已经在国际上受到重视,这种技术的发展已经是大势所趋。其中低功耗广域网技术的发展成为通信技术中的重要内容。LPWAN 技术也是目前物联网领域广受关注的技术,这种技术本身具有低功耗、可以实现高质量远距离传输的优点,对于提高物联网技术的数据传输效率、满足公共资源的有效传递具有重要意义。

**2. 智慧城市建设**

在我国的基础设施建设工作中,智慧城市建设对于方便人们生活、提高工作效率具有重要意义。随着物联网技术的进一步发展,智慧城市建设中的诸多问题也可以顺利解决。通过建立智慧城市可以实现对城市资源的有效整合,对于加强城市管理、提升城市面貌具有重要意义。

未来的智能城市建筑或住宅将集成通信技术,配备多种传感器和智能设备(如宽带网关、手机、电脑、电视、监控摄像机和灯光)。一些应用程序使用物联网中最简单的功能,例如,确保安全的程序(如视频监控和入侵检测)、工厂管理和维护(如故障检测)、服务自动化(如暖通空调和照明)和娱乐系统(如家中的多媒体分发),其他类型应用(集成智能电网),同时优化国内消费结构。例如,家庭局域网(HAN)允许电器与智能仪表交互,在保证所需性能的同时降低成本。它还可以安排各种家电智能化工作,避开高峰期。人们可以通过智能手机随时随地查看家电等设备的使用情况、智能监控系统的运行状态,并在指定的时间控制家用电器开、关或设置运行参数,使家庭环境更适合居住。例如,通过分析信息流,系统可以了解一个人到家的时间,根据需要打开门和灯,把浴缸装满水,而且用户可以随时更改或取消自动操作。

公共安全服务包括维护公共秩序、预防和保护公民、保护公私财产。应急管理有助于社会预防和应对自然或人为灾害,如化学品泄漏、水灾、火灾、流行病和电力中断。物联网提供监控和跟踪这些紧急情况的解决方案。从位于市区内的固定摄像头和个人设备采集数据,可以实施先进的视频监控和区域监控,同时帮助警方在举办体育赛事、音乐表演等集会和日常生活中维护社会治安。利用传感器技术触发报警,可以加强私人和公共建筑(如银行、商店)的安全,也可以改善和加强应急行动。目前,应急系统缺乏突发事件现场的准确信息。专用传感器和智能摄像头以及提供实时定位和跟踪以及无线技术的全球定位系统(GPS)可用于预测事件的趋势(例如火灾蔓延的方向和速度),以便建立一个动态应急预案来协调救援行动。

**3. 智能工业制造**

工业制造是我国经济发展中的重要方面,利用物联网技术中的远程监控和优化重资产的优势可以改善当前的工业生产模式,智能技术的引入还能提高生产效率,增加企业的经济效益,这也将是物联网技术发挥重要作用的方面。

工业应用的一个相关案例是物流和供应链管理。附着在特定物体上的电子标签可用于识别材料和商品的类型,这些材料和商品可以是衣服、家具、设备、食品或液体。电子标签的使用有助于有效管理仓库和零售,准确了解当前库存,减少库存不确定性,还可以跟踪货物的整个生命周期,例如,安装在制造工厂的 RFID 阅读器可以监控生产过程,标签可以追溯到整个供应链(包括包装、运输、仓储)。由 RFID 阅读器和智能货架实时跟踪设备组成的先进物联网系统有助于减少材料浪费,从而降低成本,提高零售商和制造商的利润率。例如,如果货架上有一些免费的商品,销售额会减少大约 8.3%。如果对所需资源有一个正确的估计,短缺和生产过剩可以大大减少,这可以从智能货架上收集的数据中推断出来。另外,传感器的实时分析可以判断产品的变质程度,这对食品和液体至关重要。例如,为了确保对水果、蔬菜、冷冻食品等新鲜易腐商品的仓库或冷库的温湿度进行连续监测,执行机构可以调整相关参数,以最大限度地保证食品的质量。

物联网可以为汽车行业提供先进的解决方案。实时车辆诊断是一个关键的应用,所有的事情都可以由一个特定的传感器来监控(如胎压、电机数据、油耗、位置、速度、与其他车辆的距离等),然后将检测到的数据报告给中央系统。附加在汽车部件上的无线识别技术可以记录特定电机运动部件的历史,并通过自动查找缺失零件来改进装配过程。物联网技术的应用,使人货运输系统更加先进,如票务定价、基于自动跟踪分拣的行李管理。基于物联网技术的工业管理系统可以监控工业装置,例如,为了减少事故的发生,特别是在高风险区域(如石油和天然气工厂),与运输危险货物的集装箱相连的传感器可能会发送不同的信号,指示货物的化学成分,以及最高层次的构成。在紧急情况下(例如,在特定地理区域,化学成分接近最大允许水平),传感器可自动向控制中心发出警报。

# 思考与练习

1. 简述物联网应用的发展现状。
2. 物联网应用系统的分类有哪些?
3. 列举出各种无线通信技术的优缺点。

# 第 2 章　物联网系统设计

**知识目标**

➢ 掌握物联网应用需求分析方法；

➢ 掌握物联网应用系统模型的选择；

➢ 了解常用的物联网开发硬件。

# 2.1　需求分析

**1. 需求分析目的**

物联网应用系统的需求分析是获得和确定支持物品联网和用户有效工作的系统需求的过程。物联网需求表述了物联网系统的行为、特征、属性，这是设计实现的约束条件。可行性分析研究是在需求分析的基础上面对工程的设计、目标、范围、需求及项目方案要点内容进行研究和论证，确定工程是否可行。

**2. 需求分析概述**

物联网应用系统需求分析是用来获取物联网系统需求并对其进行归纳整理的过程，需求分析的过程是物联网系统开发的基础，是物联网应用系统设计和开发过程中的关键阶段，需求分析的主要目标如下：

① 全面了解用户需求，包括应用背景、业务需求、安全性要求、通信量及其分布情况、物联网环境、信息处理能力、管理需求、可扩展性需求等内容。

② 编制可行性研究报告，为项目立项、审批及设计提供基础性素材。

③ 编制用户需求分析报告，为设计者提供工程设计依据。

物联网应用系统需求分析的基本任务是准确地回答"物联网应用系统必须做什么"，即项目任务的确定。要完成物联网应用系统的各项任务，需要和用户进行详细的沟通，了解用户各种需求和想法，再逐步细化物联网应用系统的各项功能，确定系统设计的限制和各种接口问题，以及定义物联网应用系统的其他有效性需求。

**3. 需求分析要点**

无论是从满足用户需求的角度，还是从物联网应用系统负责实施的人员来看，做好用户需求分析报告是必不可少的。需求分析可为实施人员形成强有力的技术支持和任务说明，为用户提供良好的服务和沟通。

（1）编写物联网应用系统用户需求分析报告

以项目清单的形式列举出用户各种可能的要求，并分析存在的问题，为后面的工程设计、项目开发、实施、运维等提供实施依据。

（2）明确工程项目边界和接口

物联网应用系统是一个多企业和单位合作的工程项目，报告中可以明确各企业、各部门的职责和任务,从而为应用系统项目的合作、实施、验收提供依据。

(3)明确设备供应商和集成商沟通的依据

报告中需要明确选购设备的性能,供应商要提供现有的技术支持和售后服务。

需求报告应详细说明物联网工程项目为用户解决的各种问题,列举出全部的任务需求,同时要求所有的需求和任务都要与用户进行沟通和确认,并要有详细规范的说明或解释。

## 2.2　物联网模型选择

物联网的三层概念模型影响广泛,这对于理解物联网与互联网的不同之处很有帮助,不过具体到开发的时候,从物理视图看物联网的架构,更容易看到组成物联网系统的软件模块和硬件模块,也更容易理解如何架构和开发物联网系统。

选择合适的模型在物联网应用的设计中至关重要,这里抽象出 4 种最典型的物联网系统的物理模型。在这些模型中,"云"表示物联网系统中所有会部署在云上的应用程序;"端"表示物联网化的物体,包括硬件实体和其上部署的软件;"App"表示运行在移动手机或者平板上的应用,典型的有 iOS 应用、Android 应用和 Windows 应用;"网关"(Gateway)又称网间连接器、协议转换器,本质是一个特殊的终端,不过网关在网络层以上实现网络互连,较少承担终端那样的应用功能,因此单独列出来,包括硬件实体和其上部署的软件。

**1. 物联网系统的云+端物理模型**

云+端模型是指物联网系统分成云平台和终端两个部分。实际上,在物理视图下物联网层次模型也就是云+端模型,因为网络层最终实现为一些终端和云平台功能,这种分法忽视了系统的功能而强调了物理形态。云+端模型是最简单的网络类型。

云平台除了实现一个 BS 架构的网站供人通过网页方式进行管理,还需要实现一个通信接口,以便和物进行通信。

端,即物联网终端。物联网终端包括手机和计算机,直接连接的物联网终端硬件包含传感器、运算器、存储器等,并需要通过网线连接到互联网,或者通过 2G、3G、4G 移动网络连接到互联网。软件上,传统的客户端—服务器架构开发就可以满足大多数物联网系统的应用需求。

云+端结构的优点是结构简单,技术成熟,系统实现相对简单;缺点包括终端成本高,难以大规模部署,如果使用无线方式连接,可能会产生较高的运营费用。

**2. 物联网系统的云+App+端三角模型**

随着智能手机的发展,移动互联网的发展极大地改变了人们的生活,也改变了大多数的行业应用。移动性已经成为当前应用系统设计必须考虑的要素,物联网系统也不例外。移动App 作为不可或缺的部分加入云+端模型中,从而进化成了云+App+端的三角模型。

云、端、App 的开发工具以及所需知识与技能有较大差别,通常需分别开发。

云部分的开发除了考虑与端部分通信之外,还需要考虑与 App 的通信。端的开发比"云+端模型"下端的开发简单一点,因为部分人机交互功能可以转移到 App 上实现。终端设计成只有非常简单的人机交互的"哑"终端,大部分的人机交互功能在 App 上实现也是一种流行的设计。App 常见的是 iOS 平台和 Android 平台下的应用开发,后台连接到物联网云平台,App 则运行在智能手机上。

云+App+端模型的优点是结构较为简单、技术成熟,对系统资源要求高的功能可以放在

App 上,人机交互使用体验也可以设计得较好,同时由于降低了对端的资源消耗,整个系统的成本相比"云+端模式"可能更低一点。缺点是系统复杂度提高,研发成本较高,要保证 App 和端之间通信的实时性以及安全性,需要在 App 和端之间建立多种交互方式,例如二维码、RFID、蓝牙通信等。

### 3. 物联网系统的云+App+网关+端模型

云+端模型以及云+App+端三角模型都有不足,端要直接和云平台通信,目前的技术手段要求端通过网口与互联网相连,或者通过 2G/3G/4G 与互联网相连,前者的移动性不好,而后者则有较高的运维费用,不利于系统的推广。

云+App+网关+端模型最大的变化是增加了网关。物联网网关通常被设计成"中间件",用来连接终端进入到物联网,向上它能通过光纤、以太网、拨号、Wi-Fi 或者 2G/3G/4G 的方式接入互联网,向下通过 Wi-Fi、蓝牙、ZigBee、载波、RS485 等通信手段连接物联网终端。

因此,通信功能是网关的第一大功能。此外,物联网网关还常有消息处理、业务处理等功能。复杂的物联网网关甚至是一个小的服务器,运行较为复杂的应用程序以独立支持终端在本地(在局域网内)正常工作。

网关的加入使得终端可以通过一些短距的通信协议连接到物联网,尤其是短距无线协议(如蓝牙、Wi-Fi 等),能够在提高使用和安装便利性的同时有效降低终端成本;另外网关在其短距离范围内建立了一个小型局域网,局域网内的各个本地终端可以协同工作,丰富了物联网的应用功能。当然网关的加入带来的好处不限于此,还可以充当局域网的计算中心或者服务器,分担终端的运算、存储功能;甚至可以建立热点,直接跟手机建立连接,这样在不连接到云服务器的情况下,手机应用也可以直接和局域网的物联网系统进行交互,与终端直接交互。

由于网关在物联网系统中起着重要的作用,被认为是物联网的重要入口,自 2010 年以来,从传统的路由器到新型的物联网网关开发都受到高度重视,也有了较大发展。

云+App+网关+端模型的缺点是物联网系统的开发较为复杂,既包括了局域网的开发,又包含了广域网的开发;物联网系统的层次进一步增多,使得系统的整体性能受到挑战;物联网系统更多地考虑局域网内的各个终端的协同工作,需求也变得复杂很多。较好的解决办法就是在系统中增加网关,终端通过网关和云平台通信。

### 4. 物联网系统的传感器网络模型

传感器网络就是由传感器节点组成的网络,其中又以无线传感器网络(WSN)为主要发展方向。符合本模型的系统是指那些通过 WSN 来采集数据的物联网系统,由于 WSN 的复杂性,通常都要通过物联网网关接入物联网云平台。

传感器网络模型接入的不是单个终端,WSN 作为一个子网络,在通信协议、网络拓扑、网络管理等方面和 IP 网络均不同。WSN 组网协议有 6LoWPAN、ZigBee、Z-Wave 等。从网络拓扑结构上看,WSN 研究最多的是多跳自组织网络,在实际应用中,还可能有点对点、星状和链状等拓扑结构。大多数 WSN 网络的节点都有休眠机制,以做到低功耗甚至微功耗。

在软件方面,移动 App 很重要。移动 App 可以通过网络查看/控制物联网网关,尤其在工业领域还要求具有现场管理功能(如现场识别网关、直接通信、控制物联网网关、通过网关间接管理 WSN 网络终端等)。

云实现方面,与前面几种模型下云实现非常接近,增加了 WSN 网络的配置管理以及节点的休眠带来的一些实现上的变化,这在后面章节会展开叙述。

2003 年,美国《技术评论》杂志评出对人类未来生活产生深远影响的十大新兴技术,传感器网络被列为第一,传感器网络结构有着其突出优点。

节点可以是大量廉价的微型传感器,从成本和技术条件上都适合大规模部署。自组织的网络一般能主动适应节点位置变动,具有较好的稳定性以及适应恶劣环境的能力。

低功耗是 WSN 中的重要研究内容,传感器节点的低功耗特性使得网络的可用性大大加强,实现良好的传感器节点可以做到几年不用更换电池,不但彻底摆脱电力线的束缚,还降低了维护成本,符合某些特殊业务需求。

传感器网络结构的缺点:从技术上看,传感器网络还处于发展期;在实现上,存在难度较大的部分和有待研究的点;从产业上看,处于上升阶段,以通信协议为标志(6LoWPAN、ZigBee、Z-Wave 等),市场上并存几个不同技术阵营,互相之间不兼容,还有一些相关的国际标准在完善当中;一些主要的硬件产品价格(如芯片)还没有降低到支持大规模应用的程度。

# 2.3　物联网应用构建注意事项

**1. 系　统**

在开始物联网应用程序开发之前,应该仔细考虑几个技术因素。首先,必须评估他们将使用的物联网设备。物联网设备功能强大,内存容量相对较小,这意味着开发人员必须选择相应的操作系统。最新的 IoT 开发人员调查显示,Linux 是物联网微控制器、受限设备和网关的首选。

**2. 选择网关**

物联网网关是连接所有元素的关键。不同的设备可以具有不同的连接协议(包括蓝牙、Wi-Fi、串行端口、ZigBee)并具有各种能量配置文件。网关位于连接的设备、物联网传感器和云之间,因此整个物联网生态系统都依赖于它们。戴尔科技、英特尔、Nexcom 和其他顶级供应商提供的现代智能网关具有一些常见的强制性功能,可降低开发人员选择难度,只需选择符合 IoT 应用程序要求的那个即可,同时也需要考虑接口和网络规格、额定功率、内存容量、开发环境和其他参数。默认情况下,应保证设备之间的安全、私密和可靠的通信。

**3. 物联网平台**

物联网平台提供了一些工具组合,可以将您的物理对象联机。平台市场庞大而且容易令人困惑,因此应确保明智地选择。您首选的平台应具备连接、安全、可扩展性、易于集成、可用性五项核心能力。但是,物联网开发人员应该注意,适用于智能工厂的平台不一定适合连接汽车解决方案。有些公司甚至选择使用生产过程中的实际数据建立一个真实的测试平台,来确定适当的平台。

**4. 安　全**

物联网包括许多连接设备,因此黑客有多个目标来扫描漏洞,因为并非所有形成网络的设备都经过充分的穿透测试。在这里,整个系统都受到了威胁。对于从事物联网项目的开发人员来说,网络攻击的数量将继续增加,安全性是一个巨大的挑战。在概念阶段,安全保护在很大程度上取决于公司准备在安全方面投资的程度。要减少攻击和未经授权访问的可能性,请使用 SSL/TLS 加密技术、孤立的 VLA、独立的企业 VPN、最终用户和机器到机器的身份验证、用于 Web 开发和设计的 Vetted 框架等,使用传统保护和控制方法的企业早就需要更新安全体系结构来应对当今物联网的新挑战。

**5．质　量**

质量保证是物联网软件的另一个关键点。由于物联网设备不仅用于仓库的温度控制，还用于智能医疗等诸多领域，因此测试必须非常彻底。从字面上看，任何小问题都可能变得致命，确保从一开始就在软件开发过程中包含安全测试。要优化流程，请查找每个版本都不需要测试的模块，查找已经过安全测试的协议，并在接下来的几个版本中保持不变。除安全测试外，还应确保可用性和兼容性。

**6．友好设计**

针对消费者的物联网应用程序应该是由设计驱动的，并且尽可能简单，因为没有人想学习手册来更新智能手表。友好的设计对于工业物联网初创公司也很重要，因为用户应该专注于数据可视化和快速决策。由于在物联网工作流程中，每个设备、事物和人员都在互相交流，物联网开发人员和设计人员之间的紧密合作必须确保安全而轻松的身份验证、设备和系统之间的无缝过渡、用户体验个性化，还应根据行为模式调整产品、整个物联网系统有统一的环境。

**7．跨平台部署**

物联网生态系统包括具有不同体系结构、协议和操作系统的设备。所有这些变量应该结合在一起并无缝地工作。因此，互联网工程任务组（IETF）、电气和电子工程师协会（IEEE）以及其他声誉良好的组织已经提出了跨平台部署的开放标准和架构模型，并且它们一直在更新，物联网服务应利用这些最佳实践来确保互联通信。

# 2.4　物联网应用系统设计案例

## 2.4.1　物联网智能交通

交通拥堵几乎是每个大城市都会面临的一个严峻问题，从一个城市的局部高峰期拥堵逐渐发展到了全面全时段拥堵。

伴随着新的信息科技在仿真、通信网络、实时控制等领域的长足发展，智能交通系统开始进入人们的视野。发展智能交通系统就是为了应对日益严重的交通拥堵问题，但是物联网时代的智能交通绝不仅仅是解决堵车问题，还可以实现多个城市的交通数据智能互联，如图2-1所示。

下面选取几个当前比较典型的应用来介绍物联网时代的智能交通。

**1．不停车收费系统**

电子收费（Electronic Toll Collection，ETC）系统是我国在全国范围内得到规模应用的首例智能交通系统，它能够在车辆以正常速度行驶过收费站的时候自动收取费用，降低了收费站附近产生交通拥堵的概率。

在这种收费系统中，车辆需安装一个系统可唯一识别电子标签设备，且在收费站的车道或公路上设置可读/写该电子标签的标签读写器和相应的计算机收费系统。车辆通过收费站点时，驾驶员不必停车交费，只需以系统允许的速度通过，车载电子标签便可自动与安装在路侧或门架上的标签读写器进行信息交换，收费计算机收集通过车辆信息，并将收集到的信息上传给后台服务器，服务器根据这些信息识别出车辆，然后自动从车主的账户中扣除通行费。目前ETC产品主要应用于高速公路及道桥收费系统。

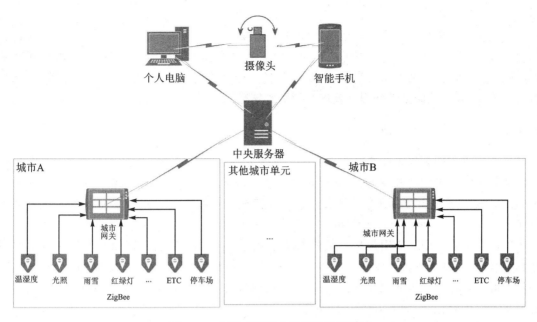

图 2-1　多城市智能交通管理网络简图

### 2. 实时交通信息服务

实时交通信息服务是智能交通系统最重要的应用之一,能够为出行者提供实时的信息,例如交通线路、交通事故、安全提醒、天气情况等。高效的信息服务系统能够告诉驾驶员目前所处的准确位置,通知他们当前路段和附近地区的交通情况,帮助驾驶员选择最优的路线,还可以帮助驾驶员找到附近的停车位,甚至预定停车位。智能交通系统还可以为乘客提供实时公交车的到站信息和位置信息,便于用户规划出行。

实施交通信息服务是一种协同感知类任务,设置在各交通路口的传感器实时感知路况信息,并上传到主控中心,数据挖掘与交通规划分析系统对海量信息进行数据融合和分析处理,并经通信塔发布给市民。

例如由宁波市政府推出的应用"宁波通",提供了出行前、出行中、便民服务 3 大类 18 项服务,融合了交警、城管、气象等多个部门几十个业务系统的交通信息,涵盖城市的交通设施、交通工具以及所有交通事件,为出行者提供全面、实时的信息。

### 3. 智能交通管理

智能交通管理主要包括交通控制设备,例如交通信号、匝道流量控制和公路上的动态交通信息牌。同时一个城市或者一个省份交通管理中心需要得到整个地区的交通流量状况以便及时检测事故、危险天气事件或其他对车道具有潜在威胁的因素。

智能交通管理是一个综合性智能产物,应用了无线通信、计算技术、感知技术、视频车辆监测、全球定位系统 GPS、探测车辆和设备等重要的物联网技术。这其中包含了众多物联网设备,如联网汽车用微控制器、RFID 设备、微芯片、视频摄像设备、GPS 接收器、导航系统、DSRC 设备等,这些设备由于民用情况不多,较多是线下政府采购,但由于近年来物联网的兴起,也渐渐有线上供应平台可以获得,这些平台的兴起使得智能交通概念得以推广。

智能匝道流量控制是智能交通管理的应用之一。引路调节灯设置在高速公路入口,引导车辆分流进入高速公路,能够降低高速公路车流断开的概率,目前大概有 20 个美国大城市已经开始应用这一技术。

智能交通是信息社会中交通运输业向前发展的必然产物。归根结底,发展智能交通就是为了改善人们的生活质量、提高生产效率。结合我国当前实际来看,发展智能交通必须遵循"全面、协调、可持续"的科学发展观,需要社会多个部门的共同努力,有机整合各方面的资源,找准切入点,才能共同推动和提高我国交通的智能化水平。

## 2.4.2　物联网智能农业

农业依赖于创新理念和技术进步,以帮助提高产量和更好地分配资源。19 世纪末和 20 世纪初带来了许多创新机械,如拖拉机和收割机。如今,以较低成本增加农业生产背后的推动力是物联网(IoT),这为希望将智慧农业解决方案或农业物联网传感器推向市场的工程师敞开了大门。

物联网在农业中的应用包括农用车辆跟踪、牲畜监控、仓储监控等。例如:当牲畜从牧场中跑出来时,牲畜传感器可以通知牧场主,这样牧场主就可以很容易把它找回来;土壤传感器可以提醒农民注意土壤酸碱度等情况,使农民及时解决问题并种植出更好的农作物;自动驾驶拖拉机可以远程控制,大大节省了人力成本。

物联网和分析技术的发展为农民提供了一种提高耕作方法效率和增加现有耕地产量的方法。精准农业使农民能够更精确地管理作物生长。智能传感器可以 24 小时自动运行,减少了人工干预,降低了种植者的劳动强度。

**1. 水资源管理**

根据粮农组织的数据,淡水总量的 70% 用于农业,使其成为全球最大的淡水消费者。通过实施精确灌溉,农民可以更有效地用水,从而避免灌溉不足和过度灌溉。通过使用联网传感器测量土壤湿度,实现灌溉自动化,并减少多达 30% 的耗水量。

由于作物价格完全由灌溉用水的成本以及化肥、农药和雇用的劳动力来决定,因此,数据驱动的费用管理有助于评估资源的使用效率,制定有吸引力的价格,并赢得市场。

**2. 储罐液位测量**

手动监测储罐的液位非常耗时,而且容易出错。智能传感器取代手动读数,并为远程设备提供实时测量。

使用超声波测量的液位传感器允许配置自动阈值,以通知液位过低或过高。这些传感器是自主的,其电池可运行长达 20 年。供应商可以跟踪有多少小麦、谷物、石油和燃料可用,并计划再填充时间表或发现泄漏甚至偷窃。

**3. 测量粮库的温度和湿度**

有些作物需要特殊的储存条件。智能温度监控器提供了一种安全自主的方式来远程监测温度和湿度,以防止作物变质和利润损失。种植者可以在图表和电子表格中收集和接收有关多个单位的信息,轻松分析趋势并根据结果采取行动。物联网技术有助于确保温度保持一致,从而质量不受影响。

**4. 收集土壤状况数据**

如今,物联网技术推动了对数据驱动型精准农业的强劲需求。土地本身可以协调农民有关丰收的最佳条件。借助无线网络农民可以远程获取精确的田间数据,如土壤温度、含水量和气温,以制定调整方案。

土壤湿度数据有助于准确预测最佳种植时间,减少用水量,并保持土壤健康。此外,对历史模式的分析有助于做出明智的长期决策。

**5. 协助病虫害防治**

病虫害管理不善可能导致重大的损失。物联网传感器可以提供关于作物健康的实时信息,并显示害虫的存在,从而消除了手动的耗时检查。通过收集传感器和无人机的实时读数,可以进一步调查害虫的行为模式与气象之间关系。一旦检测到特定的天气模式,便可以创建警报,以便农民提前做好准备并减轻损失。

根据定期、最新的数据配置战术性虫害管理策略,以不断调整如何、何时以及在何处应用虫害管理计划。

**6. 牲畜监测、地理围栏**

农场主可以利用无线物联网应用程序收集有关牲畜的位置和健康状况数据,这些数据有助于防止疾病传播,降低劳动力成本支出。

## 2.4.3　物联网智能医疗

医疗卫生体系的发展水平关系到人民群众的身心健康和社会和谐,一直是社会关注的热点之一。智慧医疗旨在通过物联网技术实现准确、实时感知的医疗信息,并进行全面、科学分析,作出智慧的决策,从而提升医疗服务的信息化水平,为人民群众提供一流的医疗服务。下面是物联网在医疗上的一些应用案例。

**1. 医疗信息感知**

目前,绝大多数医疗信息都可以通过医用传感器感知或采集。医用传感器就是一种电子器件,特指应用于生物医学领域的传感器,能够感知人体生理信息,并将这些生理信息转换成与之有确定函数关系的电信号。体温传感器、电子血压计、脉搏血氧仪、血糖仪、心电传感器和脑电传感器是智慧医疗中最常用的传感器。

**2. 医疗信息传输**

无线人体局(区)域网利用近距无线通信技术将穿戴或植入在人体的集中控制单元和多个微型传感器单元连接起来。典型生理传感器有穿戴式或植入式两类,比如心电图传感器、血压传感器、血氧传感器、体温传感器和行为感知器等。无线人体局域网主要针对健康监护应用,可以长期、持续地采集和记录慢性病人(如糖尿病、哮喘和心脏病等)的生理参数,并在需要时为病人提供相应的服务,如在发现心脏病人的心电信号发生异常时及时通知其家人和医院,在发现糖尿病人的胰岛素水平下降时自动为病人注射适量的胰岛素。系统设计如图 2-2 所示。

在移动医疗护理应用中,护士利用手持移动终端设备可以快速将病人的相关信息通过医院无线局域网传输到医院信息系统的后台数据库中,也可以根据病人的唯一标识号从后台数据库中读取病人的住院记录、化验结果等信息。无线局域网也可以接入广域网,将数据和信息传送到远端服务器。在远程医疗应用中,通过布设在家庭的无线局域网可以将居家老人的实时生理数据、活动记录和生活情况等传送到医院数据中心进行分析,并在发生紧急情况时通知家人或值班医生。此外,无线局域网还可用于室内定位。

广域网适用于医疗信息的远距离传输,主要用于远程医疗、远程监护、远程咨询等应用中的信息传输。

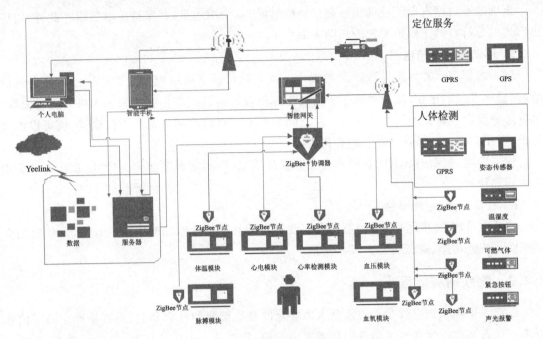

图 2-2 个人医疗系统

### 3. 医疗信息处理

医疗信息具有多模特性,包括纯数据(如体征参数、化验结果)、信号(如肌电信号、脑电信号等)、图像(如 B 超、CT 等医学成像设备的检测结果)、文字(如病人的身份记录、症状描述、检测和诊断结果的文字表述),以及语音和视频等信息。医疗信息处理涉及图像处理技术、时间序列处理技术、数据流处理技术、语音处理技术和视频处理技术等多个领域。

# 2.5 物联网常用开发硬件

物联网硬件是每个连接项目的核心。随着物联网的发展,这些硬件的能力会越来越强大。然而,由于该领域内的开发板和模块数量庞大,因此为项目选择合适的物联网硬件是一件非常重要的事情。本节简要地概述市场上主流的提供商和开发板。

## 2.5.1 Arduino 物联网硬件

Arduino 开发板基于开源的设计理念,具有灵活便捷、入手门槛低,同时具有接口丰富、多功能、易扩展等优点,因此在电子设计领域应用较广。Arduino 物联网硬件如图 2-3 所示。目前市场上 Arduino 开发板的种类非常多,如 Arduino UNO/UNO R3、Arduino101/Intel Curie、Arduino Micro、Arduino Ethernet、Intel Galileo 开发板等。该类开发板上手极快,操作简单,价格低廉,并且具有以下特点:

图 2-3 Arduino 物联网硬件

① 开放性:Arduino 是起步较早的开源硬件项目,它的硬件电路和软件开发环境是完全公开的。

② 易用性:简单易用,无须安装额外驱动,采用类 C 语言,主函数中只涉及 setup 和 loop 两个模块。

③ 易交流:Arduino 已经划定了比较统一的框架,一些底层的初始化采用了统一的方法,对数字信号和模拟信号使用的端口也做了自己的标定,初学者在交流电路或程序设计时非常方便。

## 2.5.2　Particle 物联网硬件和平台

Particle 提供各种物联网硬件套件(如图 2-4 所示),旨在通过 Wi-Fi、蜂窝网络(2G/3G/LTE)或网格网络连接到互联网。Particle 是目前市场上唯一通过自家开发套件提供网格连接的物联网平台。Particle 还为扩展企业级物联网项目提供工业连接模块。

图 2-4　Particle 物联网硬件和平台

Particle 物联网硬件还提供一套开发工具,利用这些工具可以远程无线管理设备上的代码,并快速创建云端物联网应用程序。Particle 与其他物联网硬件提供商与众不同之处在于其提供了从原型设计到生产环境所需的一切。大多数物联网硬件仅适用于原型设计,然而,利用 Particle 设计的平台和物联网硬件套件可以扩展一系列连接产品。

## 2.5.3　Raspberry Pi 的产品

即便不熟悉物联网硬件,你也有可能熟悉 Raspberry Pi。与 Arduino 一样,Raspberry Pi 在电子开发领域之外的知名度也很高。Raspberry Pi 的产品与常见的物联网硬件开发套件和电路板略有不同。Raspberry Pi 是一款单板计算机,其上运行 Linux,主要用于小型计算应用程序的原型设计,如图 2-5 所示。

Raspberry Pi 的产品适合所有电子工程师,是学习电子开发的不错选择。如果想尝试开发连接产品,Raspberry Pi 是开发概念验证的好选择。

图 2-5　Raspberry Pi 网关

## 2.5.4　物联网开源双创平台

物联网开源双创平台采用完全开放的硬件方式和分层次的模块化设计,资源开放、共享,应用灵活,并提供竞赛交流、风险投资、产品孵化等平台支撑,充分挖掘和发挥学习者在物联网技术学习与应用过程中的实践、创新能力,激发和带动自主创业活力,更深程度上推进物联网技术在教学和人才培养上的开展与应用,这也是本书推荐使用的物联网开发平台,如图 2-6 所示。

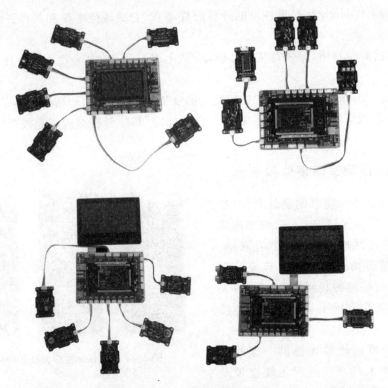

图 2-6　物联网开源双创平台

　　物联网开源双创实验平台采用开放的硬件积木方式,硬件由多种 MCU 核心板、信号扩展板、传感器模块板、无线网络通信板、信号连接端子线、编程调试板等几大部分构成。

　　① MCU 核心板:支持 8 位、16 位、32 位多种处理器,具体包括 STC8051、MSP430、Arm Cortex - M3/Cortex - M4/Cortex - A9 处理器(见图 2-7),可满足不同层次教学需求与应用设计。

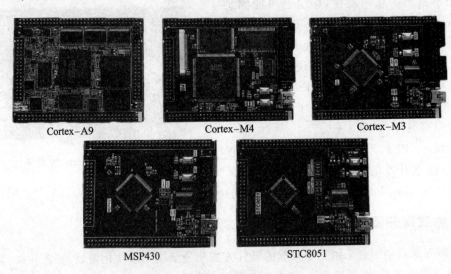

图 2-7　多种 MCU 核心板

② 信号扩展板:兼容上述 5 种不同型号处理器,可插拔更换使用,作为核心板的信号接口扩展,主要扩展接口包括 UART、SPI、I²C、I²S、I/O、CAN、RS485、RS232、网口、USB、SD、LED 接口。信号扩展接口采用金属插针与防反插信号端子线的形式引出,如图 2-8 所示。

图 2-8　信号扩展版

③ 传感器模块:模块种类齐全,涵盖力、热、光、电、磁、声、化学、生物类,信号涵盖模拟信号、数字信号、开关信号等。模块硬件电路提供敏感元件、转换元件、变换电路和辅助电源等标识与原理框图,用于传感器原理的直观学习与应用,同时电路上预留有专用物理信号探测点,可以直接使用万用表、示波器等仪器进行信号检测与分析,如图 2-9 所示。

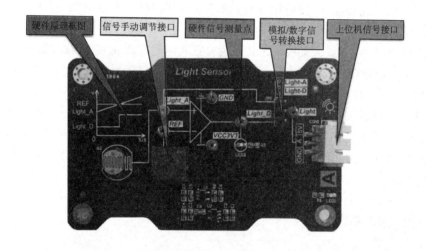

图 2-9　物联网开源双创平台

④ 无线通信模块:支持 ZigBee、6LowPAN、蓝牙 BLE、Wi-Fi、433M 等多种无线组网技术,所有无线通信模块开源全部协议栈,不仅可以基于上述无线通信技术开展上层应用设计,还可以深入学习协议栈底层代码。同时本平台支持新一代广域网无线通信技术 NB-IoT、LoRa、4G 等,无线通信节点支持电池供电,便于应用设计与场景实施。

⑤ 信号连接端子线:主要采用 4 引脚、6 引脚信号端子,信号由颜色区分,具有防反插设计,应用灵活便捷。

⑥ 编程调试板:提供 USB 供电、USB 转串口调试接口、JTAG 编程下载接口。

# 思考与练习

1. 请概括物联网需求分析的方法。

2. 各种物联网模型具有哪些优、缺点?

3. 请列举出更多的物联网应用案例,并说明具有哪些功能?采用了什么模型?

# 第3章 物联网无线传感器网络开发

🎓 **知识目标**

➤ 了解物联网应用传感器的选择方法；
➤ 了解 CC3200 Wi-Fi 模块的基础开发；
➤ 了解 CC3200 Wi-Fi 模块的无线通信开发方法；
➤ 了解 CC3200 Wi-Fi 结合传感器的无线传感器网络的开发。

无线传感器网络（WSN）最早起源于自组织的无线网络，重点强调闭环的完全功能网络（感知、数据传输、系统控制、数据应用等），具有节点的微型化、干电池供电、无人看护、自组织多跳等特征。

IoT 强调物物相连（有线或无线），尤其强调与互联网的互联互通。因此，能够获得更多互联网的红利：强大的数据存储及处理能力、更加广泛的连接性（更大范围、更大动态、更低延迟）、更强大的离散化服务能力等，尤其未来形成真正的"人—物—人"虚拟 CPS—物人信息系统。

目前，无线传感器网络已经融合到物联网的概念范畴，并以各种新的形式出现，如智能家居（短距离 WSN 网络）、智慧城市（路灯、井盖、智能水电煤表——长距离 WSN 网络-星状网络-NB-IoT）、车联网（5G——长距离 WSN）、环境监测（自组织网络 WSN-水中 AUV 网络）、工业互联网（IIoT）、智能制造系统等。

本章以传感器原理、CC3200 无线编程基础为核心，介绍物联网应用系统开发中 Wi-Fi 无线传感网的开发基础。

# 3.1 传感器概述

当今社会，传感器早已渗透到诸如工业生产、宇宙开发、海洋探测、环境保护、资源调查、医学诊断、生物工程、甚至文物保护等极其广泛的领域。可以毫不夸张地说，从茫茫太空到浩瀚的海洋，以及各种复杂的工程系统，几乎每一个现代化项目都离不开各种各样的传感器。

传感器是复杂的设备，经常被用来检测和响应电信号或光信号。传感器将物理参数（例如温度、血压、湿度、速度等）转换成可以用电测量的信号。

## 3.1.1 传感器的选择标准

在进行物联网应用系统设计时，选择合适的传感器是一个很重要的环节。传感器种类有很多，如果选择的传感器不合适，会给后期系统带来很多麻烦。下面介绍一下选择传感器的标准。

（1）根据测量对象与测量环境确定传感器的类型

进行一个具体的测量工作，首先要考虑采用何种原理的传感器，这需要分析多方面的因素之后才能确定。因为即使是测量同一物理量，也有多种原理的传感器可供选用，哪一种传感器更加合适,则需要根据被测量的特点和传感器的使用条件进行考虑:量程的大小;被测位置对传感器体积的要求;测量方式为接触式还是非接触式;信号的引出方法为有线还是无线。考虑上述问题之后即可确定选用哪种类型的传感器,然后再考虑传感器的具体性能指标。

（2）灵敏度的选择

通常,在传感器的线性范围内,希望传感器的灵敏度越高越好。因为只有灵敏度高时,与被测量变化对应的输出信号的值才比较大,有利于信号处理。但要注意的是,传感器的灵敏度高,与被测量无关的外界噪声就容易混入,会被放大系统放大,进而影响测量精度。

（3）频率响应特性

传感器的频率响应特性决定了被测量的频率范围,必须在允许频率范围内保持不失真的测量条件,实际上传感器的响应总有一定延迟,延迟时间越短越好。传感器的频率响应高,可测的信号频率范围就宽,而由于受到结构特性的影响,机械系统的惯性较大,因此频率低的传感器可测信号的频率较低。在动态测量中,应根据信号的特点(稳态、瞬态、随机等)响应特性,以免产生过大的误差。

（4）线性范围

传感器的线性范围是指输出与输入成正比的范围。从理论上讲,在此范围内,灵敏度保持定值。传感器的线性范围越宽,其量程越大,并且能保证一定的测量精度。在选择传感器时,当传感器的种类确定以后首先要看其量程是否满足要求,但实际上,任何传感器都不能保证绝对的线性,其线性度也是相对的。当所要求测量精度比较低时,在一定的范围内,可将非线性误差较小的传感器近似看作线性的,为测量带来极大的方便。

（5）稳定性

传感器使用一段时间后,其性能保持不变化的能力称为稳定性。影响传感器长期稳定性的因素除传感器本身结构外,主要是传感器的使用环境。因此,要使传感器具有良好的稳定性,就必须要有较强的环境适应能力。在选择传感器之前,应对其使用环境进行调查,并根据具体的使用环境选择合适的传感器,或采取适当的措施,减小环境的影响。传感器的稳定性有定量指标,超过使用期后,在使用前应重新进行标定,以确定传感器的性能是否发生变化。在某些场合要求传感器能长期使用不能轻易更换或标定,所选用的传感器稳定性要求更严格,要能够经受住长时间的考验。

（6）精　　度

精度是传感器的一个重要性能指标,是关系到整个测量系统精度的一个重要环节。传感器的精度越高,其价格越昂贵,因此传感器的精度只要满足整个测量系统的精度要求即可,不必选得过高。这样就可以在满足同一测量目的的诸多传感器中选择比较便宜和简单的传感器。如果是定性分析,应选用重复精度高的传感器,不宜选用绝对量值精度高的;如果是定量分析,必须获得精确的测量值,应选用精度等级能满足要求的传感器。对于某些特殊使用场合,无法选到合适的传感器,则需要自行设计制造传感器。

## 3.1.2　传感器的分类标准

传感器的分类标准有很多,可以从属性、用途和输出信号等方面来划分。

（1）根据传感器的属性划分

➢ 温度传感器——热敏电阻、热电偶、RTD、IC 等。

➤ 压力传感器——光纤、真空、弹性液体压力计、电子。

➤ 流量传感器——电磁、压差、位置位移、热质量等。

➤ 液位传感器——压差、超声波射频、雷达、热位移等。

➤ 接近和位移传感器——LVDT、光电、电容、磁、超声波。

➤ 生物传感器——共振镜、电化学、表面等离子体共振、光寻址电位测量。

➤ 图像——电荷耦合器件、CMOS。

➤ 气体和化学传感器——半导体、红外、电导、电化学。

➤ 加速度传感器——陀螺仪、加速度计。

➤ 其他——湿度传感器、速度传感器、质量传感器、倾斜传感器、力传感器、黏度传感器。

（2）根据用途划分

➤ 工业用途——工业过程控制、测量和自动化。

➤ 非工业用途——飞机、医疗产品、汽车、消费电子产品、其他类型的传感器。

（3）根据当前和未来的应用前景划分

➤ 加速计——基于微电子机械传感器技术，用于病人监测，包括配速器和车辆动态系统。

➤ 生物传感器——基于电化学技术，用于食品测试、医疗设备、水测试和生物战剂检测。

➤ 图像传感器——基于CMOS技术，被用于消费电子、生物测定、交通和安全监视以及个人电脑成像。

➤ 运动探测器——基于红外线、超声波和微波/雷达技术，被用于电子游戏、模拟、光激活和安全检测。

（4）根据输出信号分类划分

➤ 模拟传感器——将被测量的非电学量转换成模拟电信号。

➤ 数字传感器——将被测量的非电学量转换成数字输出信号（包括直接和间接转换），例如 RS485、TTL 串口、$I^2C$、SPI 等。

➤ 膺数字传感器——将被测量的信号量转换成频率信号或短周期信号的输出（包括直接或间接转换）。

➤ 开关传感器——当一个被测量的信号达到某个特定的阈值时，传感器相应地输出一个设定的低电平或高电平信号。

### 3.1.3 常用传感器

#### 1. 温湿度传感器

AM2322 数字温湿度传感器是一款含有已校准数字信号输出的温湿度复合型传感器。采用专用的温湿度采集技术，确保产品具有极高的可靠性与卓越的长期稳定性。传感器包括一个电容式感湿元件和一个高精度集成测温元件，并与一个高性能微处理器相连接。该产品具有响应快、抗干扰能力强、性价比高等优点。AM2322 温湿度传感器如图 3-1 所示。

AM2322 采用单总线、标准 $I^2C$ 两种通信方式。标准单总线接口使系统集成变得简易快捷。超小的体积、极

图 3-1　AM2322
温湿度传感器

低的功耗,信号传输距离可达 20 m 以上,使其成为多类应用场合的最佳选择。$I^2C$ 通信方式采用标准的通信时序,用户可直接挂在 $I^2C$ 通信总线上,无须额外布线,使用简单。两种通信方式都采用直接输出经温度补偿后的湿度、温度及校验 CRC 等数字信息,用户无须对数字输出进行二次计算,也无须对湿度进行温度补偿便可得到准确的温湿度信息。两种通信方式可自由切换,用户可自由选择,产品为 4 引线,连接方便,应用领域广泛。

典型应用包括暖通空调、除湿器、测试及检测设备、消费品、汽车、自动控制、数据记录器、气象站、家电、湿度调节、医疗及其他相关湿度检测控制。

**2. 光照度传感器**

光敏电阻(photoresistor 或 light-dependent resistor,后者缩写为 ldr)或光导管(photoconductor),常用的制作材料为硫化镉,另外还有硒、硫化铝、硫化铅和硫化铋等材料。这些制作材料在特定波长的光照射下阻值迅速减小。这是由于光照产生的载流子都参与导电,在外加电场的作用下作漂移运动,电子奔向电源的正极,空穴奔向电源的负极,从而使光敏电阻器的阻值迅速下降。

光敏电阻如图 3-2 所示。

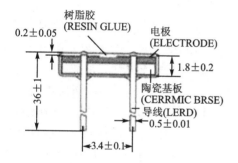
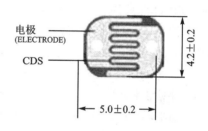

图 3-2　光敏电阻

光敏电阻属半导体光敏器件,除具有灵敏度高、反应速度快、光谱特性及 r 值一致性好等特点外,在高温多湿的恶劣环境下,还能保持高度的稳定性和可靠性,可广泛应用于照相机、太阳能庭院灯、草坪灯、验钞机、石英钟、音乐杯、礼品盒、迷你小夜灯、光声控开关、路灯自动开关以及各种光控玩具、光控灯饰、灯具等光自动开关控制领域。

**3. 可燃气体传感器**

MQ-2 气体传感器所使用的气敏材料是在清洁空气中电导率较低的二氧化锡($SnO_2$)。当传感器所处环境中存在可燃气体时,传感器的电导率随空气中可燃气体浓度的增加而增大。使用简单的电路即可将电导率的变化转换为与该气体浓度相对应的输出信号。

MQ-2 气体传感器对液化气、丙烷、氢气的灵敏度高,对天然气和其他可燃蒸汽的检测也很理想。这种传感器可检测多种可燃性气体,是一款适合多种应用的低成本传感器。图 3-3 所示为 MQ-2 气体传感器探头。

MQ-2 烟雾传感器模块特点:具有信号输出指示;双路信号输出(模拟量输出及 TTL 电平输出);TTL 输出有

图 3-3　MQ-2 气体传感器探头

效信号为低电平；模拟量输出 0～5 V 电压，浓度越高电压越高；对液化气、天然气、城市煤气有较好的灵敏度；结果会受温湿度影响。

**4. 超声波测距传感器**

HC-SR04 超声测距模块可提供 2～400 cm 的非接触式距离感测功能，测量精度可达 3 mm，常用于机器人避障、物体测距、液位检测、公共安防、停车场检测等场所。

HC-SR04 超声波模块主要是由两个通用的压电陶瓷超声传感器加外围信号处理电路构成，如图 3-4 所示。

**图 3-4　HC-SR04 超声测距模块**

模块原理结构：采用 I/O 触发测距，给至少 10 μs 的高电平信号；模块自动发送 8 个 40 kHz 的方波，自动检测是否有信号返回；若有信号返回，则通过 I/O 输出一高电平，高电平持续的时间就是超声波从发射到返回的时间；测试距离 =（高电平时间×声速(340 m/s)）/2。

图 3-5 所示的时序图表明只需要提供一个 10 μs 以上脉冲触发信号，该模块内部将发出 8 个 40 kHz 周期电平并检测回波。一旦检测到有回波信号则输出回响信号。回响信号的脉冲宽度与所测的距离成正比。由此通过发射信号到收到回响信号的时间间隔可以计算得到距离。公式：$t(\mu s)/58 = l(cm)$ 或者 $t(\mu s)/148 = l(in)$（$t$ 为回响高电平信号持续时间）；或是：距离 = 高电平时间×声速(340 m/s)/2；建议测量周期为 60 ms 以上，以防止发射信号对回响信号产生影响。

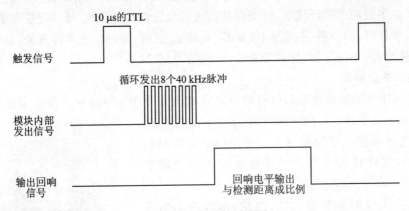

**图 3-5　超声波时序图**

HC-SR04 超声测距模块性能指数如下：电压：5 V；静态工作电流：小于 2 mA；感应角度：不大于 15°；探测距离：2～400 cm；精度：0.3 cm；盲区：2 cm；完全兼容 GH-311 防盗模块。

基本工作原理如下：采用 I/O 口 TRIG 触发测距，给大于 10 μs 的高电平信号；模块自动发送 8 个 40 kHz 的方波信号,自动检测是否有信号返回;若有信号返回,通过 I/O 口 ECHO 输出一个高电平,高电平持续的时间就是超声波从发射到返回的时间。

**5. 姿态检测传感器**

MPU9250 是一个 QFN 封装的复合芯片(MCM),由 2 部分组成:一部分是 3 轴加速度计和 3 轴陀螺仪,另一部分是 AKM 公司的 AK8963 3 轴磁力计。因此,MPU9250 是一款 9 轴运动跟踪装置,3 mm×3 mm×1 mm 的封装中融合了 3 轴加速度计、3 轴陀螺仪以及数字运动处理器(DMP)并且兼容 MPU6515,其完美的 $I^2C$ 方案可直接输出 9 轴的全部数据,让开发者避开了繁琐的芯片选择,降低了外设成本,保证了最佳性能。本芯片也为兼容其他传感器开放了辅助 $I^2C$ 接口,比如连接压力传感器。

姿态检测传感器可应用于手势控制或无须触碰操作的设备、RIDDLE、体感游戏控制器、位置查找服务设备、手机等便携式游戏设备、PS4 或 XBOX 等游戏手柄控制器、3D 电视遥控器或机顶盒、3D 鼠标、可穿戴的健康智能设备等。

## 3.1.4　智能传感器

**1. 智能传感器的概念**

随着信息技术的发展,传统传感器功能单一、性能和容量不足,不能满足现代化需求,将传统传感器和处理器集成一体构成新型传感器是未来研究趋势。传感器将朝着智能化、小型化、多功能化的方向发展。

智能传感器是指以微处理器为核心单元,具有信号检测、分析判断、存储传输等功能的传感器。智能传感器不仅有视觉、嗅觉、听觉等功能,还具有存储、思维、逻辑判断、数据处理和自适应能力等功能。IEEE 协会从最小化传感器结构的角度,将能提供受控量或待感知量大小且能典型简化其应用于网络环境的集成的传感器称为智能传感器。其本质特征为集感知、信息处理与通信于一体,具有自诊断、自校正、自补偿等功能。

智能传感器有基本传感器部分和信号处理单元部分。基本传感器部分的主要功能是用传感器测量被测参数,并将传感器的识别特性和计量特性存在可编程的只读存储器中,以便校准计算。信号处理单元部分主要是由微处理器计算和处理被测量,并滤除传感器感知的非被测量。上述两部分可以集成在一起来实现,也可以远距离分开实现。智能传感器除了能采集存储数据,还可以实现各传感器之间或与其他微机系统进行信息交换和传输。

**2. 智能传感器的优点**

① 功能多样化,使用灵活。与传统传感器相比,智能传感器可以实现多传感器多参数综合测量,通过编程扩大测量与使用范围,有一定的自适应能力,根据检测对象或条件的改变相应地改变量程而输出数据的形式,具有数字通信接口功能,直接送入远地计算机进行处理,具有多种数据输出形式,适配各种应用系统。

② 具有较高的精度和稳定性,测量范围宽。集成化智能传感器采用微机械加工技术和大规模集成电路工艺技术,利用半导体硅作为基本材料来制作敏感元件、信号调理电路及微处理器单元,并把它们集成在一块芯片上构成的传感器,一体化结构提高了器件精度和稳定性。

③ 具有较高的性价比。在相同精度的需求下,多功能智能传感器与单一功能的普通传感器相比,性价比明显提高。

④ 信噪比高、分辨力强。由于智能传感器具有数据存储、记忆、处理功能,通过软件进行

数字滤波、信息分析等处理,可以去除输入数据中的噪声,将有用信号提取出来,通过数据融合、神经网络技术可以消除多参数状态下交叉灵敏度的影响,从而保证在多参数状态下对特定参数测量的分辨能力。

**3. 智能传感器的应用前景**

智能传感器已广泛应用于航空航天、国防科技、工农业生产、生活家居等各个领域中。智能传感器是无线网络和智能测控系统前端感知器件,助推传统工业和传统家电的智能化升级,还可以推动车载办公、虚拟现实、智能农业、无人机、智能仪表、智慧医疗和养老等领域创新应用。在物联网时代,智能传感器将是市场主流。

# 3.2 无线通信技术概述

无线通信的重要性不言而喻。为增强大家对无线通信的认识,本节将介绍 10 大无线通信技术,并谈谈这些无线通信技术是如何助力物联网成长的。

在实现物联网的通信技术中,蓝牙、ZigBee、Wi-Fi、GPRS、NFC 等是应用较为广泛的无线技术。除了这些,还有很多无线技术,它们在各自适合的场景里默默耕耘,扮演着不可或缺的角色。

**1. 蓝牙**

蓝牙是一种无线技术标准,可实现固定设备、移动设备和楼宇个人局域网之间的短距离数据交换,蓝牙可连接多个设备,克服了数据同步的难题。蓝牙技术最初由电信巨头爱立信公司于 1994 年创制,如今由蓝牙技术联盟管理。蓝牙技术联盟在全球拥有超过 25 000 家成员公司,它们分布在电信、计算机、网络和消费电子等多个领域。

蓝牙技术采用跳频技术,抗信号衰落;快跳频和短分组技术能减少同频干扰,保证传输的可靠性;前向纠错编码技术可减小远距离传输时的随机噪声影响;用 FM 调制方式降低设备的复杂性等。其中蓝牙核心规格是提供两个或两个以上的微微网连接以形成分布式网络,让特定的设备在这些微微网中自动同时分别扮演主从角色。蓝牙主设备最多可与一个微微网中的 7 个设备通信,设备之间可通过协议转换角色,从设备也可转换为主设备。

**2. ZigBee**

与蓝牙技术不同,ZigBee 是一种短距离、低功耗、价格低廉的无线通信技术,是一种低速短距离传输的无线网络协议。这一名称来源于蜜蜂的 8 字舞,蜜蜂是靠飞翔和"嗡嗡"(zig)地抖动翅膀(bee)的"舞蹈"来与同伴传递花粉所在方位信息,也就是说蜜蜂依靠这样的方式构成了群体中的通信网络。

ZigBee 的特点是近距离、低复杂度、自组织、低功耗、低数据速率,ZigBee 协议从下到上分别为物理层、媒体访问控制层、传输层、网络层、应用层等,其中物理层和媒体访问控制层遵循 IEEE802.15.4 标准规定。ZigBee 技术适合用于自动控制和远程控制领域,可以嵌入各种设备。

**3. Wi-Fi**

Wi-Fi 在日常生活中随处可见,一线城市的几乎所有公共场所均设有 Wi-Fi,这是由它的低成本和传输特性决定的。Wi-Fi 是一种允许电子设备连接到一个无线局域网的技术,通常使用 2.4G UHF 或 5G SHFISM 射频频段,连接到无线局域网通常是有密码保护的,但也可以是开放的,这样就允许任何在 WLAN 范围内的设备可以连接上。

由于 Wi-Fi 的频段在世界范围内是不需要任何电信运营执照的,因此 WLAN 无线设备提供了世界范围内可以使用的、费用极其低廉且数据带宽极高的无线空中接口。用户可以在 Wi-Fi 覆盖区域内快速浏览网页,随时随地接听拨打电话,有了 Wi-Fi 就可以打长途电话、浏览网页、收发电子邮件、下载音乐、传递数码照片等,无须担心速度慢和花费高的问题。

无线网络在掌上设备上的应用越来越广泛,而智能手机就是其中一分子。与早前应用于手机上的蓝牙技术不同,Wi-Fi 具有更大的覆盖范围和更高的传输速率。

**4. LiFi**

LiFi 也叫可见光无线通信,是一种利用可见光波谱进行数据传输的全新无线传输技术,由英国爱丁堡大学电子通信学院移动通信系主席、德国物理学家哈拉尔德·哈斯教授发明。LiFi 是运用已铺设好的设备,通过在灯泡上植入一个微小的芯片形成类似于 Wi-Fi 热点的设备,使终端随时能接入网络。

该技术最大的特点是通过改变房间照明光线的闪烁频率进行数据传输,只要在室内开启电灯,不需要 Wi-Fi 也可接入互联网,未来在智能家居中有着广泛的应用前景。

**5. GPRS**

GPRS 是 GSM 移动电话用户可用的一种移动数据业务,属于第二代移动通信中的数据传输技术。GPRS 是 GSM 的延续,GPRS 和以往连续在频道传输的方式不同,其以封包方式来传输,因此使用者所负担的费用是以其传输资料单位计算,并非使用其整个频道,理论上较为便宜。

GPRS 是介于 2G 和 3G 之间的技术,也被称为 2.5G,它为实现从 GSM 向 3G 的平滑过渡奠定了基础。随着移动通信技术发展,3G、4G、5G 技术均被研发出来,GPRS 也逐渐被这些技术所取代。

**6. Z-Wave**

Z-Wave 是一种新兴的基于射频的、低成本、低功耗、高可靠、适用于网络的短距离无线通信技术,由丹麦公司 Zensys 所主导的无线组网规格。工作频带为 908.42 MHz(美国)～868.42 MHz(欧洲),采用 FSK(BFSK/GFSK)调制方式,数据传输速率为 9.6 kbps,适合于窄宽带应用场合。

随着通信距离的增大,设备的复杂度、功耗以及系统成本都在增加,相对于现有的各种无线通信技术,Z-Wave 技术是功耗和成本都极具优势的技术,有力地推动着低速率无线个人区域网。

**7. 射频 433**

射频 433 也叫无线收发模组,采用射频技术,由全数字科技生产的单 IC 射频前端与 AT-MEL(已被 Microchip 收购)的 AVR 单片机组成,可高速传输数据信号的微型收发信机,无线传输的数据进行打包、检错、纠错处理。射频 433 技术的应用范围包括无线 POS 机、PDA 等无线智能终端、安防、机房设备无线监控、门禁系统、交通、气象、环境数据采集、智能小区、楼宇自动化、PLC、物流追踪、仓库巡检等。

**8. NFC**

NFC 是一种新兴的技术,使用 NFC 技术的设备可以在彼此靠近的情况下进行数据交换,是由非接触式射频识别(RFID)及互联互通技术整合演变而来,通过在单一芯片上集成感应式读卡器、感应式卡片和点对点通信功能,利用移动终端实现移动支付、门禁、身份识别等应用。

NFC 实现了电子支付、身份认证、票务、数据交换、防伪、广告等多种功能,改变了用户使用移动电话的方式,使用户的消费行为逐步走向电子化。

**9. UWB**

UWB 是一种无线载波通信技术,利用纳秒至微秒级的非正弦波窄脉冲传输数据。UWB在早期被用来应用在近距离高速数据传输,近年来国外开始利用其亚纳秒级超窄脉冲来做近距离精确室内定位。

与蓝牙和 WLAN 等带宽相对较窄的传统无线系统不同,UWB 能在宽频上发送一系列非常窄的低功率脉冲。较宽的频谱、较低的功率、脉冲化数据意味着 UWB 引起的干扰小于传统的窄带无线解决方案,并能够在室内无线环境中提供与有线相媲美的性能。

**10. Modbus**

Modbus 是一种串行通信协议,是 Modicon 公司(现称施耐德电气)于 1979 年为使用可编程逻辑控制器通信而发表。Modbus 已经成为工业领域通信协议的业界标准,并且现在是工业电子设备之间常用的连接方式。Modbus 协议是一个 master/slave 架构的协议。有一个master 节点,其他使用 Modbus 协议参与通信的节点是 slave 节点,每一个 slave 设备都有一个唯一的地址。在串行和 MB+(Modbus Plus)网络中,只有被指定为主节点的节点可以启动一个命令。

有许多 modems 和网关支持 Modbus 协议,因为 Modbus 协议很简单而且容易复制,它们当中有一些是为这个协议特别设计的,不过设计者需要解决高延迟和时序的问题。

# 3.3 CC3200 基础开发

## 3.3.1 CC3200 简介

SimpleLink CC3200 器件是一款针对物联网应用的集成了高性能 ARM Cortex - M4 架构的无线 MCU,也是业界第一个具有内置 Wi-Fi 连通性的微控制器。用户能够用单个集成电路开发整个应用。借助片上 Wi-Fi、互联网和稳健耐用的安全协议,无需开发经验即可实现快速开发。CC3200 器件是一个完整平台解决方案,包括软件、示例应用、工具、用户和编程指南、参考设计以及支持社区。此器件采用易于布局布线的四方扁平无引线(QFN)封装。

Wi-Fi 网络处理器子系统含有一个 Wi-Fi 片上网络并且包含一个额外的专用 ARM 架构 MCU,此 MCU 可完全免除应用的处理负担。这个子系统包含 802.11 b/g/n 射频、基带和具有强大加密引擎的 MAC,以实现支持 256 位加密的快速、安全互联网连接。CC3200 器件支持基站、访问点和 Wi-Fi 直接模式。此器件还支持 WPA2 个人和企业安全性以及 WPS2.0。Wi-Fi 片上互联网包括嵌入式 TCP/IP 和 TLS/SSL 堆栈、HTTP 服务器和多个互联网协议。

图 3-6 所示为经典的采用 CC3200 微控制器的 Wi-Fi 模块,并将 CC3200 的引脚功能进行引出,可扩展丰富的功能,同时预留串口通信接口、按键、电源开关、LED 灯、程序烧写跳线、外置天线等。本章及后续内容均采用该模块作为

图 3-6 基于 CC3200 的 Wi-Fi 模块

Wi-Fi 相关内容的硬件载体。

### 3.3.2 CC3200 开发环境

在进行单片机开发时,开发环境的搭建是极为重要的。CC3200 芯片开发支持以下三种开发环境:Code Composer Studio (CCS)、IAR Workbench、GCC。

Code Composer Studio (CCS):基于 Eclipse,为 TI 自主开发平台,如果之前开发过 DSP,使用过这个平台,可以选择。同时,由于是 TI 自己的平台,所以其支持也比较好,但是对于有的芯片(如 MSP432 等)仍然有待提高。

IAR Workbench:非常经典的集成开发环境,推荐使用,也是本书采用的开发环境,而且在源码编译中,IAR 下的源码生成的 bin 镜像要比其他两个平台下编译出来的要小很多。

GCC:对于 Linux 平台下的开发者来说很有用,而且是完全免费的,在 Windows 环境下,也可以通过安装 cygwin 工具来使用。

下面介绍 IAR Workbench 的安装与使用。

① 打开 IAR 安装包,这里选择的是 7.3 版本,右键单击,在快捷菜单中选择以管理员身份运行 IAR EWARM - CD - 7303 并安装,如图 3-7 所示。

| 名称 | 修改日期 | 类型 | 大小 |
|---|---|---|---|
| IAR EWARM-CD-7303.exe | 2017-05-19 14:12 | 应用程序 | 757,734 KB |
| IAR安装说明.pdf | 2016-12-15 22:46 | PDF 文件 | 987 KB |

**图 3-7　IAR EWARM - CD - 7303 安装包**

② 随后弹出如图 3-8 所示等待解压窗口。

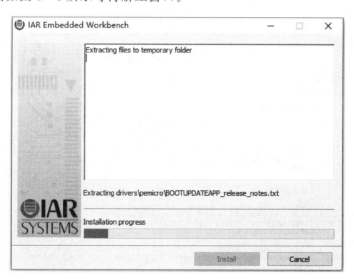

**图 3-8　等待解压**

③ 选择第二个选项:Install IAR Embedded Workbench,如图 3-9 所示。

④ 单击 Next 按钮,如图 3-10 所示。

⑤ 选中 accept the terms of the license agreement,如图 3-11 所示。

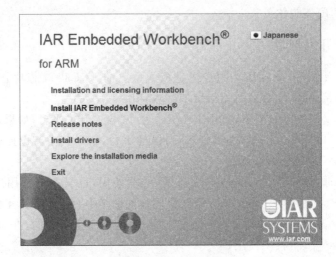

图 3-9　选择安装

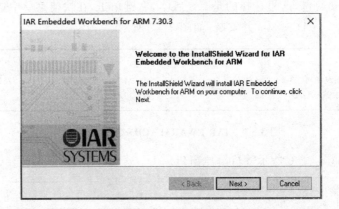

图 3-10　继续安装

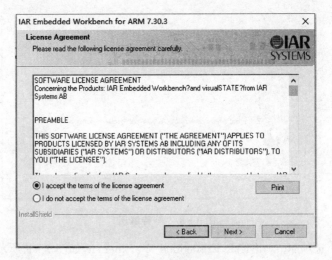

图 3-11　同意协议

⑥ 选择安装路径,单击 Next 按钮,如图 3-12 所示。

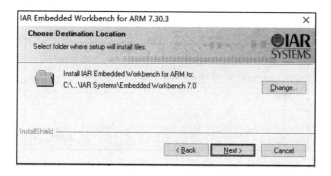

**图 3-12　安装路径**

⑦ 单击 Next 按钮,如图 3-13 所示。

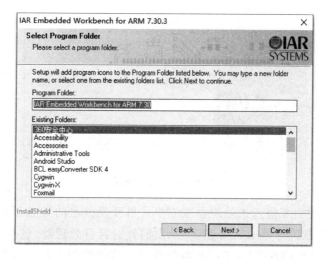

**图 3-13　安装过程**

⑧ 单击 Install 按钮,如图 3-14 所示。

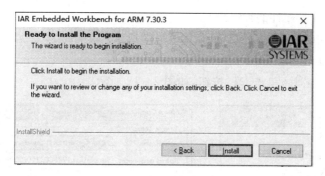

**图 3-14　安装过程**

⑨ 安装进度提示框,如图 3-15 所示。

⑩ 单击 Finish 按钮安装完成,如图 3-16 所示。

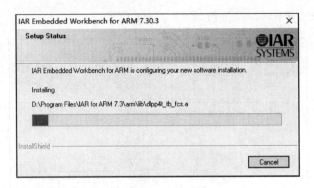

图 3 - 15　安装进度提示

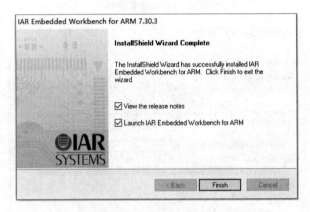

图 3 - 16　安装完成

　　CCSv7 是 TI 针对自家嵌入式处理器或者单片机开发推出的集成开发环境,同时 CCSv7 也是完全免费的开发软件。UniFlash 是 TI 推出的针对自有处理器(包括 MCU、无线 MCU、DSP、ARM 产品、雷达处理器等)的 Flash 编程或者其他操作的工具。这个也是 TI 处理器产品开发必备软件。

　　打开随书资料中的 UniFlash 安装文件,双击后,按照默认选项进行安装即可。下面介绍如何通过 UniFlash 进行硬件的程序烧写。

　　① 单击打开菜单栏中的 File 菜单,如图 3 - 17 所示。

　　② 单击 New Configuration。

　　③ 选择 CC3200 芯片,单击 OK 按钮,如图 3 - 18 所示。

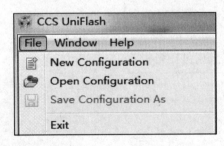

图 3 - 17　UniFlash File

图 3 - 18　选择 CC3200 芯片

④ 设置串口号,如图 3-19 所示。

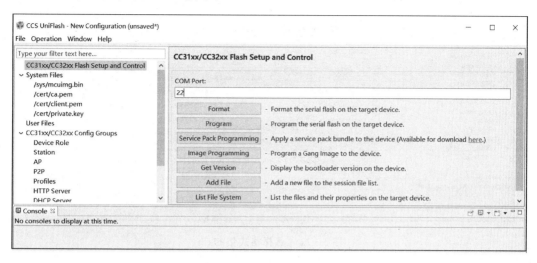

图 3-19　设置串口号

⑤ 插上 UART 模块,在设备管理器中查看串口号,此串口号为 15,如图 3-20 所示。

⑥ 将 Wi-Fi 模块与 UART 模块按图 3-21 所示方式连接,UART 模块通过 USB 线与电脑连接,用跳线帽接到 2 号位置(下载程序时必须接上跳线帽)。

图 3-20　设置串口号

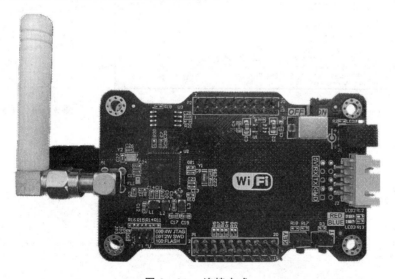

图 3-21　连接方式

⑦ 回到主界面,单击 Format 按钮格式化 Flash,选择 8 MB,如图 3-22 所示。

⑧ 单击 OK 按钮(过程中按下复位键),如图 3-23 所示。

⑨ 目标文件选择,文件栏如图 3-24 所示。

物联网应用系统项目设计与开发

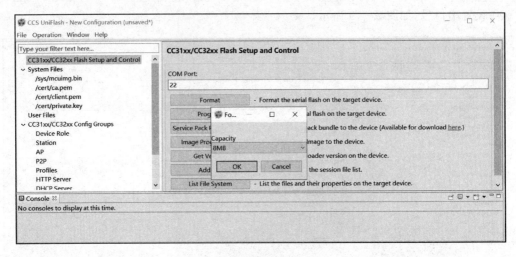

图 3 - 22    选择格式化 Flash

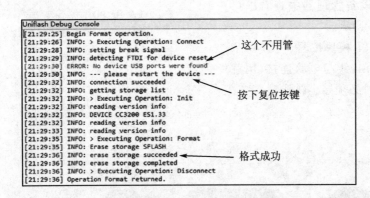

图 3 - 23    单击 Flash

图 3 - 24    目标文件选择

⑩ 单击/sys/mcuimg. bin，如图 3 - 25 所示。

图 3 - 25    /sys/mcuimg. bin

⑪ 单击 Browse 按钮,选择要下载的 bin 文件,把图 3-26 中的选项全部勾选。

⑫ 单击文件栏中的 CC31xx/CC32xx Flash Setup and Control 回到主界面,单击 Program 按钮下载程序,出现如图 3-27 所示提示时按下模块复位键。

⑬ 按下复位键后程序开始下载,等待下载完成,如图 3-28 所示。

⑭ 程序下载完成后,拔下模块上的跳线帽,按下复位键运行程序(程序运行必须取掉跳线帽)。

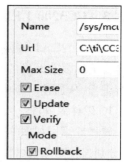

图 3-26　选择 bin 文件

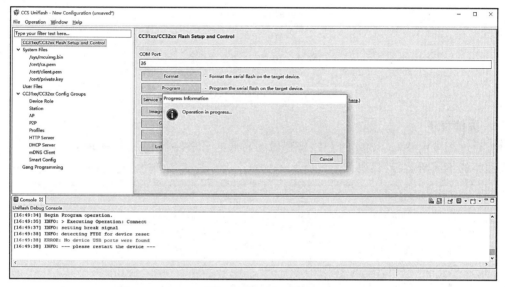

图 3-27　下　载

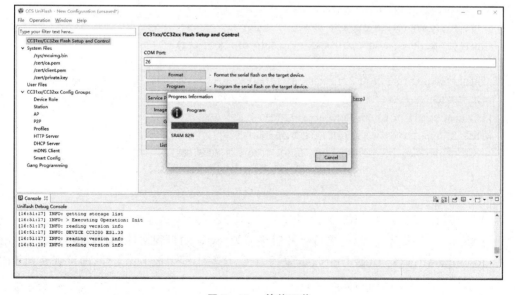

图 3-28　等待下载

### 3.3.3　CC3200 LED 灯控制

在进行 Wi-Fi 通信相关的开发之前,需要了解 CC3200 单片机基础的外设开发,也是后续进行更加复杂开发的基础,本节介绍如何在 Wi-Fi 模块上基于 CC3200 处理器利用 C 语言进行编程,从而控制板载 LED 的亮灭。

**1. 硬件原理图**

硬件原理图如图 3-29 所示,Wi-Fi 模块硬件上设计了 2 个 LED 灯,用来编程调试使用,分别连接 CC3200 的 GPIO11、GPIO30 两个 I/O 引脚。从原理图上可以看出,2 个 LED 灯共阴极,当 GPIO11、GPIO30 引脚为高电平时,LED 灯点亮。

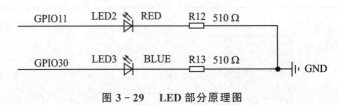

图 3-29　LED 部分原理图

**2. 关键程序**

可通过程序配置 CC3200 的 I/O 寄存器的高低电平来控制 LED 灯的状态,用循环语句来实现程序的不间断运行,代码如下:

```
PinMuxConfig(void){
    // Enable Peripheral Clocks
    MAP_PRCMPeripheralClkEnable(PRCM_GPIOA1, PRCM_RUN_MODE_CLK);
    MAP_PRCMPeripheralClkEnable(PRCM_GPIOA3, PRCM_RUN_MODE_CLK);
    // Configure PIN_64 for GPIOOutput GPIO9
    MAP_PinTypeGPIO(PIN_64, PIN_MODE_0, false);
    MAP_GPIODirModeSet(GPIOA1_BASE, 0x2, GPIO_DIR_MODE_OUT);
    // Configure PIN_01 for GPIOOutput GPIO10
    MAP_PinTypeGPIO(PIN_01, PIN_MODE_0, false);
    MAP_GPIODirModeSet(GPIOA1_BASE, 0x4, GPIO_DIR_MODE_OUT);
    // Configure PIN_02 for GPIOOutput GPIO11
    MAP_PinTypeGPIO(PIN_02, PIN_MODE_0, false);
    MAP_GPIODirModeSet(GPIOA1_BASE, 0x8, GPIO_DIR_MODE_OUT);
    // Configure PIN_53 for GPIOOutput GPIO30
    MAP_PinTypeGPIO(PIN_53, PIN_MODE_0, false);
    MAP_GPIODirModeSet(GPIOA3_BASE, 0x40, GPIO_DIR_MODE_OUT);
}
```

**3. 烧　写**

将 Wi-Fi 通信模块、UART 调试板按照图 3-21 所示方式连接,USB 线接到电脑。

用 IAR for ARM 代码工程,之后打开后缀名为 .eww 的工程文件;编译程序,菜单栏 Project->Rebuild All;运行 CCS UniFlash 烧写软件,烧写工程生成 bin 文件,即可观察到 LED2 和 LED3 按照程序顺序周期闪烁。

## 3.3.4 CC3200 外部中断

### 1. 硬件原理图

按键接口如图 3 – 30 所示，Wi – Fi(CC3200)模块上按键引脚连接到核心板的 GPIO22，当按键按下时为低电平，将中断方式设置为下降沿触发。

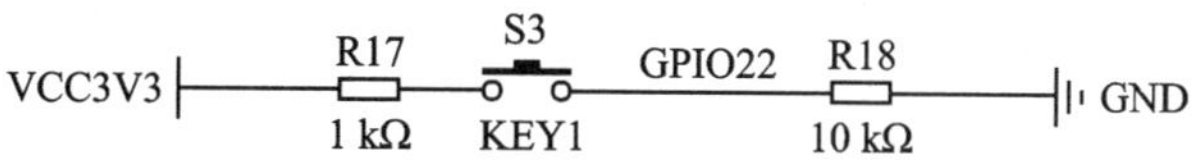

图 3 – 30    按键接口

### 2. 关键代码

通过按键产生的外部中断调用中断处理函数，控制 LED 灯状态的变化。

```
//程序主函数
void main()
{
    BoardInit();
    PinMuxConfig();
    InitTerm();
    DisplayBanner(APP_NAME);
    GPIO_IF_LedConfigure(LED3);
    GPIO_IF_LedOff(MCU_RED_LED_GPIO);
    //设置中断处理函数,
    GPIOIntRegister(GPIOA2_BASE,GPIO22_handle);
    //使能中断
    GPIOIntEnable(GPIOA2_BASE,GPIO_INT_PIN_6);
    while(1)
    {
    }
}
//中断处理函数
void GPIO22_handle(void)
{
    int i;
    MAP_UtilsDelay(400);
    //获取经过屏蔽的中断状态
    i = GPIOIntStatus(GPIOA2_BASE,true);
    //判断是不是 GPIOA2 的 pin6 触发的中断
    if(i&GPIO_INT_PIN_6)
    {
        status = ! status;
        //打印 GPIOA2 的 pin6 值
        LED3_CTRL(status);
        UART_PRINT("INTERRUPT % d\n",status);
    //清除中断标志位
```

```
        GPIOIntClear(GPIOA2_BASE,GPIO_INT_PIN_6);
    }
}
```

按照前面程序烧写方法将生成的 bin 文件下载到硬件中,按下 Wi-Fi 模块上的 KEY 键,模块上的 LED2 状态发生改变。

## 3.3.5  CC3200 ADC 采样

### 1. 硬件原理

参考 CC3200 的 ADC 相关寄存器。

图 3-31 和表 3-1~表 3-3 列举了与 CC3200 处理器 ADC 操作相关的寄存器,CC3200 的 ADC 有 8 个通道,4 个用于外部输入,4 个用于内部输入,单次采样时间是 16 μs,可以设置成 8 个通道轮流采样,8 个通道轮流采样花费的总时间为 16 μs,模拟输入的引脚是固定的。使用 PIN58 为模拟电压输入端,参考电压为 1.5 V。

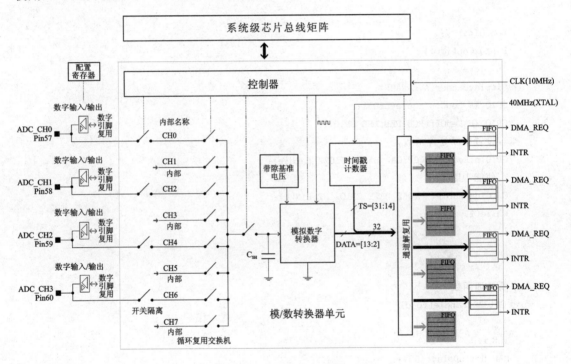

图 3-31  ADC 模块框图

表 3-1  ADC 引脚分配

| 引脚号 | 模/数转换通道在<br>复用功能中的别名 | 模/数转换模块寄存器<br>描述中使用的通道名称 |
| --- | --- | --- |
| 57 | ADC_CH0 | CH0 |
| 58 | ADC_CH1 | CH2 |
| 59 | ADC_CH2 | CH4 |

续表 3 - 1

| 引脚号 | 模/数转换通道在<br>复用功能中的别名 | 模/数转换模块寄存器<br>描述中使用的通道名称 |
| --- | --- | --- |
| 60 | ADC_CH3 | CH6 |
| 不适用 | 不适用(用于芯片内部) | CH1 |
| 不适用 | 不适用(用于芯片内部) | CH3 |
| 不适用 | 不适用(用于芯片内部) | CH5 |
| 不适用 | 不适用(用于芯片内部) | CH7 |

表 3 - 2　ADC_CTRL 寄存器

| 位 | 字段 | 类型 | 复位 | 描述 |
| --- | --- | --- | --- | --- |
| 31～1 | 保留 | 读 | 0 | |
| 0 | 应用处理器的 ADC 使能 | 读/写 | 0 | 应用处理器的 ADC 使能 |

表 3 - 3　ADC_CH0_IRQ_EN 寄存器

| 位 | 字段 | 类型 | 复位 | 描述 |
| --- | --- | --- | --- | --- |
| 31～1 | 保留 | 读 | 0 | |
| 3～0 | ADC_CHANNEL0_IRQ_EN | 读/写 | 0 | 每个模拟转换通道位 3 的中断启用寄存器:当是 1 时,启用先进先出溢出中断位 2;当是 1 时,启用先进先出下溢中断位 1;当是 1 时,启用先进先出空中断位 0;当是 1 时,启用先进先出完全中断 |

## 2. 关键代码

ADC 初始化代码如下:

```
void main(){
    unsigned long  adcValue = 0;
    unsigned int   uiChannel = ADC_CH_1;
    unsigned long  uiAdcInputPin = PIN_58;
    unsigned int   uiIndex = 0;
    //ADC 相关通道的设置
    //uiChannel = ADC_CH_1; PIN_58
    //uiChannel = ADC_CH_2; PIN_59
    //uiChannel = ADC_CH_3; PIN_60
    BoardInit();
    // Configure the pinmux settings for the peripherals exercised
    PinMuxConfig();
    // Configuring UART
    InitTerm();
    // Pinmux for the selected ADC input pin
    MAP_PinTypeADC(uiAdcInputPin,PIN_MODE_255);
    // Configure ADC timer which is used to timestamp the ADC data samples
```

```
MAP_ADCTimerConfig(ADC_BASE,2^17);
// Enable ADC timer which is used to timestamp the ADC data samples
MAP_ADCTimerEnable(ADC_BASE);
// Enable ADC module
MAP_ADCEnable(ADC_BASE);
// Enable ADC channel
MAP_ADCChannelEnable(ADC_BASE, uiChannel);
while(FOREVER){
    while(uiIndex < NO_OF_SAMPLES + 4){
        if(MAP_ADCFIFOLvlGet(ADC_BASE, uiChannel)){
            adcValue = MAP_ADCFIFORead(ADC_BASE, uiChannel);
            pulAdcSamples[uiIndex ++ ] = adcValue;
        }
    }
    uiIndex = 0;
    // Print out ADC samples
    UART_PRINT(" % d\n\r",((pulAdcSamples[4] >> 2 ) & 0x0FFF));
    UART_PRINT("Voltage is = % .2f\n\r",(((float)((pulAdcSamples[4] >> 2 ) & 0x0FFF)) * 1.4)/2048);
    MAP_UtilsDelay(8000000);
}
}
```

按照前面程序烧写方法将生成的 bin 文件下载到硬件中,改变 PIN58 引脚的电压值,观察串口终端输出电压。本实验可用平台配套的光照传感器作为模拟电压输入源,串口终端输出当前传感器电压值。

### 3.3.6　CC3200 PWM 输出

#### 1. 硬件原理
图 3-32 和表 3-4～表 3-5 列举了与 CC3200 处理器定时器相关的寄存器,CC3200 的 PWM 工作在 16 位可分频的向下计数模式,从图 3-32 可以看出需要 3 个参数:溢出值、比较值、输出电平。虽然 PWM 的计数器是 16 bit,但是其实是 24 bit 的,由数据手册可知,PWM 的计数器是 16 bit 的,分频器是 8 bit,16 加 8 为 24 bit,计数器的 16 bit 是高位。

#### 2. 关键代码
PWM 的配置函数代码如下:

```
void DeInitPWMModules(){
    // Disable the peripherals
    MAP_TimerDisable(TIMERA2_BASE, TIMER_B);
    MAP_TimerDisable(TIMERA3_BASE, TIMER_A);
    MAP_TimerDisable(TIMERA3_BASE, TIMER_B);
    MAP_PRCMPeripheralClkDisable(PRCM_TIMERA2, PRCM_RUN_MODE_CLK);
    MAP_PRCMPeripheralClkDisable(PRCM_TIMERA3, PRCM_RUN_MODE_CLK);
}
```

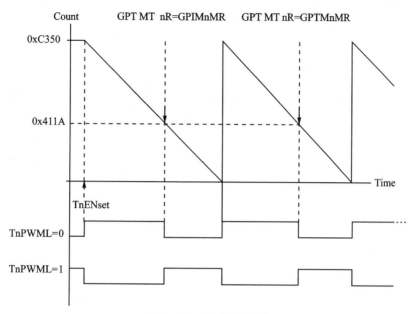

图 3 - 32　PWM 模式图

表 3 - 4　定时器寄存器

| 开端 | 缩写 | 注册名称 | 剖面图 |
|---|---|---|---|
| 0h | GPTMCFG | 通用定时器模块配置 | 剖面图 9.5.1.1 |
| 4h | GPTMTAMR | 通用定时器模块定时器 A 模式 | 剖面图 9.5.1.2 |
| 8h | GPTMTBMR | 通用定时器模块定时器 B 模式 | 剖面图 9.5.1.3 |
| Ch | GPTMCTL | 通用定时器模块控制 | 剖面图 9.5.1.4 |
| 18h | GPTMIMR | 通用定时器模块中断屏蔽 | 剖面图 9.5.1.5 |
| 1Ch | GPTMRIS | 通用定时器模块原始中断状态 | 剖面图 9.5.1.6 |
| 20h | GPTMMIS | 通用定时器模块屏蔽中断状态 | 剖面图 9.5.1.7 |
| 24h | GPTMICR | 通用定时器模块清中断 | 剖面图 9.5.1.8 |
| 28h | GPTMTAILR | 通用定时器模块计时器 A 间隔加载 | 剖面图 9.5.1.9 |
| 2Ch | GPTMTBILR | 通用定时器模块计时器 B 间隔加载 | 剖面图 9.5.1.10 |
| 30h | GPTMTAMATCHR | 通用定时器模块计时器 A 匹配 | 剖面图 9.5.1.11 |
| 34h | GPTMTBMATCHR | 通用定时器模块计时器 A 匹配 | 剖面图 9.5.1.12 |
| 38h | GPTMTAPR | 通用定时器模块计时器 A 预分频 | 剖面图 9.5.1.13 |
| 3Ch | GPTMTBPR | 通用定时器模块计时器 B 预分频 | 剖面图 9.5.1.14 |
| 40h | GPTMTAPMR | 通用定时器模块计时器 A 预分频匹配 | 剖面图 9.5.1.15 |
| 44h | GPTMTBPMR | 通用定时器模块计时器 B 预分频匹配 | 剖面图 9.5.1.16 |
| 48h | GPTMTAR | 通用定时器模块计时器 A | 剖面图 9.5.1.17 |
| 4Ch | GPTMTBR | 通用定时器模块计时器 B | 剖面图 9.5.1.18 |
| 50h | GPTMTAV | 通用定时器模块计时器 A 值 | 剖面图 9.5.1.19 |
| 54h | GPTMTBV | 通用定时器模块计时器 B 值 | 剖面图 9.5.1.20 |
| 6Ch | GPTMDMAEV | 通用定时器模块直接存储器存取事件 | 剖面图 9.5.1.21 |

表 3 - 5　GPTMTAPMR 寄存器

| 位 | 字段 | 类型 | 复位 | 描述 |
|---|---|---|---|---|
| 31～8 | 保留 | 读 | X | |
| 7～0 | TAPSMR | 读/写 | 0 | 通用定时器模块计时器 A 预分频匹配与通用定时器模块计时器 A 匹配一起用于在使用预分频器时检测计时器匹配事件,对于 16/32 位通用定时器模块,此字段包含整个 8 位预分频器匹配值 |

按照前面程序烧写方法将生成的 bin 文件下载到硬件中,观察 Wi - Fi 模块上 LED2 的状态,随着 PWM 输出占空比不同 LED 亮度发生改变,由暗变亮。

# 3.4　CC3200 无线通信开发

## 3.4.1　CC3200 SDK 基础

SimpleLink Wi - Fi CC3200 SDK 除了包含用于 CC3200 可编程 MCU 的驱动程序、40 个以上的示例应用以及使用该解决方案所需的文档,还包含闪存编程器,这是一款命令行工具,用于闪存软件并配置网络和软件参数(SSID、接入点通道、网络配置文件等)、系统文件和用户文件(证书、网页等)。此 SDK 可与 TI 的 SimpleLink Wi - Fi CC3200 LaunchPad 配合使用。

此 SDK 提供各种各样的支持。此外,有些应用还支持 IAR、GCC、免费 RTOS 和 TI RTOS。

SDK 的应用类别介绍如下:

① 片上互联网示例应用。通过 SimpleLink Wi - Fi 解决方案发送电子邮件;从互联网上了解时间和天气信息;在 SimpleLink Wi - Fi 解决方案上承载网页;IM 聊天客户端;串行接口。

② Wi - Fi 示例应用。简易 Wi - Fi 配置;AP 模式站;TCP/UDP;企业/个人安全、TLS/SSL;电源管理的深度睡眠和休眠。

③ MCU 外设示例应用。包含并联摄像机、$I^2S$ 音频、SDMMC、ADC、SPI、UART、$I^2C$、PWMs 等。

安装 CC3200 SDK 包是开发必需的,其中 SDK 有三个版本,截至目前最新的是 1.0.0.10.0,可以在 TI 官网上下载。安装很简单,按照默认配置进行安装,在安装的过程中可以更改安装目录,但是对于这种特殊的用于软件开发的 SDK 包来说,不建议随便更改目录,同时也不建议安装到中文目录,因为一旦出错,重新安装也会有很多麻烦。

SDK 安装完成后,打开安装目录下的 CC3200SDK_1.1.0\cc3200 - sdk,便会看到如图 3 - 33 所示的内容。

从目录结构可以大体了解 CC3200 的代码结构,在进入 CC3200 开发之前,建议先了解一下整个 SDK 的结构,这样遇到问题可以在相关目录中查找。

① word 文档,主要对 SDK 中的例程进行适当讲解。其实这里讲解的并不是很详细,只是大体上说了一下,方便对例程的功能有一个大致了解,编者认为在开发之前可以详细阅读,这样方便全局把控。

| | | |
|---|---|---|
| docs | 2015/9/19 21:43 | 文件夹 |
| driverlib | 2015/9/19 21:43 | 文件夹 |
| example | 2015/9/19 21:42 | 文件夹 |
| inc | 2015/9/19 21:43 | 文件夹 |
| middleware | 2015/9/19 21:42 | 文件夹 |
| netapps | 2015/9/19 21:42 | 文件夹 |
| oslib | 2015/9/19 21:43 | 文件夹 |
| simplelink | 2015/9/19 21:43 | 文件夹 |
| simplelink_extlib | 2015/9/19 21:42 | 文件夹 |
| third_party | 2015/9/19 21:42 | 文件夹 |
| ti_rtos | 2015/9/19 21:42 | 文件夹 |
| tools | 2015/9/19 21:43 | 文件夹 |
| readme.txt | 2015/1/15 6:05 | 文本文档     2 KB |

**图 3 - 33    CC3200 SDK 目录结构**

② Driverlib:这个文件夹中包含了 CC3200 所有的底层驱动,在这里可以找到 UART、$I^2C$ 等底层配置代码,如果感兴趣可以深入了解,用户最终开发时,只要知道封装好的 API 就可以了。这样开发人员就可以脱离痛苦的底层配置过程,有助于快速上手。

③ Example:这个文件夹对于初学者比较重要,为了方便用户开发,提供了一些基本功能的 DEMO,这些基本的 DEMO 就存放在这里。这个文件里面有一个公共的文件就是 common 文件夹,该文件夹是所有 DEMO 共用的。

④ Inc:宏定义了大量的寄存器地址,单片机功能的实现离不开寄存器的配置,所有外设都需要进行相应的配置,而所有寄存器都需要一个地址,CC3200 完成这部分的代码都在该文件夹中。

⑤ Middleware:这个文件夹开发人员称为“最没用的文件”,这里并不是说真的没用实际价值,只是这部分在开发过程中基本不用改动,而且也很少看到这部分的代码被调用。

⑥ Netapps:这个文件夹提供了一些常用的网络应用层协议的实现代码,包括 MQTT、http 等,在开发过程中,文件还是比较重要的。想要深入开发 CC3200 必须熟悉这个文件夹。

⑦ Oslib:操作系统 API 封装层文件夹,这里需要说明一下,TI 提供了两套操作系统,一个是 TI - RTOS,这个是 TI 自己开发的,另一个是物联网圈子中比较流行的 FreeRTOS。为了方便在这两个系统中切换,TI 将这两套不同 API 操作系统重新封装成一样的 API,如果需要切换操作系统,只需要在编译代码之前进行相关宏定义即可。

⑧ SimpleLink:Wi - Fi 相关的代码都在这个文件夹中。看这部分代码需要了解 Socket 的概念,这个对于 TI 的 Wi - Fi 开发相当重要。

⑨ Simplelink_exlib:这里主要实现了 OTA(空中升级)和对 Flash 读写的相关代码。

⑩ Third_part:一些第三方的开发工具,主要是 FatFS 和 FreeRTOS。FatFS 是文件系统,FreeRTOS 是操作系统。

⑪ TI - RTOS:TI 自己的操作系统。

⑫ Tool:主要放了一些工具,如仿真器的驱动等。

至此,TI 的 SDK 文件结构基本了解清楚了,有些内容将在后续的例程中进行详细讲解。

## 3.4.2 WLAN AP 实例

本节主要是将 CC3200 模块作为 AP 模式运行,任意的处于 ST 模式的设备都可以与此设备建立连接,当客户端连接成功后进行标准网络协议的数据通信。当设备建立连接过后,AP 节点会 ping 已经连接的 ST 节点,零为预返回值,若返回一个其他的值则意味着 ping 命令不成功。此例程可以基于 TI - RTOS 和 FreeRTOS 两种嵌入式操作系统进行开发。关键代码如下:

```
void WlanAPMode( void * pvParameters ){
    int iTestResult = 0;
    unsigned char ucDHCP;
    long lRetVal = -1;
    InitializeAppVariables();
    // Following function configure the device to default state by cleaning
    // the persistent settings stored in NVMEM (viz. connection profiles &
    // policies, power policy etc)
    // Applications may choose to skip this step if the developer is sure
    // that the device is in its default state at start of applicaton
    // Note that all profiles and persistent settings that were done on the
    // device will be lost
    lRetVal = ConfigureSimpleLinkToDefaultState();
    if(lRetVal < 0){
        if (DEVICE_NOT_IN_STATION_MODE == lRetVal)
            UART_PRINT("Failed to configure the device in its default state \n\r");
        LOOP_FOREVER();
    }
    UART_PRINT("Device is configured in default state \n\r");
    // Asumption is that the device is configured in station mode already
    // and it is in its default state
    lRetVal = sl_Start(NULL,NULL,NULL);
    if (lRetVal < 0){
        UART_PRINT("Failed to start the device \n\r");
        LOOP_FOREVER();
    }
    UART_PRINT("Device started as STATION \n\r");
    // Configure the networking mode and ssid name(for AP mode)
    if(lRetVal != ROLE_AP){
        if(ConfigureMode(lRetVal) != ROLE_AP){
            UART_PRINT("Unable to set AP mode, exiting Application...\n\r");
            sl_Stop(SL_STOP_TIMEOUT);
            LOOP_FOREVER();
        }
    }
    while(!IS_IP_ACQUIRED(g_ulStatus)){
        //looping till ip is acquired
    }
    unsigned char len = sizeof(SlNetCfgIpV4Args_t);
    SlNetCfgIpV4Args_t ipV4 = {0};
    // get network configuration
    lRetVal = sl_NetCfgGet(SL_IPV4_AP_P2P_GO_GET_INFO,&ucDHCP,&len,(unsigned char * )&ipV4);
    if (lRetVal < 0){
```

```
        UART_PRINT("Failed to get network configuration \n\r");
        LOOP_FOREVER();
    }
    UART_PRINT("Connect a client to Device\n\r");
    while(!IS_IP_LEASED(g_ulStatus)){
        //wating for the client to connect
    }
    UART_PRINT("Client is connected to Device\n\r");
    iTestResult = PingTest(g_ulStaIp);
    if(iTestResult < 0){
        UART_PRINT("Ping to client failed \n\r");
    }
    UNUSED(ucDHCP);
    UNUSED(iTestResult);
    // revert to STA mode
    lRetVal = sl_WlanSetMode(ROLE_STA);
    if(lRetVal < 0){
        ERR_PRINT(lRetVal);
        LOOP_FOREVER();
    }
    // Switch off Network processor
    lRetVal = sl_Stop(SL_STOP_TIMEOUT);
    UART_PRINT("WLAN AP example executed successfully");
    while(1);
}
```

使用 IAR for ARM 打开随书提供的示例工程,编译程序,运行 CCS UniFlash 烧写软件,烧写 project\wlan_ap\ewarm\Release\Exe 目录下的 bin 文件。

使用串口终端软件 AccessPort,设置为串口波特率 115 200、8 位、无奇偶奇校验、无硬件流模式。复位键运行此程序,模块等待输入 SSID,通过串口终端输入自定义的 SSID 后,模块此时工作在 AP 模式,可以通过手机或电脑与设备进行无线连接测试,最终结果见图 3-34。

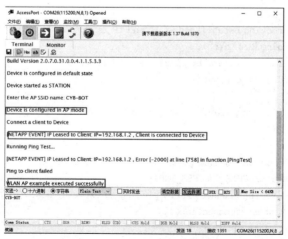

图 3-34　WLAN AP 运行结果

### 3.4.3　WLAN ST 实例

本小节主要应用将 CC3200 设置工作在 STATION 模式,用户可基于此案例进行关于 Wi-Fi 的二次开发,该设备连接到 AP(Access Point),AP 配置以宏的形式存储在应用程序中,如果设备连接成功,将尝试获取"www.ti.com"的 IP 地址,并尝试 ping 此地址。零为预期返回值,如果返回一个其他的值,则意味着 ping 命令不成功。此例程可以基于 TI-RTOS 和 FreeRTOS 两种嵌入式操作系统进行开发。关键代码如下:

```
void WlanStationMode( void * pvParameters ){
    long lRetVal = -1;
    InitializeAppVariables();
    lRetVal = ConfigureSimpleLinkToDefaultState();
    if(lRetVal < 0){
        if (DEVICE_NOT_IN_STATION_MODE == lRetVal){
            UART_PRINT("Failed to configure the device in its default state\n\r");
        }
        LOOP_FOREVER();
    }
    UART_PRINT("Device is configured in default state \n\r");
    // Assumption is that the device is configured in station mode already
    // and it is in its default state
    lRetVal = sl_Start(0, 0, 0);
    if (lRetVal < 0 || ROLE_STA ! = lRetVal){
        UART_PRINT("Failed to start the device \n\r");
        LOOP_FOREVER();
    }
    UART_PRINT("Device started as STATION \n\r");
    //Connecting to WLAN AP
    lRetVal = WlanConnect();
    if(lRetVal < 0){
        UART_PRINT("Failed to establish connection w/ an AP \n\r");
        LOOP_FOREVER();
    }
    UART_PRINT("Connection established w/ AP and IP is aquired \n\r");
    UART_PRINT("Pinging...!\n\r");
    // Checking the Lan connection by pinging to AP gateway
    lRetVal = CheckLanConnection();
    if(lRetVal < 0){
        UART_PRINT("Device couldn't ping the gateway \n\r");
        LOOP_FOREVER();
    }
    // Turn on GREEN LED when device gets PING response from AP
    GPIO_IF_LedOn(MCU_EXECUTE_SUCCESS_IND);
    // Checking the internet connection by pinging to external host
    lRetVal = CheckInternetConnection();
    if(lRetVal < 0){
        UART_PRINT("Device couldn't ping the external host \n\r");
        LOOP_FOREVER();
```

```
    }
    // Turn on ORAGE LED when device gets PING response from AP
    GPIO_IF_LedOn(MCU_ORANGE_LED_GPIO);
    UART_PRINT("Device pinged both the gateway and the external host \n\r");
    UART_PRINT("WLAN STATION example executed successfully \n\r");
    // power off the network processor
    lRetVal = sl_Stop(SL_STOP_TIMEOUT);
    LOOP_FOREVER();
}
```

注意：在 common. h 文件中修改此设备自动连接的 AP 节点信息。代码如下：

| | | |
|---|---|---|
| #define SSID_NAME | "ICS – IOT" | / * SSID 名称 * / |
| #define SECURITY_TYPE | SL_SEC_TYPE_WPA | / * 加密方式（OPEN or WEP or WPA）* / |
| #define SECURITY_KEY | " *******" | / * AP 密码 * / |

使用 IAR for ARM 打开随书提供的示例工程，编译程序，运行 CCS UniFlash 烧写软件，烧写 project\wlan_ap\ewarm\Release\Exe 目录下的 bin 文件。

使用串口终端软件 AccessPort，设置为串口波特率 115 200、8 位、无奇偶奇校验、无硬件流模式。程序烧写完成后按下复位键运行此程序，设备首先工作在 STATION 模式，然后自动连接 common. h 文件，设置 AP 热点，获取网关信息，ping"www. ti. com"实验成功，如图 3 – 35 所示。

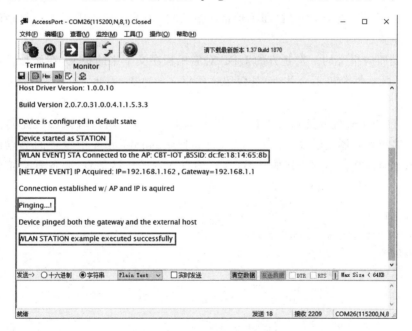

图 3 – 35　WLAN ST 运行结果

## 3.4.4　UDP – Socket 实例

Socket 接口是 TCP/IP 网络的 API，Socket 接口定义了许多函数或例程，程序员可以用它们来开发 TCP/IP 网络上的应用程序。要学 Internet 上的 TCP/IP 网络编程，必须理解 Socket 接口。Socket 接口设计者最先是将接口放在 Unix 操作系统中。如果了解 Unix 系统的输入和输出,就很容易了解 Socket 了。网络的 Socket 数据传输是一种特殊的 I/O,Socket 也是一种文件描述符。Socket 具有一个类似于打开文件的函数调用 Socket(),该函数返回一个整型 Socket 描述符,随后连接建立、数据传输等操作都是通过该 Socket 实现的。常用的 Socket 类型有两种:流式 Socket(SOCK_STREAM)和数据报式 Socket(SOCK_DGRAM)。流式 Socket 是一种面向连接的 Socket,针对面向连接的 TCP 服务应用;数据报式 Socket 是一种无连接的 Socket,对应无连接的 UDP 服务应用。

UDP 的协议具有以下特点:

① UDP 是一个无连接协议,传输数据之前源端和终端不建立连接,当它想传送时就简单地抓取来自应用程序的数据,并尽可能快地把它发送到网络上。在发送端,UDP 传送数据的速度仅仅受应用程序生成数据的速度、计算机的能力和传输带宽的限制;在接收端,UDP 把每个消息段放在队列中,应用程序每次从队列中读一个消息段。

② 由于传输数据不建立连接,也就不需要维护连接状态,包括收发状态等,因此一台服务器可同时向多个客户端传输相同的消息。

③ UDP 信息包的标题很短,只有 8 字节,相对于 TCP 的 20 字节,信息包的额外开销很小。

④ 吞吐量不受拥挤控制算法的调节,只受应用软件生成数据的速率、传输带宽、源端和终端主机性能的限制。

⑤ UDP 使用尽最大努力交付,即不保证可靠交付,因此主机不需要维持复杂的链接状态表(这里面有许多参数)。

⑥ UDP 是面向报文的。发送方的 UDP 对应用程序交下来的报文,在添加首部后就向下交付给 IP 层。既不拆分也不合并,而是保留这些报文的边界,因此,应用程序需要选择合适的报文大小。

本实验通过两个模块分别运行 UDP 的客户端和服务器,用户可以参照此实验进行二次开发,当客户端和服务器上电复位运行过后,自动搜索 common.h 中设置的热点信息并且与之相连,当服务器和客户端都连接成功后,客户端自动发送广播信息,服务器会接收到客户端所发出的信息。关键代码如下:

```
//客户端处理函数
int BsdUdpClient(unsigned short usPort){
    SlSockAddrIn_t    sAddr;
    int               iAddrSize;
    int               iSockID;
    int               iStatus;
    //filling the UDP server socket address
    sAddr.sin_family = SL_AF_INET;
    sAddr.sin_port = sl_Htons((unsigned short)usPort);
    sAddr.sin_addr.s_addr = sl_Htonl((unsigned int)g_ulDestinationIp);
    iAddrSize = sizeof(SlSockAddrIn_t);
    // creating a UDP socket
    iSockID = sl_Socket(SL_AF_INET,SL_SOCK_DGRAM, 0);
    if(iSockID < 0){
```

```
        // error
        ASSERT_ON_ERROR(SOCKET_CREATE_ERROR);
    }
    // for a UDP connection connect is not required sending packet
    iStatus = sl_SendTo(iSockID, g_cBsdBuf, g_DataLen, 0,(SlSockAddr_t *)&sAddr, iAddrSize);
    if(iStatus < = 0){
        // error
        sl_Close(iSockID);
        ASSERT_ON_ERROR(SEND_ERROR);
    }
    UART_PRINT("Send value '%d' to IP: %d. %d. %d. %d\n\r\n\r",
            ((g_cBsdBuf[5] << 8) + g_cBsdBuf[4]),
            SL_IPV4_BYTE(g_ulDestinationIp,3),
            SL_IPV4_BYTE(g_ulDestinationIp,2),
            SL_IPV4_BYTE(g_ulDestinationIp,1),
            SL_IPV4_BYTE(g_ulDestinationIp,0));
    //closing the socket after sending 1000 packets
    sl_Close(iSockID);
    return SUCCESS;
}
```

### 3.4.5　TCP - Socket 实例

TCP 是一种面向连接(连接导向)的、可靠的、基于字节流的传输层通信协议。TCP 将用户数据打包成报文段,发送后启动一个定时器,另一端对收到的数据进行确认、对失序的数据重新排序、丢弃重复数据。

TCP 把连接作为最基本的对象,每一条 TCP 连接都有两个端点,这种端点叫作套接字(Socket),将端口号拼接到 IP 地址即构成了套接字,例如,若 IP 地址为 192.3.4.16 而端口号为 80,则得到的套接字为 192.3.4.16:80。

TCP 的特点包括:TCP 是面向连接的传输层协议;每一条 TCP 连接只能有两个端点,每一条 TCP 连接只能是点对点的;TCP 提供可靠交付的服务;TCP 提供全双工通信,数据在两个方向独立进行传输,因此连接的每一端必须保持每个方向上的传输数据序号;面向字节流,虽然应用程序和 TCP 交互是一次一个数据块,但 TCP 把应用程序看成是一连串的无结构的字节流。

利用 CC3200 SDK tcp_socket 例程实现局域网内的 TCP 客户端与服务器端的通信。整体思路就是将 CC3200 设置为 STA 模式,作为客户端向远端服务器发送 1 000 个数据。

基本流程如下:

① 首先利用 ConfigureSimpleLinkToDefaultState() 函数配置 CC3200 的默认模式。默认配置包括 STA 模式、自动连接、删除之前存储的配置、使能 DHCP、发射功率设置为最大。其实,还有一些属于默认配置的,虽然不在这个函数中写入,但是已经在 main 文件的开始以宏的形式存在了,即需要发送数据的服务器的 IP 地址和端口号,但是这两个配置可以在后面用户输入函数中被用户实时改变,如图 3 - 36 所示。

```
89#define  IP_ADDR            0xc0a80064 /* 192.168.0.100 */
90#define  PORT_NUM           5001
91#define  BUF_SIZE           1400
92#define  TCP_PACKET_COUNT   1000
```

图 3-36    相关宏定义

② 利用 sl_Start()函数开始启动 CC3200。

③ 利用 WlanConnect()函数让 CC3200 连接到设定的 AP,连接成功后,设备被分配的 IP 地址放在 g_ulIpAddr 变量中。

④ 在这个例程中,连接成功后就等待用户的输入,根据输入来选择相应的功能函数。如果选择让 CC3200 发送数据,那么程序就会执行 BsdTcpClient()函数。这个函数的功能就是建立客户端和服务器端的 Socket 连接,并向服务器发送数据。

⑤ Socket 连接建立的过程如下:

➢ sl_Socket()函数创建客户自身的套接字。

➢ sl_Connect()函数建立与远端 TCP 服务器的连接。在这个函数中,需要传入远端 TCP 服务器的 IP 地址和端口号,从而确定要发送数据的目的地址。而电脑上运行的 TCP 服务器的任务就是监听设定的那个端口,有任何数据到来都会被记录下来。

➢ 这个例程中发送的数据是简单的 1、2、3、…,那么在实际应用中,可以在 Socket 连接建立以后,开始读取传感器的数据,然后使用发送函数 sl_Send()发送出去。

➢ 注意所有数据发送完成后要关闭 Socket 连接 sl_Close()。

TCP 客户端程序如下:

```
int BsdTcpClient(unsigned short usPort){
    int             iCounter;
    short           sTestBufLen;
    SlSockAddrIn_t  sAddr;
    int             iAddrSize;
    int             iSockID;
    int             iStatus;
    long            lLoopCount = 0;
    // filling the buffer
    for (iCounter = 0; iCounter<BUF_SIZE; iCounter ++ ){
        g_cBsdBuf[iCounter] = (char)(iCounter % 10);
    }
    sTestBufLen = BUF_SIZE;
    //filling the TCP server socket address
    sAddr.sin_family = SL_AF_INET;
    sAddr.sin_port = sl_Htons((unsigned short)usPort);
    sAddr.sin_addr.s_addr = sl_Htonl((unsigned int)g_ulDestinationIp);
    iAddrSize = sizeof(SlSockAddrIn_t);
    // creating a TCP socket
    iSockID = sl_Socket(SL_AF_INET,SL_SOCK_STREAM, 0);
    if(iSockID < 0){
        ASSERT_ON_ERROR(SOCKET_CREATE_ERROR);
```

```
    }
    // connecting to TCP server
    iStatus = sl_Connect(iSockID, (SlSockAddr_t * )&sAddr, iAddrSize);
    if(iStatus < 0){
        // error
        sl_Close(iSockID);
        ASSERT_ON_ERROR(CONNECT_ERROR);
    }
    // sending multiple packets to the TCP server
    while (lLoopCount < g_ulPacketCount){
        // sending packet
        iStatus = sl_Send(iSockID, g_cBsdBuf, sTestBufLen, 0 );
        if(iStatus < 0){
            // error
            sl_Close(iSockID);
            ASSERT_ON_ERROR(SEND_ERROR);
        }
        lLoopCount ++ ;
    }
    Report("Sent % u packets successfully\n\r",g_ulPacketCount);
    iStatus = sl_Close(iSockID);
    //closing the socket after sending 1000 packets
    ASSERT_ON_ERROR(iStatus);
    return SUCCESS;
}
```

将程序烧写到 Wi-Fi 模块后,复位并运行程序,模块自动加入指定的 AP 热点并获取相应的 IP 地址,打开两个串口调试软件,分别配置串口参数,根据串口信息操作。客户端发送命令 1 即可发送 TCP 数据包,等待一段时间客户端提示数据包发送成功,服务器接收数据成功,即完成了本次 TCP 通信实验,如图 3-37 所示。

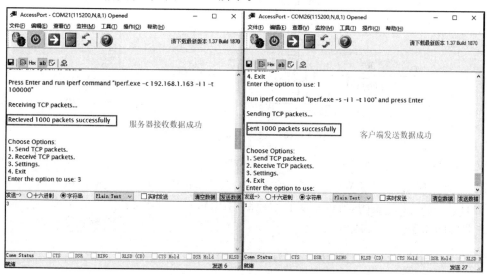

图 3-37 TCP-Socket 运行结果

---

# 3.5 CC3200 无线传感网

## 3.5.1 无线控制声光报警

本节通过 CC3200 SDK 的 UDP 网络通信实现远程声光报警模块的控制。声光报警器（又叫声光警号）是一种用在危险场所、通过声音和各种光来向人们发出示警信号的报警信号装置。防爆声光报警器适用于安装在含有 IIC 级 T6 温度组别的爆炸性气体环境场所，还可用于石油、化工等行业具有防爆要求的 1 区及 2 区防爆场所，也可以在露天或室外使用。非编码型可以和国内外任何厂家的火灾报警控制器配套使用。当生产现场发生事故或火灾等紧急情况时，火灾报警控制器送来的控制信号启动声光报警电路，发出声和光报警信号，实现报警。

有源蜂鸣器是一种一体化结构的电子讯响器，采用直流电压供电，广泛应用于计算机、打印机、复印机、报警器、电子玩具、汽车电子设备、电话机、定时器等电子产品中作发声器件。蜂鸣器主要分为压电式蜂鸣器和电磁式蜂鸣器两种类型。蜂鸣器在电路中用字母"H"或"HA"（旧标准用"FM""LB""JD"等）表示。

图 3-38 所示为声光报警模块，可通过 I/O 来控制模块的工作与关闭。

该模块的原理图如图 3-39 所示，通过 I/O 的高低电平变化同时控制 LED 灯和蜂鸣器。

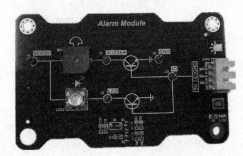

图 3-38 声光报警模块

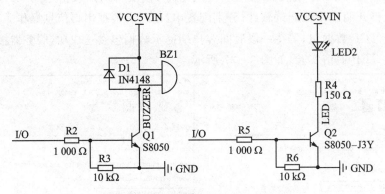

图 3-39 声光报警模块原理图

Wi-Fi 模块接口原理图如图 3-40 所示，传感器与 Wi-Fi 模块通过两排 20 引脚的排针相连接，传感器控制 I/O 与 Wi-Fi 模块的 GPIO5 引脚相连，当 I/O 输出高电平时，蜂鸣器和 LED 等打开，低电平时关闭，所以本实验须控制 GPIO5 的电平状态。

关键代码如下：

```
int BsdUdpServer(unsigned short usPort){
    SlSockAddrIn_t   sAddr;
```

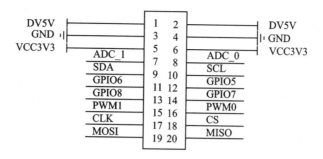

图 3 - 40  Wi - Fi 模块接口原理图

```
SlSockAddrIn_t    sLocalAddr;
int               iCounter;
int               iAddrSize;
int               iSockID;
int               iStatus;
short             sTestBufLen;
long              lLoopCount = 0;
// filling the buffer
for (iCounter = 0; iCounter<BUF_SIZE; iCounter ++ ){
    g_cBsdBuf[iCounter] = 0;
}
sTestBufLen = 5;
//filling the UDP server socket address
sLocalAddr.sin_family = SL_AF_INET;
sLocalAddr.sin_port = sl_Htons((unsigned short)usPort);
sLocalAddr.sin_addr.s_addr = 0;
iAddrSize = sizeof(SlSockAddrIn_t);
// creating a UDP socket
iSockID = sl_Socket(SL_AF_INET,SL_SOCK_DGRAM, 0);
if(iSockID < 0){
    // error
    ASSERT_ON_ERROR(SOCKET_CREATE_ERROR);
}
// binding the UDP socket to the UDP server address
iStatus = sl_Bind(iSockID, (SlSockAddr_t * )&sLocalAddr, iAddrSize);
if(iStatus < 0){
    // error
    sl_Close(iSockID);
    ASSERT_ON_ERROR(BIND_ERROR);
}
// no listen or accept is required as UDP is connectionless protocol
// waits for 1000 packets from a UDP client
while (lLoopCount < g_ulPacketCount){
    iStatus = sl_RecvFrom(iSockID, g_cBsdBuf, sTestBufLen, 0,
            (SlSockAddr_t * )&sAddr, (SlSocklen_t * )&iAddrSize );
```

```
            if(iStatus < 0){
                // error
                sl_Close(iSockID);
                ASSERT_ON_ERROR(RECV_ERROR);
            }
        if(g_cBsdBuf[0] == 192){
            lLoopCount ++ ;
            UART_PRINT("Recieved from IP: %d. %d. %d. %d DATA = %d\n\r",
                        g_cBsdBuf[0],
                        g_cBsdBuf[1],
                        g_cBsdBuf[2],
                        g_cBsdBuf[3],
                        g_cBsdBuf[4]);
            if(g_cBsdBuf[4] == 0){
                //关闭
                GPIO_IF_LedOff(MCU_BLUE_LED_GPIO);
            }else if(g_cBsdBuf[4] == 1){
                //打开
                GPIO_IF_LedOn(MCU_BLUE_LED_GPIO);
            }
        }
    }
    //closing the socket after receiving 1000 packets
    sl_Close(iSockID);
    return SUCCESS;
}
```

需要注意的是模块上电自动连接到指定 AP 热点,在 common. h 文件中修改此设备自动连接的 AP 节点的信息,代码如下:

```
#define SSID_NAME          "ICS - IOT"          /* SSID 名称 */
#define SECURITY_TYPE      SL_SEC_TYPE_WPA      /* 加密方式 (OPEN or WEP or WPA) */
#define SECURITY_KEY       "******"             /* AP 密码 */
```

客户端广播发送传感器信息,在 main. c 中设置客户端目标地址,目标地址必须与服务器处于同一网段,代码如下:

```
#define IP_ADDR      0xC0A801FF/ * 192.168.1.255 */
#define PORT_NUM     5001
```

服务器程序发送 on/off 控制客户端声光报警传感器,如图 3 - 41 所示。

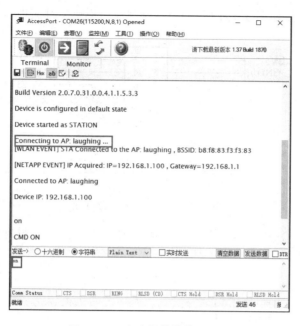

图 3-41　声光报警模块原理图

## 3.5.2　无线可燃气体检测

本小节使用可燃气体传感器,硬件如图 3-42 所示。

图 3-42　可燃气体模块

CC3200 Wi-Fi 模块通过 ADC 采集传感器数据。可燃气体传感器硬件原理见图 3-43。

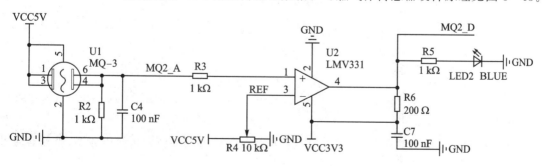

图 3-43　可燃气体传感器硬件原理图

物联网应用系统项目设计与开发

Wi-Fi接口原理图如图3-44所示,传感器与通信模块通过两排20引脚的排针相连接。

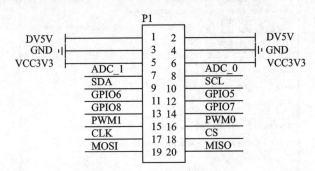

图3-44　Wi-Fi接口原理图

传感器的模拟电压输出引脚与Wi-Fi模块ADC_0相连,需要设置此引脚为ADC功能。ADC数值采集函数如下:

```
void getADCValue(void){
    unsigned long    adcValue = 0;
    unsigned int     uiChannel = ADC_CH_1;
    unsigned long    uiAdcInputPin = PIN_58;
    unsigned int     uiIndex = 0;
    // Pinmux for the selected ADC input pin
    MAP_PinTypeADC(uiAdcInputPin,PIN_MODE_255);
    // Configure ADC timer which is used to timestamp the ADC data samples
    MAP_ADCTimerConfig(ADC_BASE,2^17);
    // Enable ADC timer which is used to timestamp the ADC data samples
    MAP_ADCTimerEnable(ADC_BASE);
    // Enable ADC module
    MAP_ADCEnable(ADC_BASE);
    // Enable ADC channel
    MAP_ADCChannelEnable(ADC_BASE, uiChannel);
    while(uiIndex < NO_OF_SAMPLES + 4){
        if(MAP_ADCFIFOLvlGet(ADC_BASE, uiChannel)){
            adcValue = MAP_ADCFIFORead(ADC_BASE, uiChannel);
            pulAdcSamples[uiIndex++] = adcValue;
        }
    }
    MAP_ADCChannelDisable(ADC_BASE, uiChannel);
    uiIndex = 0;
    g_cBsdBuf[4] = ((pulAdcSamples[4] >> 2) & 0x0FFF);
    g_cBsdBuf[5] = ((pulAdcSamples[4] >> 2) & 0x0FFF)>>8;
    // Print out ADC samples
    //UART_PRINT("%d\n\r",((pulAdcSamples[4] >> 2) & 0x0FFF));
    //UART_PRINT("Voltage is = %.2f\n\r",(((float)((pulAdcSamples[4] >> 2) & 0x0FFF)) * 1.4)/2048);
}
```

运行结果如图3-45所示,客户端节点将可燃气体传感器的值发送给服务器,服务器通过串口终端显示传感器值。

传感器实际测量前都需要预热,外界的温湿度以及非测量范围的其他物质也可能对测量

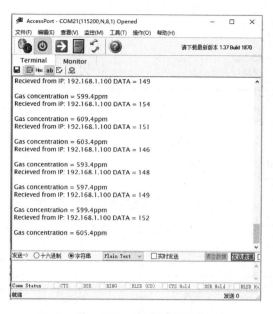

图 3 - 45　无线可燃气体检测运行结果

结果产生影响,传感器只是对指定的气体或物质比较敏感。

### 3.5.3　无线红外反射检测

反射式光电开关是一种小型光电元器件,它可以检测出其接收到的光强变化,在前期是用来检测有无感应到物体接近,它由一个红外线发射管和一个红外线接收管组合而成,发射波长为 780 nm～1 mm,发射器带一个校准镜头,将光聚焦射向接收器,接收器输出电缆将这套装置接到一个真空管放大器上。当物体接近到灭弧室,接收器收集的一部分光线从对象反射到光电元件上面。它是利用物体对红外线光束遮光或反射,由同步回路选通而检测物体的有无,其物体不限于金属,所有能反射光线的物体均可检测。

反射式光电开关主要应用于鼠标、打印机、复印机、开关扫描仪软盘驱动器、非接触式开关直接板、感应洁具、感应水龙头等红外线感应设备。

本小节使用 10 - NK 红外反射传感器,如图 3 - 46 所示。

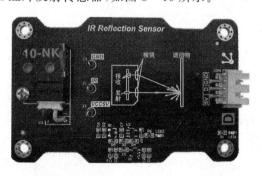

图 3 - 46　10 - NK 红外反射传感器

传感器硬件原理图如图 3 - 47 所示。

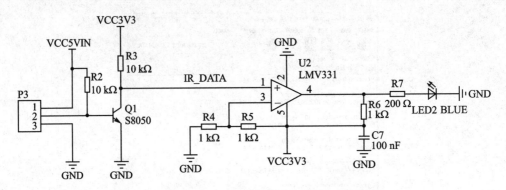

图 3-47 红外反射传感器硬件原理图

Wi-Fi 接口原理图如图 3-48 所示,传感器与通信模块通过两排 20 引脚的排针相连接。

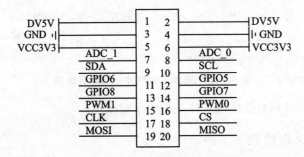

图 3-48 Wi-Fi 接口原理图

红外反射传感器的 I/O 引脚连接到了 CC3200 的 GPIO5 引脚,I/O 检测引脚默认为低电平,当光电开关检测到有障碍物时输出高电平,因此可将单片机的引脚设置为上升沿中断触发模式,当检测到有障碍物时触发中断。

客户端中断检测程序如下:

```
void GPIO5_handle(void){
      MAP_UtilsDelay(400);
      //获取经过屏蔽的中断状态
      g_cBsdBuf[4] = GPIO_IF_LedStatus(MCU_BLUE_LED_GPIO);
      GPIO_LED_BLINK();
      //清除中断标志位
      GPIOIntClear(GPIOA0_BASE,GPIO_INT_PIN_5);
}
```

程序烧写完成后复位并运行程序,观察模块上的 LED2 状态,点亮说明节点已自动加入 AP 热点,客户端 LED3 闪烁表明正在发送数据,观察服务端串口调试助手信息获取传感器值,运行结果如图 3-49 所示。

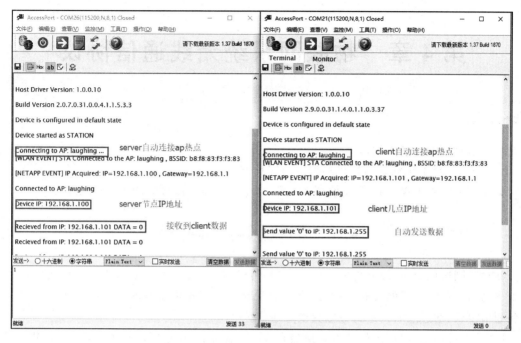

图 3-49 无线红外反射检测运行结果

# 思考与练习

**一、填空题**

1. 传感器的选择标准包含_____、_____、_____、_____、_____、_____
等几个方面。

2. 传感器的分类标准从输出信号上进行划分,可以分为_____、_____、_____、
_____ 4 种。

**二、简答题**

1. 简述 CC3200 进行 Wi-Fi 无线通信开发的流程。

2. CC3200 SDK 包含哪些内容?作用分别是什么?

**三、实验题**

1. 请使用 CC3200 模块完成基于 Wi-Fi 的 UDP 无线通信。

2. 请使用 CC3200 模块完成基于 Wi-Fi 的温湿度数据无线传输。

# 第4章 物联网系统无线通信协议

🎓 **知识目标**

➢ 了解物联网无线通信协议；

➢ 掌握 MQTT 无线通信协议的特点与实现方法；

➢ 掌握 CC3200 Wi‑Fi 模块使用 MQTT 协议进行传感器数据传输的方法。

## 4.1 物联网协议简介

在物联网协议中，一般分为两大类：一类是传输协议，另一类是通信协议。传输协议一般负责子网内设备间的组网及通信；通信协议则主要是运行在传统互联网 TCP/IP 协议之上的设备通信协议，通过互联网进行数据交换及通信。

图 4-1 所示为物联网连接的通信空间，其中物联网的通信环境有 Ethernet、Wi‑Fi、RFID、NFC（近距离无线通信）、ZigBee、6LoWPAN（IPV6 低速无线版本）、Bluetooth、GSM、GPRS、GPS、3G、4G 等网络，而每一种通信应用协议都有一定的适用范围。AMQP、JMS、

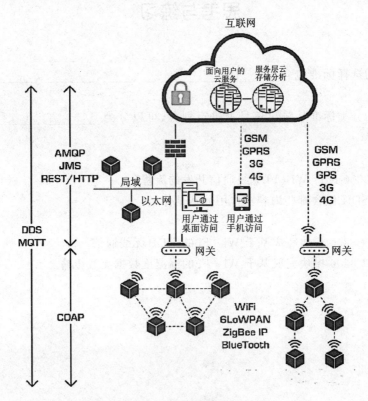

图 4-1　物联网连接通信空间

REST/HTTP 都工作在以太网,COAP 协议是专门为资源受限设备开发的协议,而 DDS 和 MQTT 的兼容性则强很多。

互联网时代,TCP/IP 协议已经一统江湖,现在的物联网通信架构也是构建在传统互联网基础架构之上。在当前的互联网通信协议中,HTTP 协议由于开发成本低,开放程度高,几乎占据半壁江山,所以很多厂商在构建物联网系统时也基于 HTTP 协议进行开发,包括 Google 主导的 physic web 项目,都是期望在传统 Web 技术基础上构建物联网协议标准。

HTTP 协议是典型的 CS 通信模式,由客户端主动发起连接,向服务器请求 XML 或 JSON 数据。该协议最早是为了适用 Web 浏览器的上网浏览场景而设计的,目前在 PC、手机、Pad 等终端上都应用广泛,但并不适用于物联网场景。在物联网场景中,其有三大弊端:

① 由于必须由设备主动向服务器发送数据,难以主动向设备推送数据。对于单一的数据采集等场景还勉强适用,但是对于需要频繁操控的场景,只能通过设备定期主动拉取的方式,实现成本和实时性都大打折扣。

② 安全性不高。Web 的不安全众所周知,HTTP 是明文协议,在很多要求高安全性的物联网应用中,如果不做很多安全准备工作(如采用 HTTPS 等),后果不堪设想。

③ 不同于用户交互终端(如 PC、手机),物联网场景中的设备多样化,对于运算和存储资源都十分受限的设备,HTTP 协议实现、XML/JSON 数据格式的解析都是不可能完成的任务。

针对不同场景和不同网络环境下的物联网应用,产生了多种物联网通信协议,例如 MQTT、WEBSOCKET、CoAP、LwM2M、LoRaWAN、ZigBee 等,下面简单介绍几种常用的物联网协议。

**1. MQTT 协议**

MQTT 协议(Message Queue Telemetry Transport,消息队列遥测传输协议)是 IBM 的 Andy Stanford-Clark 和 Arcom 的 Arlen Nipper 于 1999 年为一个通过卫星网络连接输油管道的项目开发的。为了满足低电量消耗和低网络带宽的需求,MQTT 协议在设计之初就包含以下几个特点:实现简单,提供数据传输的 QoS,轻量、占用带宽低,可传输任意类型的数据,可保持会话(Session)。

经过多年发展,MQTT 协议的应用不再局限于嵌入式系统,可以应用于更广阔的物联网世界。简单来说,MQTT 协议有以下特性:基于 TCP 协议的应用层协议;采用 C/S 架构;使用订阅/发布模式,将消息的发送方和接收方解耦;提供 3 种消息的 QoS(Quality of Service):至多一次、最少一次、只有一次;收发消息都是异步的,发送方不需要等待接收方应答。

**2. CoAP 协议**

CoAP(Constrained Application Protocol)协议是一种运行在资源比较紧张设备上的协议。CoAP 协议通常运行在 UDP 协议上。CoAP 协议设计得非常小巧,最小的数据包只有 4 字节。CoAP 协议采用 C/S 架构,使用类似于 HTTP 协议的请求—响应的交互模式。设备可以通过类似于 coap://192.168.1.150:5683/2ndfloor/temperature 的 URL 来标识一个实体,并使用类似于 HTTP 的 PUT、GET、POST、DELET 请求指令来获取或者修改这个实体的状态。

同时,CoAP 提供一种观察模式,观察者可以通过 OBSERVE 指令向 CoAP 服务器指明观察的实体对象。当实体对象的状态发生变化时,观察者就可以收到实体对象的最新状态,类似于 MQTT 协议中的订阅功能。

### 3. LoRaWAN 协议

LoRaWAN 协议是由 LoRa 联盟提出并推动的一种低功率广域网协议,它和前面介绍的几种协议有所不同。MQTT 协议、CoAP 协议运行在应用层,底层使用 TCP 协议或者 UDP 协议传输数据,整个协议栈运行在 IP 网络上。而 LoRaWAN 协议则是物理层/数据链路层协议,它解决的是设备如何接入互联网的问题,并不运行在 IP 网络上。

LoRa(Long Range)是一种无线通信技术,它具有使用距离远、功耗低的特点。用户可以使用 LoRaWAN 技术进行组网,在工程设备上安装支持 LoRa 的模块。通过 LoRa 的中继设备将数据发往位于隧道外部的、有互联网接入的 LoRa 网关,LoRa 网关再将数据封装成可以在 IP 网络中通过 TCP 协议或者 UDP 协议传输的数据协议包(比如 MQTT 协议),最后发往云端的数据中心。

### 4. LwM2M 协议

LwM2M(Lightweight Machine‐To‐Machine)协议是由 Open Mobile Alliance(OMA)定义的一套适用于物联网的轻量级协议。它使用 RESTful 接口,提供设备的接入、管理和通信功能,适用于资源比较紧张的设备。

LwM2M 协议底层使用 CoAP 协议传输数据和信令。在 LwM2M 协议的架构中,CoAP 协议可以运行在 UDP 或者 SMS(短信)之上,通过 DTLS(数据报传输层安全)来实现数据的安全传输。

LwM2M 协议架构主要包含 3 种实体——LwM2M Bootstrap Server、LwM2M Server 和 LwM2M Client。LwM2M Bootstrap Server 负责引导 LwM2M Client 注册并接入 LwM2M Server,之后 LwM2M Server 和 LwM2M Client 就可以通过协议指定的接口进行交互了。

# 4.2　MQTT 协议入门

### 1. MQTT 协议简介

MQTT 是一种基于发布/订阅(publish/subscribe)模式的"轻量级"通信协议,该协议构建于 TCP/IP 协议上,由 IBM 于 1999 年发布。MQTT 最大优点在于可以极少的代码和有限的带宽为连接远程设备提供实时可靠的消息服务。作为一种低开销、低带宽占用的即时通信协议,在物联网、小型设备、移动应用等方面有较广泛的应用。

MQTT 网络模型如图 4‐2 所示。MQTT 协议是轻量、简单、开放和易于实现的,因此适用范围非常广泛,在卫星链路通信传感器、偶尔拨号的医疗设备、智能家居及一些小型化设备中已广泛使用。

### 2. MQTT 协议实现方式

实现 MQTT 协议需要客户端和服务器端完成通信,在通信过程中,MQTT 协议中有三种身份:发布者(Publish)、代理(Broker)、订阅者(Subscribe)。其中,消息的发布者和订阅者都是客户端,消息代

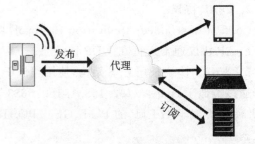

图 4‐2　MQTT 网络模型

理是服务器,消息发布者可以同时是订阅者。

MQTT 传输的消息分为主题(Topic)和负载(Payload)两部分:

① Topic 可以理解为消息的类型,订阅者订阅(Subscribe)后,就会收到该主题的消息内容(Payload);

② Payload 可以理解为消息的内容,是指订阅者具体要使用的内容。

MQTT 会构建底层网络传输:它将建立客户端到服务器的连接,提供两者之间的一个有序的、无损的、基于字节流的双向传输。

当应用数据通过 MQTT 网络发送时,MQTT 会把与之相关的服务质量(QoS)和主题(Topic)相关联。

### 3. MQTT 客户端

MQTT 客户端是一个使用 MQTT 协议的应用程序或者设备,它总是建立到服务器的网络连接。客户端可以实现以下功能:发布其他客户端可能会订阅的信息;订阅其他客户端发布的消息;退订或删除应用程序的消息;断开与服务器的连接。

### 4. MQTT 服务器

MQTT 服务器也可以称为消息代理(Broker),可以是一个应用程序或一台设备。它位于消息发布者和订阅者之间,可以实现以下功能:接收来自客户的网络连接;接收客户发布的应用信息;处理来自客户端的订阅和退订请求;向订阅的客户转发应用程序消息。

### 5. MQTT 协议中的订阅、主题、会话

(1) 订阅(Subscription)

订阅包含主题筛选器(Topic Filter)和最大服务质量(QoS)。订阅会与一个会话(Session)关联。一个会话可以包含多个订阅,每一个会话中的每个订阅都有一个不同的主题筛选器。

(2) 会话(Session)

每个客户端与服务器建立连接后就是一个会话,客户端和服务器之间有状态交互。会话存在于一个网络之间,也可能在客户端和服务器之间跨越多个连续的网络连接。

(3) 主题名(Topic Name)

连接到一个应用程序消息的标签,该标签与服务器的订阅相匹配。服务器会将消息发送给订阅所匹配标签的每个客户端。

(4) 主题筛选器(Topic Filter)

一个主题名通配符筛选器,在订阅表达式中使用,表示订阅所匹配到的多个主题。

(5) 负载(Payload)

消息订阅者所具体接收的内容。

### 6. MQTT 协议中的方法

MQTT 协议中定义了一些方法(也被称为动作),用来表示对确定资源进行操作。这个资源可以代表预先存在的数据或动态生成数据,这取决于服务器的实现。通常来说,资源指服务器上的文件或输出。主要方法有:① Connect,等待与服务器建立连接;② Disconnect,等待MQTT 客户端完成所做的工作,并与服务器断开 TCP/IP 会话;③ Subscribe,等待完成订阅;④ UnSubscribe,等待服务器取消客户端的一个或多个 Topic 订阅;⑤ Publish,MQTT 客户端发送消息请求,发送完成后返回应用程序线程。

## 4.3 基于 CC3200 的 MQTT 协议

### 4.3.1 CC3200 SDK 的 MQTT

在第 3 章中,我们使用了 CC3200 SDK,其实 TI 已经将 MQTT 的协议移植到了 CC3200 平台,可以导入 MQTT 的示例程序进行学习,其中 MQTT 库抽象了 MQTT 网络的底层复杂性,并提供了直观且易于使用的 API,以在 CC3200 设备上实现 MQTT 协议。

可以利用 MQTT 客户端库中的 API 通过代理与 MQTT 客户端进行通信。通过发布有关适当主题的消息,从 Web 客户端控制 CC3200 设备上连接的可控类传感器。同样,也可以采集连接的传感器数据,在代码中定义的预配置主题上发布消息。

CC3200 MQTT 网络模型如图 4-3 所示。

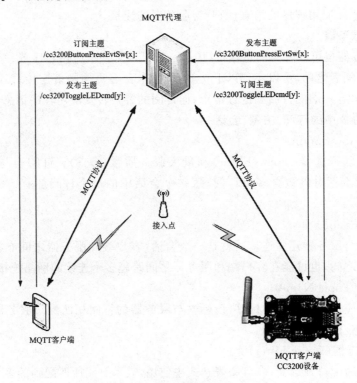

图 4-3 CC3200 MQTT 网络模型

下面对案例中的源文件进行简要说明。

`main.c`—实施 MQTT 客户机的主文件

`pinmux.c`—由 PinMUX 实用程序生成

`button_if.c`—处理按钮单击事件的接口文件

`gpio_if.c`—基本的 GPIO 接口 API,用于控制 LED

`network_if.c`—用于处理与 AP 和 FreeRTOS 挂钩功能的连接常用功能

`net.c`—用户自定义解析各传感器控制指令

`startup_*.c`—初始化向量表和与 IDE 相关的功能

timer_if.c—计时器模块驱动程序的包装函数
uart_if.c—通过 UART 显示状态信息
am2322.c—温湿度传感器模块驱动库
cbtadc.c—获取 ADC0 通道驱动库
myiic.c—IIC 接口驱动库
StepMotoor.c—步进电机驱动库

用户需要修改的大多数参数都指定为 MACRO,这些宏最终将填充在以下分别包含连接配置和库配置的结构中。注意:CC3200 MQTT 库具有同时连接多达 4 个代理的功能,可以将新连接的配置作为新元素(在下一个索引上)添加到 connect_config 中,代码如下:

```
/* connection configuration */
connect_config usr_connect_config[] =
{
    {
        {
            {
            0,//如果 SERVER_ADDRESS 地址为 IP 地址,此处参数为 0,如果 SERVER_ADDRESS 为域名,
              //此处参数为 SL_MQTT_NETCONN_URL
            SERVER_ADDRESS,
            PORT_NUMBER,
            0,
            0,
            0,
            NULL
            },
        SERVER_MODE,
        true,
        },
        NULL,
        CLOUD_DEVICE_ID,        //客户端名称
        USER_ID,                //用户名
        USER_KEY,               //密码
        true,
        KEEP_ALIVE_TIMER,
        {Mqtt_Recv, sl_MqttEvt, sl_MqttDisconnect},
        TOPIC_COUNT,
        {PUB_TOPIC_CLOUD_CMD_BACK,PUB_TOPIC_CLOUD_CMD_BACK,PUB_TOPIC_CLOUD_CMD_BACK},
        {QOS0, QOS0, QOS0},
        {WILL_TOPIC,WILL_MSG,WILL_QOS,WILL_RETAIN},
        false
    }
}
    /* library configuration */
    SlMqttClientLibCfg_t Mqtt_Client = {
        1882,
```

```
TASK_PRIORITY,
30,
true,
UART_PRINT
};
```

## 4.3.2　MQTT Broker 服务器

Mosquitto 是一款实现消息推送协议 MQTT v3.1 的开源消息代理软件，提供轻量级的代码，支持可发布/可订阅的消息推送模式，使设备之间的短消息通信变得简单，比如现在应用广泛的低功耗传感器、手机、嵌入式计算机、微型控制器等移动设备。一个典型的应用案例就是 Andy Stanford-Clark Mosquitto（MQTT 协议创始人之一）在家中实现的远程监控和自动化，并在 OggCamp 的演讲上对 MQTT 协议进行了详细阐述。

在官网 https://mosquitto.org/download/下载安装包，Mosquitto 具有以下特点：
- 开源 MQTT Broker 实现，底层通过 C 语言实现；
- Mosquitto 可以实现 MQTT 对应的 5.0 版本、3.1.1 版本和 3.1 版本协议；
- 支持 QoS 0、QoS 1 和 QoS 2；
- 支持 Web sockets；
- 支持 Windows、FreeBSD、Mac OS 和 GNU/Linux 系统；
- 提供简单的命令行 MQTT 客户端程序 mosquitto_pub 和 mosquitto_sub，文件（或流）最重要的能力是提供或者接收数据。

MQTT 系统构成架构图如图 4-4 所示。

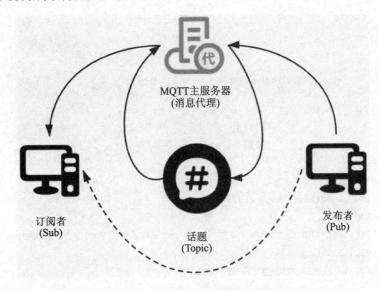

图 4-4　MQTT 系统构成架构图

按照默认配置安装完成后，以 Windows 10 为例，打开 Windows 防火墙，选择"高级设置"项，如图 4-5 所示。

选择"入站规则"，单击右侧的"新建规则"按钮，如图 4-6 所示。

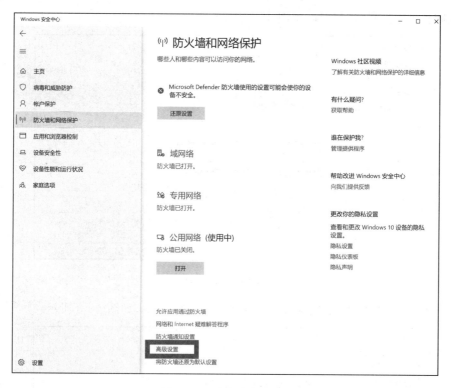

图 4-5　防火墙高级设置

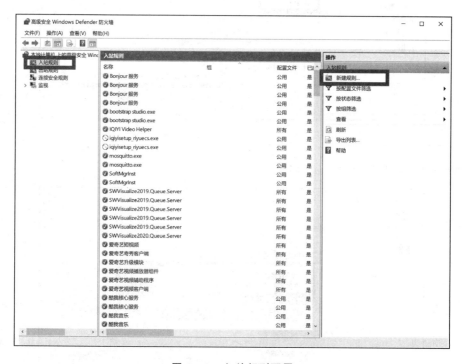

图 4-6　入站规则配置

在规则类型中选择"端口"项,如图 4-7 所示。

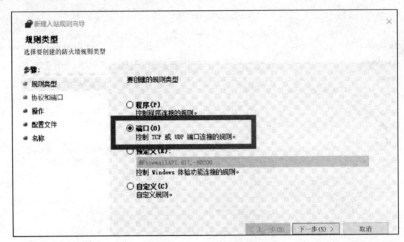

图 4-7　选择端口

选择"TCP"项,在"特定本地端口(S)"输入框中输入 1883,如图 4-8 所示。

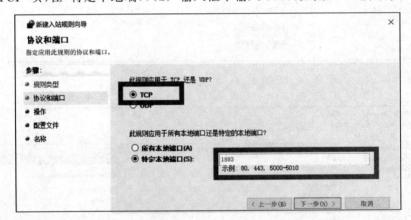

图 4-8　输入端口号

选择"允许连接"项,如图 4-9 所示。

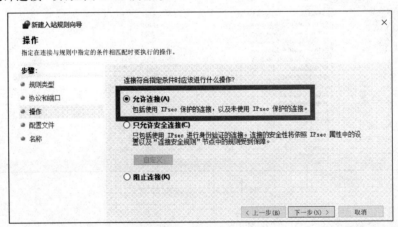

图 4-9　选择允许连接

选择"域"和"专用"项，如图 4 – 10 所示。

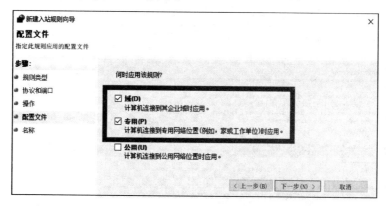

**图 4 – 10　选择域和专用**

输入名称和描述，单击"完成"按钮，如图 4 – 11 所示。

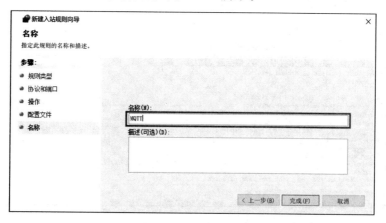

**图 4 – 11　输入名称和描述**

通过文本编辑器，打开 Mosquitto 安装目录下的 mosquitto.conf 文件，如图 4 – 12 所示。

| 名称 | 修改日期 | 类型 | 大小 |
| --- | --- | --- | --- |
| devel | 2020/9/1 21:02 | 文件夹 | |
| aclfile.example | 2020/5/26 6:49 | EXAMPLE 文件 | 1 KB |
| ChangeLog.txt | 2020/5/26 6:49 | 文本文档 | 100 KB |
| edl-v10 | 2020/5/26 6:49 | 文件 | 2 KB |
| epl-v10 | 2020/5/26 6:49 | 文件 | 12 KB |
| libcrypto-1_1-x64.dll | 2020/4/21 15:30 | 应用程序扩展 | 3,325 KB |
| libssl-1_1-x64.dll | 2020/4/21 15:30 | 应用程序扩展 | 667 KB |
| mosquitto.conf | 2020/9/1 21:09 | CONF 文件 | 44 KB |
| mosquitto.dll | 2020/6/15 14:47 | 应用程序扩展 | 82 KB |
| mosquitto.exe | 2020/6/15 14:48 | 应用程序 | 356 KB |
| mosquitto_passwd.exe | 2020/6/15 14:47 | 应用程序 | 20 KB |
| mosquitto_pub.exe | 2020/6/15 14:47 | 应用程序 | 47 KB |
| mosquitto_rr.exe | 2020/6/15 14:47 | 应用程序 | 46 KB |
| mosquitto_sub.exe | 2020/6/15 14:47 | 应用程序 | 48 KB |
| mosquittopp.dll | 2020/6/15 14:47 | 应用程序扩展 | 18 KB |
| pwfile.example | 2020/9/8 13:35 | EXAMPLE 文件 | 2 KB |
| readme.md | 2020/5/26 6:49 | MD 文件 | 4 KB |
| readme-windows.txt | 2020/5/26 6:49 | 文本文档 | 3 KB |
| Uninstall.exe | 2020/9/1 21:02 | 应用程序 | 65 KB |

**图 4 – 12　打开配置文件**

物联网应用系统项目设计与开发

在 Default listener 下方修改如下两行,使能 MQTT 协议及配置 1883 端口号,如图 4-13 所示。

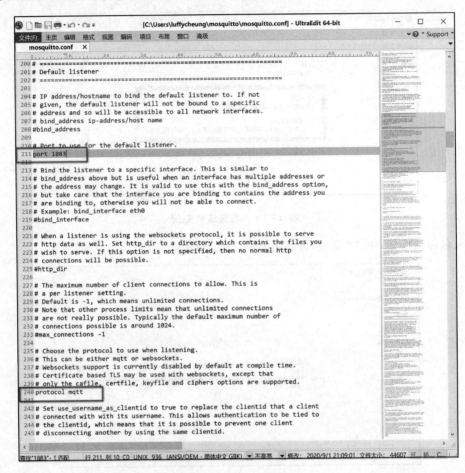

**图 4-13 打开配置文件**

在 Extra listeners 下方使能 websockets 协议及端口号,如图 4-14 所示。

配置 password 密钥文件路径为本机 Mosquitto 安装文件夹对应目录,如图 4-15 所示。

通过第 4.3.1 小节的内容,确定需要授权的 MQTT 客户端对应鉴权信息(USER_ID 和 USER_KEY),例如创建一个继电器 MQTT 客户端的鉴权信息,其客户端定义的参数如图 4-16 所示。

需要在 PC 端 Mosquitto 服务端通过 mosquitto_passwd.exe 创建其对应的用户名和密码,具体操作步骤如下:

① 按下"Win+R"键,输入"PowerShell"回车,打开终端,通过 cd 命令进入 Mosquitto 安装目录(本示例为用户目录下),如图 4-17 所示。

② 输入 ls 命令可查看该目录下的所有文件,如图 4-18 所示。

③ 通过 mosquitto_passwd.exe 命令创建密钥,执行前可以通过如图 4-19 所示命令查看该可执行程序具体使用方法。

④ 执行如下命令创建继电器客户端的鉴权信息(用户名:relay,密码:123456):.\mosquitto_passwd.exe-b .\pwfile.example relay 123456。

图 4 - 14　使能 websockets

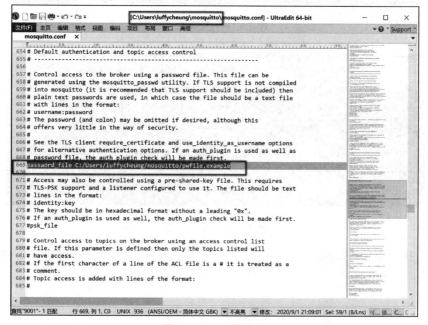

图 4 - 15　配置密钥

```
#ifdef SENSOR_RELAY
//继电器
#define CLOUD_DEVICE_ID "relay"
#define USER_ID "relay"
#define USER_KEY "123456"
#endif
```

图 4 - 16　鉴权信息

Windows PowerShell

Windows PowerShell
版权所有 (C) Microsoft Corporation. 保留所有权利。

尝试新的跨平台 PowerShell https://aka.ms/pscore6

PS C:\Users\luffycheung> cd .\mosquitto\
PS C:\Users\luffycheung\mosquitto>

图 4 - 17　进入安装目录

PS C:\Users\luffycheung\mosquitto> ls

目录: C:\Users\luffycheung\mosquitto

| Mode | LastWriteTime | | Length | Name |
|------|------|------|------|------|
| d----- | 2020/9/1 | 21:02 | | devel |
| -a---- | 2020/5/26 | 6:49 | 230 | aclfile. example |
| -a---- | 2020/5/26 | 6:49 | 101592 | ChangeLog. txt |
| -a---- | 2020/5/26 | 6:49 | 1569 | edl-v10 |
| -a---- | 2020/5/26 | 6:49 | 11695 | epl-v10 |
| -a---- | 2020/4/21 | 15:30 | 3404288 | libcrypto-1_1-x64. dll |
| -a---- | 2020/4/21 | 15:30 | 682496 | libssl-1_1-x64. dll |
| -a---- | 2020/9/1 | 21:09 | 44607 | mosquitto. conf |
| -a---- | 2020/6/15 | 14:47 | 83968 | mosquitto. dll |
| -a---- | 2020/6/15 | 14:48 | 364544 | mosquitto. exe |
| -a---- | 2020/6/15 | 14:47 | 17920 | mosquittopp. dll |
| -a---- | 2020/6/15 | 14:47 | 20480 | mosquitto_passwd. exe |
| -a---- | 2020/6/15 | 14:47 | 48128 | mosquitto_pub. exe |
| -a---- | 2020/6/15 | 14:47 | 47104 | mosquitto_rr. exe |
| -a---- | 2020/6/15 | 14:47 | 48640 | mosquitto_sub. exe |
| -a---- | 2020/9/8 | 13:35 | 1453 | pwfile. example |
| -a---- | 2020/5/26 | 6:49 | 2550 | readme-windows. txt |
| -a---- | 2020/5/26 | 6:49 | 3434 | readme. md |
| -a---- | 2020/9/1 | 21:02 | 66018 | Uninstall. exe |

PS C:\Users\luffycheung\mosquitto>

图 4 - 18　查看文件

```
PS C:\Users\luffycheung\mosquitto> .\mosquitto_passwd. exe --help
mosquitto_passwd is a tool for managing password files for mosquitto.

Usage: mosquitto_passwd [-c | -D] passwordfile username
       mosquitto_passwd [-c] -b passwordfile username password
       mosquitto_passwd -U passwordfile
 -b : run in batch mode to allow passing passwords on the command line.
 -c : create a new password file. This will overwrite existing files.
 -D : delete the username rather than adding/updating its password.
 -U : update a plain text password file to use hashed passwords.

See https://mosquitto.org/ for more information.
```

图 4 - 19　使用方法

⑤ 回车执行完后,打开 pwfile. example 文件,在最后一行查看是否创建成功,如图 4 - 20
所示。

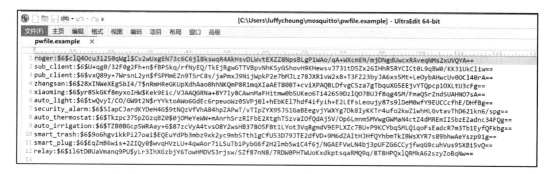

1 roger:$6$clQ4Ocu312S0qWg1$Cv2wUxgEN73c6C6j1BkswqR4AkHsvDLWvtEXZZ8NpsBLgP1WAo/qA+WXcmEN/mjDNgdUwcxRAveqNMs2xUVQYA==
2 sub_client:$6$U+qg0/32F0g2Fh+n$fBPSkq/rfNyEQ/TkEjRgwGTTVBpvNhKSyGShovH9KHewsvJ731tD5Zx26IHhR5RYCICt0L9qBW0/KK31UkCliw==
3 pub_client:$6$vxQ89y+7WrsnL2yn$fSPMmEZn9TSrC8s/jaPmxJ9NijWpkP2e7bMJLz78JXR1vW2x8+T3FZ23byJA6xs5Mt+LeOybAHwcUv0OCl40rA==
4 zhangsan:$6$28xINWeXEgSbI4/T$nRmHReGKUpXdhAao0hhNKQmP8R1mqXIaAET80BT+cviXPAQBLDfvgCSza7gTbquXG5EEjvYTQpcp1OXLtU3cFg==
5 xiaoming:$6$yr8SkGKf8myxoIHW$Kek9Eic/VJAAQGRNa+8Y7Iy8CAwnMaFHitmw0b5UKeo6Ti426S9Dz1QO7BUJf8qg4SM/FmaQSrZndSUAHNO7sA==
6 auto_light:$6$twQvyI/CO/GW9t2N$rYYktoAWoGdgdEc6rpeuoWz0SVPj0l+hEbKEl7hdf4ifyih+E2LEFsLeoujy87s91DeM0wfy9EUCCcfhE/DHfBg==
7 security_alarm:$6$SIapCJardKYDeH4G$9tNQzvfVhA84hpZAPwT/vTIpZYX95JS1GaBEegvjYWXYg7Dk8IyKKTr4ufo2kwZ1whHLGvtavThD621kn6/spg==
8 auto_thermostat:$6$Tkzpc375pZGzqBZ0$0jOMeYeWW+mAnrhSrzRIFbE2XtghTSzvaIOfQdAj5V/Op6Lmnm5MVwgGWmaN4ctZ4dMREmIISbzEZadnc34FQg==
9 auto_irrigation:$6$TZB0BGcp5WRAay+6$87zcVyA4tvsO8Y2wsHB37805FBt1LYot3Vq8gmdV9EPLXZc7BU+P9KCYbqSMLQiqoFsEadcR7m3Tb1EyfQFkbg==
10 smart_trash:$6$9o6hgvikkPi27oai$EQEuYdPb3mbz9xk2yc9mbSTth1gCfU53D79JTE2dfVD+9M6dZAItHJHfQYhbmTkIBWsXYR7s89bhwAeYszp91g==
11 smart_plug:$6$EqZmB6wis+2ZIQy0$wvqHVzLU+4qwAor7iLSuTb1PybyG6f2h21mb5wiC4f6j/NGAEFVwLN4bj3pUFZG6CCyjfwqG9cuhVus9SXBi5vQ==
12 relay:$6$il6tD0UaVmanq9PU$yLr3IhXGzbjY6TowHMDVS3rjsw/SZf87nN8/7RDW0PHTWUoKxdkptsqaRMQ9q/8T8HPQxlQRMkA62szyZoBqNw==
13

图 4-20    鉴权信息

# 4.4  传感器数据协议

为了方便智能网关平台层应用解析主节点发送过来的串口数据，须指定一套数据通信协议。通信协议数据格式为 json 字符串：{"key"："value"，"key"："value"，……}，其中服务层数据段以"{}"作为起始字符；"{}"内参数多个条目以"，"分隔；示例：{"C0"："1"，"C1"："2"}；值全部以字符串形式表示。需要注意的是，通信协议数据格式中的字符均为英文半角符号，数据帧以"\0"结束。遇到特殊的字符，如"{}""，"，需要在数据前加转义字符"\"，如"\，"代表"，"。

key 作为数据段参数名称定义为传感器数据通道，例如继电器：relay，下面以表 4-1 所列的形式对 key 的数据进行说明。

表 4-1    key 值说明

| 传感器 | 描述 | 通道 | 说明 | 控制指令 |
|---|---|---|---|---|
| 继电器 | 是否导通 | plugStatus | 0：关闭<br>1：开启 | {C0=1}//打开<br>{C0=0}//关闭 |

**1. 数据上传协议帧通信协议**

Wi-Fi 设备使用 publish 报文来上传数据点，报文格式如表 4-2 所列。

表 4-2    上传协议头

| 参数 | Field 名称 | 说明 | 格式 |
|---|---|---|---|
| Field1 | TopicName=" "fy_sensors/" ##CLOUD_DEVICE_ID" | ##CLOUD_DEVICE_ID 为各组项目标识 | utf8 字串 |

Payload 包含真正的数据点内容，支持的格式如下：

上传协议帧 json 字段中 key 包含有数据通道（通道数量由传感器类型决定）。

不同传感器数据通道数示例：{"alarmStatus"：0，"shakeValue"：55.45，"fireStatus"：0}，继电器控制：{C0=1}或{C0=0}。

**2. 数据下发协议帧通信协议**

应用端平台使用 publish 报文来下发平台指令，报文格式如表 4-3 所列。

表 4-3  下发协议头

| 参数 | Field 名称 | 说明 | 格式 |
|------|-----------|------|------|
| Field1 | TopicName＝"＄creq/＃＃CLOUD_DEVICE_ID" | ＃＃CLOUD_DEVICE_ID 为各组项目标识 | utf8 字串 |

Payload 包含下发控制协议帧内容，具体下发内容见数据通道对照表中的控制指令。

# 4.5  MQTT 数据调试

本节将上面介绍的内容进行整合，介绍较为完整的 CC3200 结合 MQTT 协议进行数据调试，根据前面的内容可知 MQTT 发布/订阅数据交互消息队列，如图 4-21 所示。

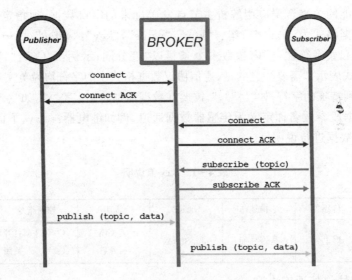

图 4-21  MQTT 数据交互队列

本节通过 Wi-Fi 模块 MQTT 客户端实现接收连接到其上面的继电器模块数据，并通过 MQTT 协议与电脑端 Mosquitto 服务进行数据上传与下发操作。

打开 CC3200 Wi-Fi 模块提供的源代码，打开 main.c 文件，修改 SDK 中定义的设备 ID 与授权密钥。将继电器设备修改为如下内容：

```
#define CLOUD_DEVICE_ID "relay" ————————— 均为设备 ID
#define USER_ID "relay" ————————————— 均为设备 ID
#define USER_KEY "123456" ————————————— 网页时设置的授权密钥
```

将 IAR 工程选择为 SENSOR_RELAY，如图 4-22 所示。

检查服务器地址设置是否正确，若是本地服务器，则修改引号内容为对应 IP，打开 common.h 文件，修改 Wi-Fi 联网信息，然后将程序下载到 Wi-Fi 模块。

拔掉跳线帽，将继电器模块按引脚插在模块上。按下 CC3200 的 RST 按键复位设备，如

图 4 - 23 所示。

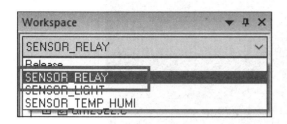

图 4 - 22  切换工程                 图 4 - 23  运行模块程序

通过观察指示灯状态来判断设备状态,红灯常亮表示连接上 Wi - Fi,正常与服务器通信时蓝灯闪烁。通过电脑串口软件也可以查看 Wi - Fi 模块 MQTT 连接数据通信打印信息,如图 4 - 24 所示。

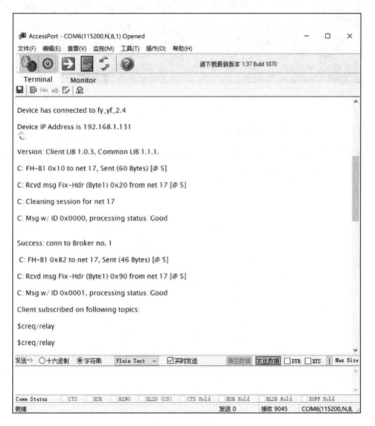

图 4 - 24  打印信息

同样的在终端命令行会打印 MQTT 接收到的相关信息,如图 4 - 25 所示。

通过 MQTTX 客户端测试 Topic 主体的订阅和发布功能。打开 MQTTX 客户端后,单击 "新建连接",在连接窗口输入下面关键参数:

"名称"文本框任意输入相关字符串;"Client ID"为软件随机生成字符串无须修改;"服务器地址"左侧文本框下拉列表选择"ws://"协议类型,右侧输入本机电脑 IP 地址;"端口"输入

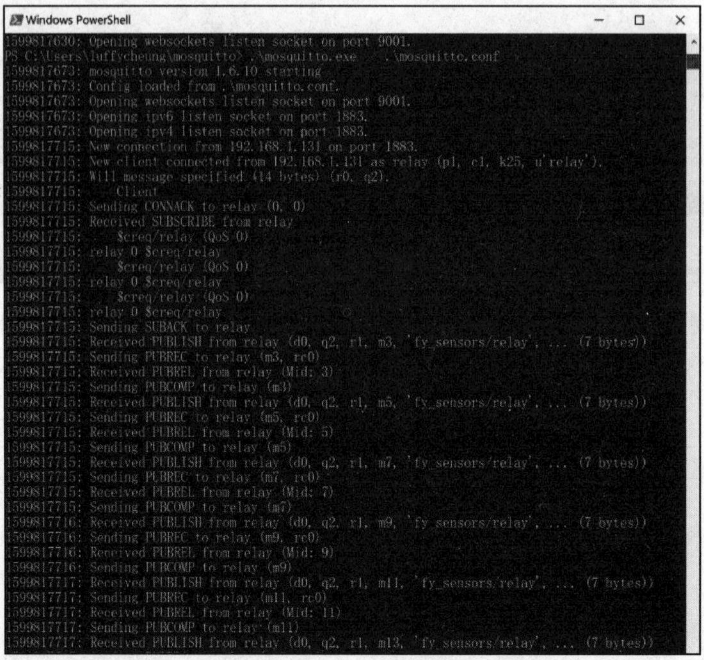

图 4 - 25　切换工程

websockets 协议在 conf 配置文件定义的端口号"9001"；Path 文本框为默认"/mqtt"不用修改；"用户名"和"密码"文本框输入在 pwfile 密钥信息里已添加的 MQTT 客户端鉴权信息，本示例为：relay 和 123456；"SSL/TLS"选择"false"。之后单击"连接"，如图 4 - 26 所示。

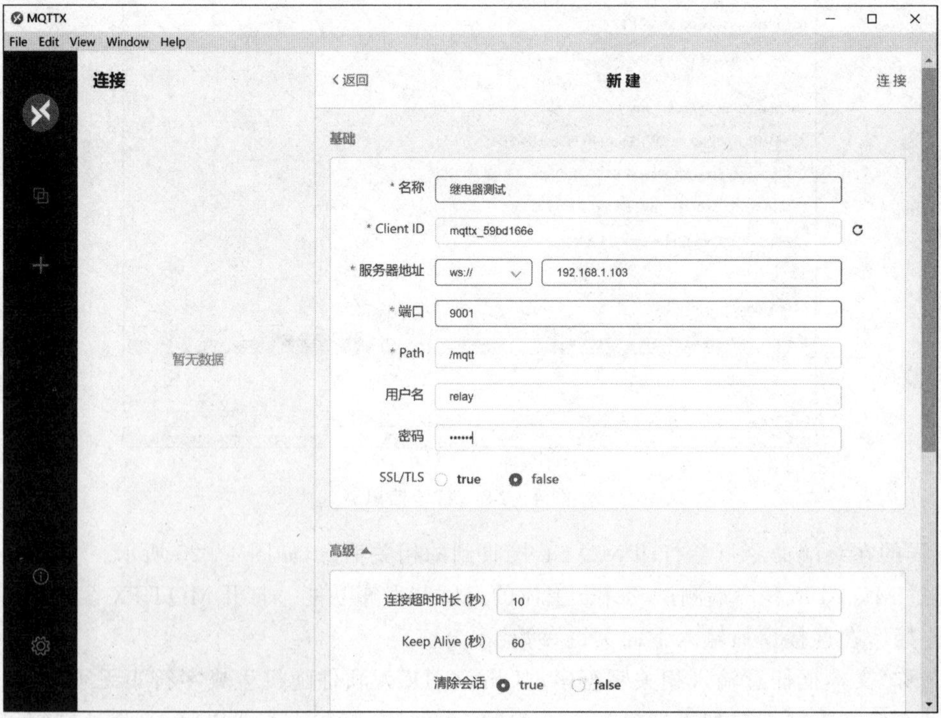

图 4 - 26　连接节点

连接成功后,单击"添加订阅"按钮,在弹框的 Topic 文本框里输入本示例继电器 mqtt client 定义的发布主题名称"fy_sensors/relay","QoS"默认选 0,之后单击"确定"按钮,如图 4 - 27 所示。

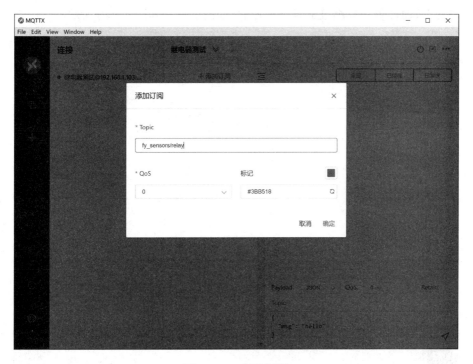

图 4 - 27　添加订阅

添加订阅成功后,在右侧文本框中会收到该订阅主题发布的相关内容,如图 4 - 28 所示。

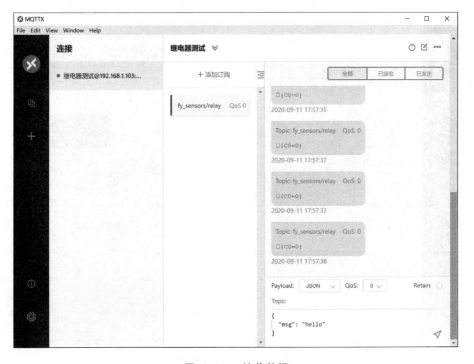

图 4 - 28　接收数据

在右下方的"Topic"文本框中输入发布控制指令的主题号"＄creq/relay"，"Payload"下拉列表选择"Plaintext"，"QoS"选择"0"，"Retain"取消勾选，在下方文本框输入相关控制指令，单击右侧"发送"按钮即可完成继电器设备的控制，如图 4-29 和图 4-30 所示。

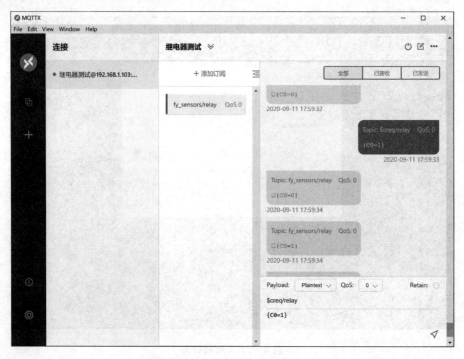

图 4-29　打开继电器

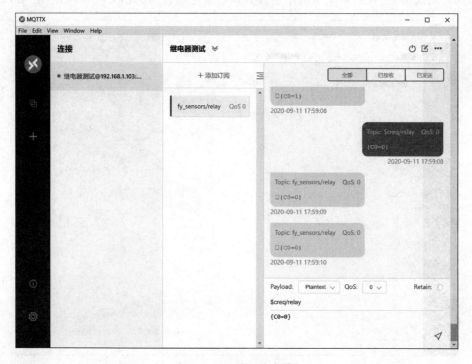

图 4-30　关闭继电器

# 思考与练习

## 一、解答题

1. 根据本章的内容，简述 MQTT 协议和 TCP 协议的关系和优缺点。
2. CC3200 模块如何使用 MQTT 协议？
3. 请说明 CC3200 模块的 MQTT Broker 与服务器的关系，并绘制示意图。

## 二、实验题

1. 使用 CC3200 SDK 完成硬件模块和 MQTT 服务器之间的数据透明传输。
2. 使用传感器数据协议完成 CC3200 硬件模块的数据解析函数。

# 第 5 章  物联网 Web 应用开发

### 知识目标

➤ 了解 Web 开发学习路径;
➤ 了解 Web 前端开发工具使用;
➤ 掌握 HTML5、CSS、JavaScript 编程基础;
➤ 掌握 Bootstrap 框架学习开发流程;
➤ 掌握 MQTT 协议的 Web 应用实现。

## 5.1  Web 前端开发基础

### 5.1.1  学习路径

我们是通过前端开发为网站构建用户界面的。若要学习前端开发,必须要有坚实的 JavaScript 基础,并理解 HTML/CSS 是如何工作的。

根据物联网应用系统项目设计与开发课程特点,读者主要学习掌握"个人推荐/建议"部分内容,灰色部分可以根据自身时间安排学习掌握,前端学习路径(https://roadmap.sh)部分内容如图 5-1 所示。

### 5.1.2  基本概念

#### 1. Web 协议

Web 常见协议主要有以下三种:

① HTTP。HTTP(Hyper Text Transfer Protocol,超文本传输协议)详细规定了浏览器和万维网服务器之间互相通信的规则,通过因特网传送万维网文档的数据传送协议。HTTP 是互联网上应用非常广泛的一种网络协议,所有的 Web 文件都必须遵守这个标准。设计 HTTP 的目的是提供一种发布和接收 HTML 页面的方法。

② HTTPS。HTTPS(Hyper Text Transfer Protocol over Secure Socket Layer)是以安全为目标的 HTTP 通道。在 HTTP 传输中加入 SSL 层,HTTPS 的安全基础是 SSL,因此加密详细内容就需要 SSL,用于安全的 HTTP 数据传输,使用的端口是 443。

③ FTP。FTP(File Transfer Protocol,文件传输协议)是 TCP/IP 协议组中的协议之一,是 Internet 网络上两台计算机传送文件的协议,也是在 TCP/IP 网络和 Internet 上最早使用的协议之一。FTP 协议属于网络协议组的应用层。FTP 客户端可以给服务器发出命令来下载文件、上传文件、创建或改变服务器上的目录等。

FTP 协议包括两个组成部分:FTP 服务器和 FTP 客户端。FTP 服务器用来存储文件,用户可以使用 FTP 客户端通过 FTP 协议访问位于 FTP 服务器上的资源。在开发网站的时

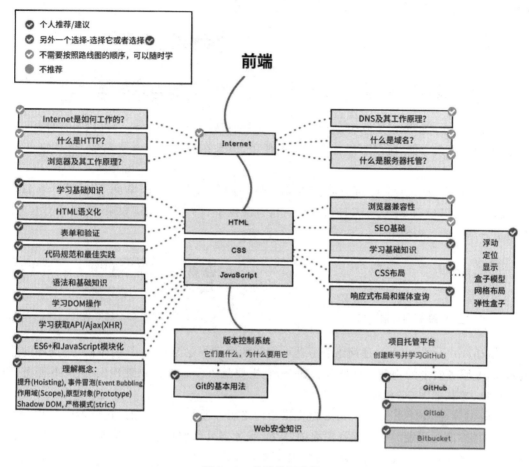

图 5-1　前端学习路径

候,通常利用 FTP 协议把网页或程序上传到 Web 服务器上,以实现网站发布和更新。

**2. URL**

URL(Uniform Resource Locator,统一资源定位符)是资源标识符最常见的形式。URL 描述了一台特定服务器上某资源的特定位置,可以明确说明如何从一个精确、固定的位置获取资源。

每个 Web 文件都有一个唯一的地址,它包含的信息指出文件的位置以及浏览器如何处理它。

完整的 URL 通常由以下几部分组成:协议、主机(域名)、端口、路径、查询参数、锚点。其中有一些是必须的,有一些是可选的。以下面这个 URL 为例看看其中最重要的部分,协议如图 5-2 所示。

http://www.example.com:80/path/to/myfile.html? key1 = value1&key2 = value2 ♯ SomewhereInTheDocument

http 是协议,表明了浏览器必须使用何种协议,它通常都是 HTTP 协议或是 HTTP 协议的安全版,即 HTTPS。Web 需要它们两者之一,但浏览器也知道如何处理其他协议,比如 mailto(打开邮件客户端)或者 ftp(处理文件传输),所以当看到这些协议时,也不必惊讶,域名如图 5－3 所示。

http://www.example.com:80/path    p://**www.example.com**:80/path/to/m
↳ *Protocol*                        ↳ *Domain Name*

图 5－2　协　议 　　　　　　　　　图 5－3　域　名

www.example.com 是域名,表明正在请求哪个 Web 服务器。或者可以直接使用 IP 地址,但是因为不太方便,所以不经常在网络上使用,但是在局域网中常常出现,端口如图 5－4 所示。

:80 是端口,表示用于访问 Web 服务器上资源的技术“门”。若 Web 服务器使用 HTTP 协议的标准端口(HTTP 为 80,HTTPS 为 443)来授予其资源的访问权限,则通常会被忽略,否则是强制性的,路径如图 5－5 所示。

om**:80**/path/to/myfile.html?key1=val    :80**/path/to/myfile.html**?key1=value1
↳ *Port*                                   ↳ *Path to the file*

图 5－4　端　口 　　　　　　　　　图 5－5　路　径

/path/to/myfile.html 是网络服务器上资源的路径。在 Web 的早期阶段,用这样的路径表示 Web 服务器上的物理文件位置。如今,它主要是由没有任何物理现实的 Web 服务器处理的抽象,参数如图 5－6 所示。

? key1＝value1＆key2＝value2 是提供给网络服务器的额外参数。这些参数是用“＆”符号分隔的键/值对列表。在返回资源之前,Web 服务器可以使用这些参数来执行额外的操作。每个 Web 服务器都有自己关于参数的规则,锚点如图 5－7 所示。

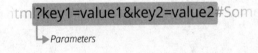

tml**?key1=value1&key2=value2**#Som    ue2**#SomewhereInTheDocument**
↳ *Parameters*                           ↳ *Anchor*

图 5－6　参　数 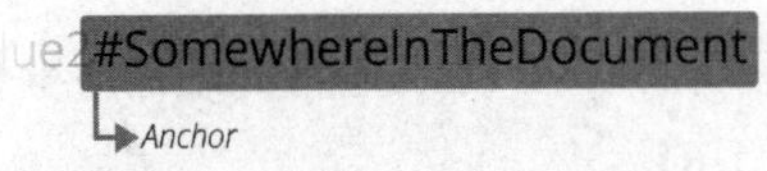　　　　　　　　　图 5－7　锚　点

♯SomewhereInTheDocument 是资源本身的另一部分锚点。锚点表示资源中的一种“书签”,给浏览器显示位于该“书签”位置的内容的方向。例如,在 HTML 文档上,浏览器将滚动到定义锚点的位置;在视频或音频文档上,浏览器将尝试转到锚点代表的时间。

**3. HTML、CSS 和 JavaScript**

超文本标记语言(HTML)、级联样式表(CSS)和 JavaScript 是运行网络的语言。它们是密切相关的,但也分别专门用于非常具体的任务。了解它们如何交互将有助于成为一名 Web 开发人员。我们将在第 6 章中对此进行扩展,其要点如下:

➢ HTML 用于通过标记原始内容来添加含义。

➢ CSS 用于格式化标记的内容。

➢ JavaScript 用于使内容和格式具有交互性。

将 HTML 视为网页后面的抽象文本和图像,将 CSS 视为实际显示的页面,将 JavaScript 视为可以操作 HTML 和 CSS 的行为,如图 5－8 所示。

| HTML | CSS | JavaScript |

**图 5 - 8　HTML、CSS 和 JavaScript**

例如,可以使用以下 HTML 将某些特定的文本标记为段落:

```
<p id = 'some - paragraph'>This is a paragraph.</p>
```

然后,可以使用一些 CSS 设置该段落的大小和颜色:

```
p {
    font - size: 20px;
    color: blue;
}
```

如果您想花哨一些的话,可以使用一些 JavaScript 单击该段落时重新编写该段落(把这些花哨的东西保存起来,以备后面使用):

```
var p = document.getElementById('some - paragraph');
p.addEventListener('click', function(event) {
    p.innerHTML = 'You clicked it! ';
});
```

可见,HTML、CSS 和 JavaScript 是完全不同的语言,但是它们都以某种方式相互引用。大多数网站都依赖这三种语言,但是每个网站的外观由 HTML 和 CSS 决定。

## 5.1.3　Web 是如何工作的

### 1. 什么是网页

网页是构成网站的基本元素,是承载各种网站应用的平台。

文字和图片是构成一个网页的最基本的元素。文字是网页的内容,图片使网页更美观,除此之外,网页的元素还包括动画、音视频、程序等。

网页实际上是一个纯文本文件。网页通过各式各样的标记对页面上的文字、图片、表格、音视频等元素进行描述,而浏览器通过对这些标记进行解释并生成页面,把网页通过一定的格式展现出来。

在网页文件中存放的是图片的链接位置,而图片文件、网页文件是互相独立存放的,甚至可以不在同一台计算机上,因此在查看源文件时是无法看到图片、音视频、动画等内容。网页可以分为静态网页和动态网页。

静态网页是指没有后台数据库、不含开发程序和不可交互的网页。静态网页制作完成后,页面的内容和显示效果就确定了,因此静态网页更新起来相对比较麻烦,适用于更新较少的展示型网站。纯粹 HTML 格式的网页通常被称为静态网页,静态网页是标准的 HTML 文件,它的文件扩展名是.htm、.html,可以包含文本、图像、声音、动画、客户端脚本和 ActiveX 控件及程序等。

动态网页一般以数据库技术为基础,可以与后台数据库进行交互与数据传递,大大降低网站维护的工作量。采用动态网页技术的网站可以实现更多的功能,如用户注册、用户登录、在线调查、用户管理、订单管理等。动态网页以.aspx、.asp、.jsp、.php、.perl、.cgi 等形式为后缀,并且在动态网页网址中有一个标志性的"?"符号。

**2. 什么是网站**

网站是一个逻辑上的概念,是由一系列的内容组合而成的。网站包含的内容有:网站的域名,提供网站服务的服务器或者网站空间、网页、网页内容所涉及的图片视频等文件,网页之间的关系。

**3. 网页和网站的关系**

网站是一个整体,网页是一个个体,一个网站由多个网页构建而成。简单来说,网站是由网页集合而成的,通过浏览器所看到的页面就是网页。具体来说,网页是一个 HTML 文件,浏览器是用来解析这份文件的,网站是由许多 HTML 文件集合而成的。

网站所包含的内容有网页、程序、图片、视频、音频等内容以及内容之间的链接关系,一个网站可能有很多网页,也可能只有一个网页。

网页是网站内容的重要组成部分,如图 5-9 所示。

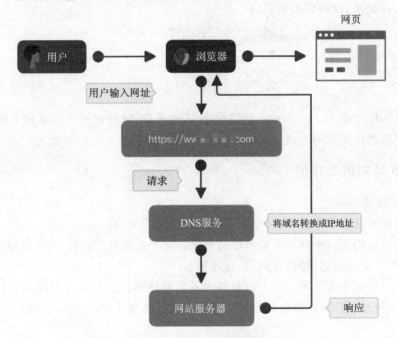

图 5-9 网页和网站的关系

**4. 浏览器是如何工作的**

浏览器的主要功能是将用户选择的 Web 资源呈现出来,它需要从服务器请求资源,并将其显示在浏览器窗口中。资源的格式通常是 HTML,也包括 PDF、image 及其他格式。用户用 URI(Uniform Resource Identifier,统一资源标识符)来指定所请求资源的位置。

浏览器的主要组件包括以下 7 个方面,如图 5-10 所示。

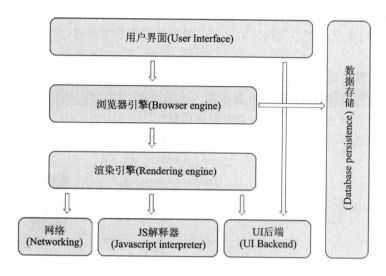

图 5-10  浏览器主要组件

➢ 用户界面:包括地址栏、后退/前进按钮、书签目录等,也就是除了用来显示所请求页面的主窗口之外的其他部分。

➢ 浏览器引擎:用来查询及操作渲染引擎的接口。

➢ 渲染引擎:用来显示请求的内容,例如请求内容为 HTML,它负责解析 HTML 及 CSS,并将解析的结果显示出来。

➢ 网络:用来完成网络调用,例如 HTTP 请求具有平台无关的接口,可以在不同平台上工作。

➢ UI 后端:用来绘制类似组合选择框及对话框等基本组件,具有不特定于某个平台的通用接口,底层使用操作系统的用户接口。

➢ JS 解释器:用来解释执行 JS 代码。

➢ 数据存储:属于持久层,浏览器需要在硬盘中保存类似 cookie 的各种数据,HTML5 定义了 web database 技术,这是一种轻量级完整的客户端存储技术。

浏览器工作流程如图 5-11 所示。

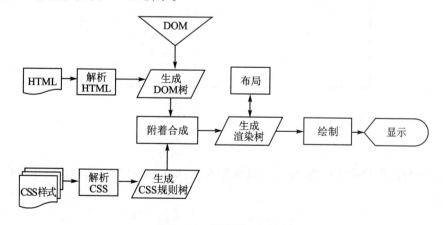

图 5-11  浏览器工作流程

**5. 访问网站的过程**

从输入一个网站域名到访问网站的过程一般包括以下 5 个步骤,如图 5-12 所示。

① 输入网址。

② 通过域名服务器查找用户输入网址域名指向的 IP 地址。

③ 通过获取的 IP 地址请求 Web 服务器。

④ Web 服务器接收请求,并返回请求数据信息。

⑤ 客户端浏览器接收到请求数据后,将信息组织成可以查看的网页内容。

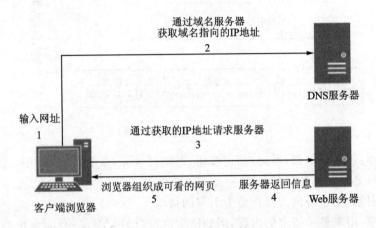

图 5-12 网站访问过程

# 5.2 Web 前端开发工具

Web 前端开发工具根据开发的阶段和用途不同,可分为 Web 设计工具、Web 开发工具、Web 管理与维护工具、Web 调试工具。各阶段开发工具如表 5-1 所列。

表 5-1 Web 前端开发工具

| 开发阶段 | 使用工具 |
| --- | --- |
| 原型设计 | Axure、墨刀、Sketch、Figma |
| 技术开发 | VS Code、WebStorm、Sublime Text |
| Web 调试 | FireFox、Chrome、Microsoft Edge、IE |
| 代码托管 | Github、SVN |

## 5.2.1 原型设计工具

**1. 什么是原型设计**

原型是一种让用户提前体验产品、交流设计构想、展示复杂系统的方式。本质而言,原型是一种沟通工具。

原型设计是将页面的模块、元素、人机、交互的形式利用线框描述的方法,将功能更加具体、生动地进行表达,原型设计流程如图 5-13 所示。

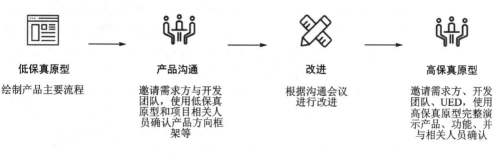

**图 5 - 13 原型设计流程**

低保真原型
绘制产品主要流程

产品沟通
邀请需求方与开发团队，使用低保真原型和项目相关人员确认产品方向框架等

改进
根据沟通会议进行改进

高保真原型
邀请需求方、开发团队、UED，使用高保真原型完整演示产品、功能、并与相关人员确认

**2. 原型类型区别**

原型类型可划分为以下 3 类(如图 5 - 14 所示)：

➢ 原型稿(草图原型)：页面有什么功能(Why)。画在文档纸、白板上的设计原型、示意图，便于修改和绘制，不便于保存和展示。

➢ 交互稿(低保真原型)：功能如何被用户使用(How)。基于现有的界面或系统，通过电脑进行一些加工后的设计稿，示意更加明确，能够包含设计的交互和反馈，但在美观、效果等方面欠佳。

➢ 设计稿(高保真原型)：功能长什么样子(What)。包括产品演示 Demo 或概念设计展示，视觉上与实际产品等效，体验上也与真实产品接近。

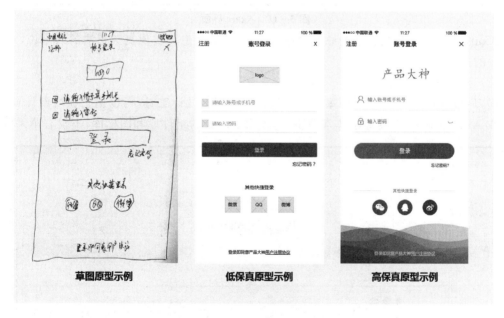

**图 5 - 14 原型类型**

做原型设计的一个核心原因是要和用户进行项目沟通。整体上考虑软件功能如何实现，并逐渐填充软件的细节。

**3. 常见原型设计工具**

(1) Axure

Axure 界面如图 5 - 15 所示。Axure 是一款非常强大的原型设计软件，支持 Windows 和

MacOS,它将线框和原型设计的功能集于一身,让设计师不需要代码就能够创建逼真的网站和 APP 应用的交互原型。除了构建视觉效果、交互性和组织所需的东西,Axure 还提供了一个全面的文档工具,它使跟踪笔记、任务和其他重要资产变得有条理,并使需要查看的人可以访问它,通过将原型发布到云端,让你能够更好地与开发人员对接。

图 5-15    Axure 界面

Axure 是为专业人员打造的原型设计软件,对于那些想要实现复杂想法的人来说,Axure 是很好的选择。

(2)墨　刀

墨刀界面如图 5-16 所示。墨刀是一款在线的原型设计工具,可以用它在线设计自己的网页或 APP 原型,该工具上手非常简单,它提供了丰富的组件库和图标库,不仅有苹果 iOS、

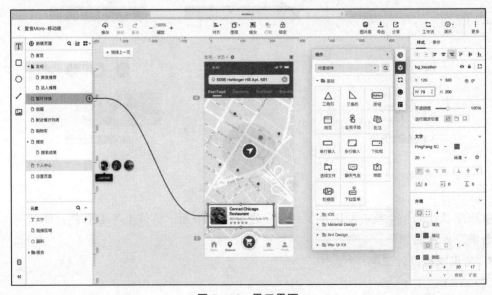

图 5-16    墨刀界面

谷歌 Material Design、WeUI、Ant Design 等内置组件,还在素材市场内提供了更多可以添加到资源库的第三方组件,这些组件和图标都支持一键拖拽到设计页面,这样即便是新手也能快速制作出漂亮且规范的原型界面,还可以添加交互和演示效果。

除了在线设计,墨刀在多人协作方面也非常方便,云端的方式可以让多人同时进行编辑,文档会始终保持最新的状态,还可以通过链接分享原型,他人可以通过网页在线打点评论,提高沟通效率。

墨刀是一款简单、好用的原型设计工具,尤其推荐新手使用。

（3）Sketch

Sketch 界面如图 5-17 所示。Sketch 是一款 MacOS 上的原型设计工具,它是设计网站和应用最流行的工具之一,也可以做原型设计,这是一个轻量级的工具,界面非常简单,让设计师可以自由地专注于手头的任务,可重复使用的元素通过智能布局功能在整个网站上使用,智能布局功能可以根据元素中的内容改变其尺寸。

图 5-17　Sketch 界面

除了精心设计的用户界面,Sketch 还提供了大量的快捷键,进一步提高作图效率,方便易用。

许多人认为 Sketch 是原型设计的行业标准,丰富的功能和友好的界面是许多设计师选择它的原因。

（4）Figma

对于任何想要在原型上协同工作的人来说,Figma 是一个出色的解决方案。它能让设计师一起实时工作,也能让你轻松地与客户和利益相关者分享正在进行的工作,最重要的是,它能让你建立的原型感觉像真的一样,完成交互、动画和动态内容覆盖。

虽然 Figma 的专业版需付费,但有一个免费的入门版,是快速使用其工具的理想选择。它最多允许两个编辑器和三个项目,并有无限制的云存储和 30 天的版本历史记录,是上手和运行的完美选择,如图 5-18 所示。

图 5－18　Figma 界面

## 5.2.2　Web 开发工具

**1. 开发工具的作用**

Web 开发工具主要作用如下：① 用于对 HTML、CSS 和 JavaScript 程序的编写；② 将设计好的信息更好地呈现出来。

目前基本上所有的软件开发 IDE 工具均能够较好地满足 Web 前端开发的需求。

**2. 常见 Web 开发工具**

（1）Visual Studio Code

Visual Studio Code（简称 VS Code/VSC）是一款免费开源的现代化轻量级代码编辑器，支持几乎所有主流开发语言的语法高亮、智能代码补全、自定义热键、括号匹配、代码片段、代码对比 Diff、GIT 等特性，支持插件扩展，并针对网页开发和云端应用开发做了优化。软件跨平台支持 Windows、MacOS 以及 Linux。

VSC 集成了一款现代编辑器所应该具备的特性，包括语法高亮（syntax high lighting）、可定制的热键绑定（customizable keyboard bindings）、括号匹配（bracket matching）以及代码片段收集（snippets），如图 5－19 所示。

（2）WebStorm

WebStorm 是 jetbrains 公司旗下一款 JavaScript 开发工具，被广大中国 JS 开发者誉为"Web 前端开发神器""最强大的 HTML5 编辑器""最智能的 JavaScript IDE"等。与 IntelliJ IDEA 同源，继承了 IntelliJ IDEA 强大的 JS 部分的功能，如图 5－20 所示。

优势功能包括：智能的代码补全、代码格式化、HTML 提示、联想查询、代码重构、代码检查和快速修复、代码调试、代码结构浏览、代码折叠、包裹或去掉外围代码。

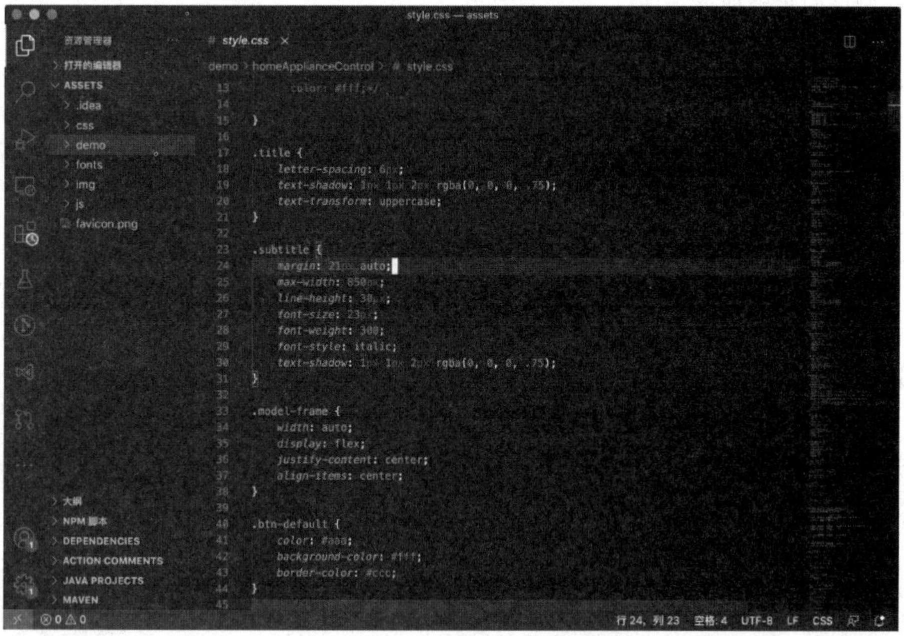

图 5 - 19　Visual Studio Code

图 5 - 20　WebStorm

## 5.2.3　Web 调试工具

### 1. 什么是 Web 调试

在 Web 应用开发过程中,开发人员通常需要借助浏览器等工具了解程序的执行情况,从而修正语法错误和逻辑错误,以确定程序的正确性、安全性和稳定性等。

Web 调试的步骤如下：

① 错误定位；

② 修改设计和代码；

③ 排除错误，防止引进新的错误。

**2. 网站调试工具**

（1）Mozilla Firefox

Mozilla Firefox 中文名称为"火狐"，是一个开源网页浏览器，使用 Gecko 引擎，原名 "Phoenix"（凤凰），之后改名"Mozilla Firebird"（火鸟），最后改为现在的名字。使用 Firefox 可以在浏览器实时运行 HTML、CSS 等代码。

Firefox 内置强大的 JavaScript 调试工具，可以随时暂停 JS 动画，观察静态细节，还可以使用 JS 分析器来分析校准，找到问题原因，如图 5 - 21 所示。

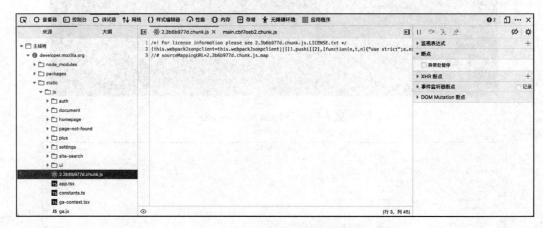

图 5 - 21　Firefox 开发者工具

（2）Chrome 开发者工具

Chrome 开发者工具（简称 DevTools）是一组网页制作和调试的工具，内嵌于 Google Chrome 浏览器中。DevTools 使开发者更加深入地了解浏览器内部以及编写的应用。通过使用 DevTools，可以更加高效地定位页面布局问题，设置 JavaScript 断点并且更好地理解代码优化。

访问 DevTools，首先用 Chrome 打开一个 Web 页面或 Web 应用，也可以通过下面的方式打开：

➢ 在浏览器窗口的右上方选择 Chrome 菜单，然后选择工具＞开发者工具。

➢ 在页面上任意元素上单击右键，然后选择审查元素。

DevTools 窗口会在 Chrome 浏览器的底部打开。

可以使用快捷键来快速打开 DevTools：

➢ 使用 Ctrl＋Shift＋I（Mac 上为 Cmd＋Opt＋I）打开 DevTools。

➢ 使用 Ctrl＋Shift＋J（Mac 上为 Cmd＋Opt＋J）打开 DevTools 中的控制台。

➢ 使用 Ctrl＋Shift＋C（Mac 上为 Cmd＋Shift＋C）打开 DevTools 的审查元素模式。

DevTools 窗口顶部的工具栏可以对不同的任务功能进行分组。在每个工具栏选项卡和对应的操作面板中可以处理某项特殊的任务，例如 DOM 元素、资源和源码，如图 5 - 22 所示。

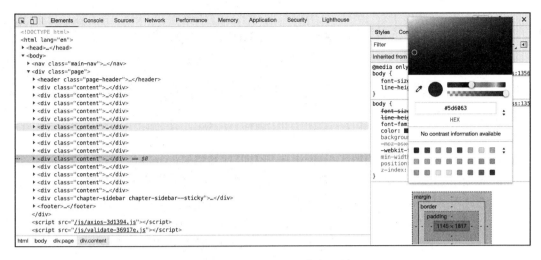

图 5 - 22　Chrome 开发者工具

### 5.2.4　版本控制与项目托管工具

对于复杂的项目,该如何维护代码? Git 等版本控制软件可以帮助全球的软件开发者保存和维护代码,即使项目发展到需要数百个开发者参与协作,并包含十几个子项目,也没问题。

项目托管主要有以下几方面功能:

➢ 版本控制:每一次改动是一个版本,在必要时可以迅速、准确地取出相应的版本。

➢ 灵活:对于大型项目,可以根据需要从云端复制部分代码到本地,开发不受时间、地域的限制。

➢ 备份:将代码进行托管,同时也是备份代码,保障项目安全。

➢ 并行开发:允许多个团队同时开发一个应用程序的多个版本,从而提高效率。

Git:一种分布式版本控制系统。

➢ clone:克隆。

➢ add:把文件从工作区添加到版本库中的缓存区。

➢ commit:提交代码,把缓存区所有内容提交到当前分支。

➢ push:将本地库代码同步提交到远程库。

➢ branch:分支操作。

➢ log:查看版本信息。

GitHub:一种 Git 资源库网络托管服务,提供各种其他功能,使开发者能够互相协作。其主要特点如下:

➢ 对 Git 的完整支持:相比其他开源项目托管平台,GitHub 对 Git 版本库提供了完整的协议支持,支持 HTTP 协议、Git - daemon、SSH 协议。

➢ 在线编辑文件:GitHub 提供了在线编辑文件的功能,不熟悉 Git 的用户也可以直接通过浏览器修改版本库里的文件。

➢ 社交编程:将社交网络引入项目托管平台,用户可以关注项目、关注其他用户进而了解项目和开发者动态。

# 5.3 HTML、CSS、JavaScript 基础

## 5.3.1 HTML 基础

### 1. 网页的结构

网页结构说明如下：

➤ html 标签：HTML 文档的根标签，其他所有的标签都是 html 标签的子标签。

➤ head 标签：用于定义文档的头部，一般用来声明使用的脚本语言以及网页传输时使用的方式等。通常会在 head 标签里添加下面几个子标签：title、meta、base、style、script、link。注意在 head 标签中必须要设置的标签是 title。

➤ title 标签：让页面拥有一个属于自己的标题，title 标签里的内容会显示到浏览器的选项卡上。

➤ body 标签：页面的主体部分，用于存放界面上显示的所有内容，可以包含文本、图片、音频、视频等内容。

### 2. 排版标签

排版标签主要和 CSS 搭配使用，显示网页结构的标签，是网页布局最常用的标签。

（1）标题标签

为了使网页更具有语义化，经常会在页面中用到标题标签，HTML 提供了 6 个等级的标题，即＜h1＞、＜h2＞、＜h3＞、＜h4＞、＜h5＞和＜h6＞。

注意：h1 标签因为重要，尽量少用，一般 h1 都是给 logo 使用，如图 5-23 所示。

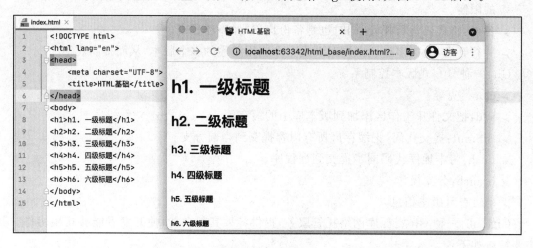

图 5-23 标题标签

（2）段落标签

在网页中要把文字有条理地显示出来，离不开段落标签，就如同写文章一样，整个网页也可以分为若干个段落，而段落的标签为：＜p＞ 文本内容 ＜/p＞。

p 标签是 HTML 文档中最常见的标签之一，默认情况下，文本在一个段落中会根据浏览器窗口的大小自动换行，而且段落在上下会有默认间距，如图 5-24 所示。

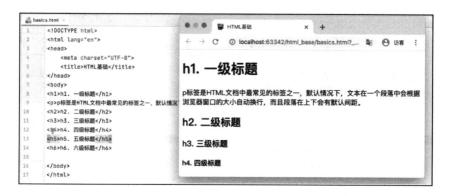

图 5 - 24　段落标签

（3）水平线标签

在网页中常常看到一些水平线将段落与段落之间隔开,使得文档结构清晰,层次分明。这些水平线可以通过插入图片实现,也可以简单地通过标签来完成,就是创建横跨网页水平线的标签。其基本语法格式如下:<hr/>是单标签。

在网页中显示默认样式的水平线,如图 5 - 25 所示。

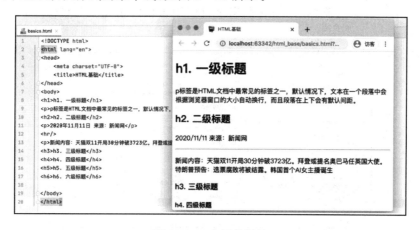

图 5 - 25　水平线标签

（4）div 和 span 标签

div 和 span 是两个没有语义的标签,用来做网页布局。在当前阶段,大家只需要记住这两个标签即可,在后续学习 CSS 对页面进行布局时,会大量使用到这两个标签。

（5）换行标签

在 HTML 中,一个段落中的文字会从左到右依次排列,直到浏览器窗口的右端,然后自动换行。如果希望某段文本强制换行显示,就需要使用换行标签:<br/>。

在 HTML 中,一个回车或者多个空格在浏览器里显示时,会被解析成为一个空格字符,如图 5 - 26 所示。

（6）特殊字符

HTML 里存在一些特殊字符(见表 5 - 2),在书写时需要通过代码来替代。

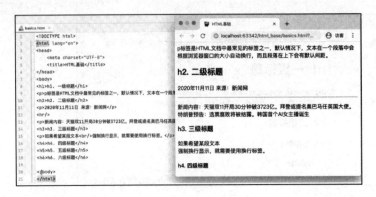

图 5 - 26　换行标签

表 5 - 2　常见特殊字符

| 原义字符 | 等价字符引用 |
|---|---|
| < | &lt; |
| > | &gt; |
| " | &quot; |
| ' | &apos; |
| & | &amp; |

在下面的例子中可以看到两个段落，它们在谈论 Web 技术：

<p>HTML 中用<p> 来定义段落元素。</p>

<p>HTML 中用 &lt;p&gt; 来定义段落元素</p>

在下面的实时输出中，你会看到第一段是错误的，因为浏览器会认为第二个<p>是开始一个新的段落！第二段是正确的，因为我们用字符引用来代替了角括号（'<' 和 '>' 符号），如图 5 - 27 所示。

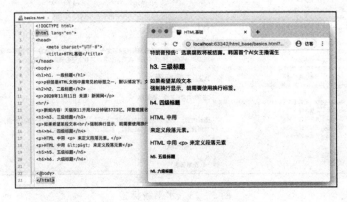

图 5 - 27　特殊字符

HTML 特殊字符：http://www.w3school.com.cn/tags/html_ref_entities.html

**3. 文本格式化标签**

在网页中，有时需要为文字设置粗体、斜体或下划线效果，这时就需要用到 HTML 中的文本格式化标签（见表 5 - 3），使文字以特殊的方式显示。

表 5 - 3　文本格式化标签

| 标签 | 显示效果 |
|---|---|
| <b></b> <strong></strong> | **粗体**（XHTML 推荐使用 strong） |
| <i></i>和<em></em> | *斜体*（XHTML 推荐使用 em） |
| <s></s>和<del></del> | ~~加删除线~~（XHTML 推荐使用 del） |
| <u></u>和<ins></ins> | 加下划线（XHTML 推荐使用 ins） |

**4. HTML 元素**

接下来进一步探讨段落元素,如图 5-28 所示。

这个元素的主要部分如下:

图 5-28　HTML 元素

➤ 开始标签(Opening tag):包含元素的名称(本例为 p),被左、右角括号包围。表示元素从这里开始或者开始起作用——在本例中即段落由此开始。

➤ 结束标签(Closing tag):与开始标签相似,只是其在元素名之前包含了一个斜杠。这表示元素的结尾——在本例中即段落在此结束。初学者常常会犯忘记包含结束标签的错误,这可能会产生一些奇怪的结果。

➤ 内容(Content):元素的内容,本例中就是所输入的文本本身。

➤ 元素(Element):开始标签、结束标签与内容相结合,便是一个完整的元素,也可以把元素放到其他元素之中,称作嵌套。例如在段落标签内通过文本格式化标签强调某段文字,如图 5-29 所示。

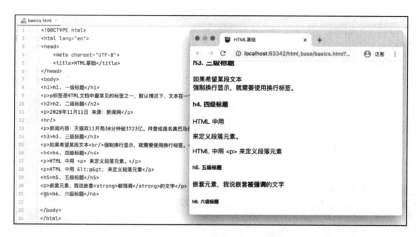

图 5-29　HTML 嵌套元素

**5. 块级元素和内联元素**

在 HTML 中有两种需要知道的重要元素类别:块级元素和内联元素。

➤ 块级元素在页面中以块的形式展现——相对于其前面的内容它会出现在新的一行,其后的内容也会被挤到下一行展现。块级元素通常用于展示页面上结构化的内容,例如段落、列表、导航菜单、页脚等。一个以 block 形式展现的块级元素不会被嵌套进内联元素中,但可以嵌套在其他块级元素中。

➤ 内联元素通常出现在块级元素中并环绕文档内容的一小部分,而不是一整个段落或者一组内容。内联元素不会导致文本换行:它通常出现在一堆文字之间,例如超链接元素<a>或者强调元素<em>和 <strong>。

看一看下面的例子:

<em>第一</em><em>第二</em><em>第三</em>
<p>第四</p><p>第五</p><p>第六</p>

<em>是一个内联元素,就像在下方可以看到的,第一行代码中的三个元素都没有间隙地展示在同一行。而<p>是一个块级元素,所以第二行代码中的每个元素分别都另起新的一行展现,并且每个段落间都有一些间隔(这是因为默认浏览器有着默认展示<p>元素的CSS styling),如图 5 - 30 所示。

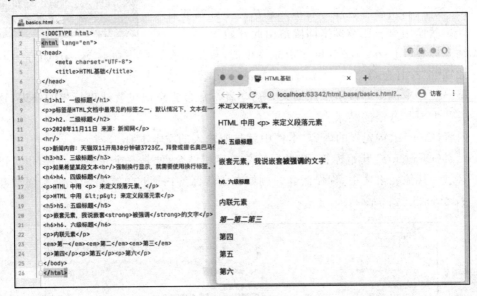

图 5 - 30　内联元素

### 6. 空元素

并不是所有元素都拥有开始标签、内容、结束标签。一些元素只有一个标签,通常用来在此元素所在位置插入/嵌入一些东西,例如:<br/>、<hr/>、<img>。

### 7. 图像标签和超链接

img 标签的基本用法如下:<img src="图片 URL"/>。

在该用法中,src 属性是 img 标签必需的属性,用来指定加载图片的路径。

img 标签的部分常见属性如表 5 - 4 所列。

表 5 - 4　img 标签常见属性

| 属性名 | 属性含义 | 属性值 |
| --- | --- | --- |
| src | 设置图形的路径 | url |
| alt | 当图片不能加载时,显示的替代文字 | 任意文本 |
| title | 当鼠标悬停在图片时的显示文字 | 任意文本 |
| width | 图片的宽度(不建议使用,请用 CSS 替代) | 像素值 |
| height | 图片的高度(不建议使用,请用 CSS 替代) | 像素值 |
| border | 图片的边框(不建议使用,请用 CSS 替代) | 像素值 |

超链接基本语法格式如下:<a href="跳转目标" target="目标窗口的弹出方式">文本或图像</a>。

**注意：**

① 外部链接需要添加 http://。

② 内部链接直接链接内部页面名称即可，比如 < a href＝"index. html">首页。

③ 如果当时没有确定链接目标时，通常将链接标签的 href 属性值定义为"♯"（即 href＝"♯"），表示该链接暂时为一个空链接。

④ 不仅可以创建文本超链接，在网页中各种元素（如图像、表格、音频、视频等）都可以添加超链接。超链接常见属性如表 5－5 所列。

表 5－5　超链接常见属性

| 属性名 | 属性含义 | 属性值 |
| --- | --- | --- |
| href | 指定链接目标的 url 地址，当给 a 标签指定了 href 属性时，它就具有了超链的功能 | url 路径 |
| target | 指定链接页面的打开方式 | _self：在当前选项卡打开；<br>_blank：在新的选项卡打开超链接 |

（1）WebStorm 环境创建文件

在编写任何代码之前，需要创建一些新的 HTML 文件。本部分将使用 3 个单独的网页以及一些不同格式的图像文件，如图 5－31 所示。

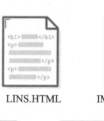 

LINS.HTML　　　IMAGES.HTML　　　MISC/EXTRAS.HTML

MOCHI.JPG　　　MOCHI.GIF　　　MOCHI.PNG　　　MOCHI.SVG

图 5－31　建立文件

a. 链接页面

接下来，将新文件添加到名为 html_base 的文件夹中，然后 links. html 插入以下 HTML 模板：

```
<!DOCTYPE html>
<html>
  <head>
    <title>Links</title>
  </head>
  <body>
    <h1>Links</h1>
  </body>
</html>
```

b. 图片页面

在同一文件夹中,创建另一个文件 images. html:

```
<!DOCTYPE html>
<html>
  <head>
    <title>Images</title>
  </head>
  <body>
    <h1>Images</h1>
  </body>
</html>
```

c. 额外页面

最后一页将帮助我们演示相关链接。创建一个新的文件夹叫 misc,然后添加一个名为 extras. html 的新文件:

```
<!DOCTYPE html>
<html>
  <head>
    <title>Extras</title>
  </head>
  <body>
    <h1>Extras</h1>
  </body>
</html>
```

（2）图片下载

将图像嵌入 images. html 文件中,因此请确保也下载这些示例 MLCHI 图像。将它们解压缩到 html_base 文件夹中,使父 images 文件夹保持在 ZIP 文件中。文件结构如图 5 - 32 所示。

（3）锚　点

使用<a>元素(代表"锚点")创建链接。它的工作方式与上面的所有元素一样:当在<a>标签中包装一些文本时,它会更改内容的含义。通过将以下段落添加到<body>元素中来看看 links. html:<p>This example is about links and <a>images</a>. </p>。

图 5 - 32　文件结构

如果在 Web 浏览器中加载页面,会发现该<a>元素看起来根本不像链接。该<a>元素本身没有做任何事情,如图 5 - 33 所示。

（4）链　接

与元素向其包含的内容添加含义的方式相同,HTML"属性"为与其附加的元素添加含义。现在,关注该 href 属性,因为该属性确定用户单击<a>元素时的去向。更新链接以匹配以下内容:<p>This example is about links and <a href='images. html'>images</a>. </p>。

注意属性在开始标记内是如何使用的。首先是属性名称,然后是等号,最后是单引号或双引号的属性"值"。此语法区分属性和内容(在标签之间)。

该 href 属性提供的额外信息告诉浏览器,此<a>元素实际上是一个链接,它应以默认的蓝色文本呈现内容,如图 5－34 所示。

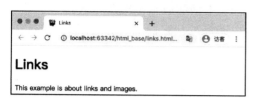

图 5－33　锚　点

图 5－34　链　接

(5) 链接类型

下面将重点介绍三种类型的 URL:绝对、相对和根相对链接引用该 href 属性的值。接下来的几节将说明如何以及何时使用它们,但首先将以下内容添加到 links.html 文件中:

a. 绝对链接

绝对链接是引用网络资源的最详细方式。它们以"scheme"(通常为 http:// 或 https://)开头,然后是网站的域名,接着是目标网页的路径。

例如,尝试创建指向 Mozilla 开发人员网络的 HTML 元素参考的链接:

```
<li>Absolute links, like to
    <a href = 'https://developer.mozilla.org/en－US/docs/Web/HTML'>Mozilla
    Developer Network</a>, which is a very good resource for web
    developers.</li>
```

可以使用绝对链接来引用自己网站中的页面,但是在任何地方对域名进行硬编码都会导致一些棘手的情况发生。通常最好保留绝对链接,仅用于将用户定向到其他网站。

b. 相对链接

相对链接从正在编辑的文件指向网站中的另一个文件。这意味着 scheme 和域名与当前页面相同,因此唯一需要提供的就是路径。

以下是如何从中链接到 extras.html 文件的方法 links.html:

```
<li>Relative links, like to our <a href = 'misc/extras.html'>extras page</a>.</li>
```

在这种情况下,href 属性表示 extras.html 相对于 links.html 的文件路径。由于 extras.html 与 links.html 不在同一个文件夹中,因此需要 misc 在 URL 中包含该文件夹。路径中的每个文件夹和文件都用正斜杠(/)分隔。因此,如果试图获取一个两层目录文件夹下的文件,则需要这样的 URL:misc/other－folder/extras.html。

这适用于引用相同文件夹或更深文件夹中的文件。链接到当前文件上方目录中的页面怎么办?

为了解决这个问题,我们需要".."语法。文件路径中的两个连续点代表指向父目录的指针,将此添加到 extras.html:

```
<p>This page is about miscellaneous HTML things, but you may also be interested in <a href = '../
```

links.html'>links</a> or <a href = '../images.html'>images</a>.</p>

要浏览多个目录,请使用多个".."引用,如下:

../../elsewhere.html

相对链接非常好,因为它们使您可以在整个文件夹中移动而不必更新元素 href 上的所有 <a>,但是当所有链接均以一堆点开头时,可能会引起混乱。它们最适合引用网站的同一文件夹或独立部分中的资源。

c. 根相对链接

根相对链接与相对链接相似,但它们不是相对于当前页面,而是相对于整个网站的"根目录"。例如,如果您的网站托管在 our-site.com,则所有相对于根的 URL 都是相对于 our-site.com。

如果确实有一个真实的服务器,则指向主页的链接如下:

<!-- This won't work for our local HTML files -->
<li>Root - relative links, like to the <a href = '/'>home page</a> of our website,
    but those aren't useful to us right now. </li>

根相对链接和相对链接之间的唯一区别是,前者以正斜杠开头。该初始斜杠代表站点的根。您可以在该斜杠后将更多文件夹和文件添加到路径,就像相对链接一样。无论当前页面位于何处(即使位于 misc/extras.html 中),以下路径都将正常工作:

/images.html

根相对链接是一些最有用的链接。它们足够明确,可以避免相对链接的潜在混乱,但是它们并不像绝对链接那样过于明确。在整个 Web 开发生涯中,会看到很多这种信息,尤其是在大型网站中,这些网站很难跟踪相对引用。

(6) 链接目标

属性会改变 HTML 元素的含义,有时需要修改元素的多个方面。例如,<a>元素还接受一个 target 属性,该属性定义当用户单击链接时在何处显示页面。默认情况下,大多数浏览器用新页面替换当前页面,可以使用该 target 属性来要求浏览器在新窗口/选项卡中打开链接。

尝试更改绝对链接 links.html 以匹配以下内容(请注意,第二个属性看起来像第一个属性,但是它们之间用空格(或换行符)隔开):

<li>Absolute links, like to
    <a href = 'https://developer.mozilla.org/en - US/docs/Web/HTML'
        target = '_blank'>Mozilla Developer Network</a>, which is a very good
        resource for web developers. </li>

该 target 属性具有一些预定义的值,这些值对于 Web 浏览器具有特殊的含义,但是最常见的是 _blank,它指定一个新的选项卡或窗口。

(7) 图 片

与到目前为止遇到的所有 HTML 元素不同,图像内容是在呈现它的网页之外定义的。幸运的是,我们已经有了从 HTML 文档中引用外部资源的方法:绝对 URL、相对 URL 和相对根 URL。

图像包含在带有<img/>标签及其 src 属性的网页中,该标签指向要显示的图像文件。注意它是一个空元素,和以前的章节中的<br/>、<hr/>一样。

网络上有 4 种主要的图像格式在使用,它们都被设计用来做不同的事情。了解它们对于提高网页质量大有帮助,图像格式如图 5 - 35 所示。

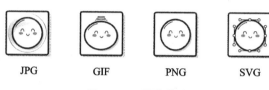

JPG　　　　GIF　　　　PNG　　　　SVG

**图 5 - 35　图像格式**

接下来将介绍每种图像格式的理想用例。在继续之前,请确保已将这些图像解压缩到 html_base 项目中。

a. JPG 图像

JPG 图像设计用于处理大型调色板,而不会过度增加文件大小,非常适合其中包含许多渐变的照片和图像。另一方面,JPG 不允许透明像素,如果看起来很接近,则可以在下图的白色边缘看到它。

使用以下代码段将此 mochi.jpg 图像嵌入到 images.html 页面中(这也包括对其他页面的一些导航):

```
<p>This page covers common image formats, but you may also be looking for <a
    href = 'links.html'>links</a> and <a href = 'misc/extras.html'>useful
    extras</a>.</p>
<h2>JPGs</h2>
<p>JPG images are good for photos.</p>
<img src = 'images/mochi.jpg'/>
```

b. GIF 图像

GIF 是简单动画的首选选项,但要权衡的是它们在调色板方面受到一定限制—切勿将其用于照片。透明像素是 GIF 的二进制选项,这意味着不能使用半透明像素,因此会使在透明背景上获得高细节水平变得困难。因此,如果您不需要动画,通常最好使用 PNG 图像。

可以使用以下代码将其添加到文件中:

```
<h2>GIFs</h2>
<p>GIFs are good for animations.</p>
<img src = 'images/mochi.gif'/>
```

c. PNG 图像

PNG 适用于非照片或动画的任何事物。相同质量(如人眼所见)的 PNG 文件通常比等效的 JPG 文件大。但是,它们确实可以很好地处理不透明度,并且没有调色板限制,非常适合图标、技术图表、徽标等。

使用以下代码将此 PNG 图片添加到示例项目中:

```
<h2>PNGs</h2>
```

```
<p>PNGs are good for diagrams and icons.</p>
<img src = 'images/mochi.png'/>
```

d. SVG 图片

与上述基于像素的图像格式不同,SVG 是基于矢量的图形格式,这意味着它可以按比例放大或缩小到任意尺寸而不会降低质量,为响应式设计的绝佳工具,非常适合用于与 PNG 几乎相同的用例。

尽管是矢量格式,但 SVG 仍可以像光栅一样使用。使用以下代码并将其添加到 images.html 页面:

```
<h2>SVGs</h2>
<p>SVGs are <em>amazing</em>. Use them wherever you can.</p>
<img src = 'images/mochi.svg'/>
```

(8) 图片尺寸

默认情况下,<img/>元素使用其图像文件的继承尺寸。JPG、GIF 和 PNG 图像实际上是 150×150 像素,而 SVG 图片只有 75×75 像素,如图 5-36 所示。

为了使基于像素的图像减小到预期的大小 (75×75),可以使用<img/>元素的 width 属性。在 images.html 中,更新所有基于像素的图像以匹配以下内容:

```
<!-- In JPGs section -->
<img src = 'images/mochi.jpg' width = '75'/>
<!-- In GIFs section -->
<img src = 'images/mochi.gif' width = '75'/>
<!-- In PNGs section -->
<img src = 'images/mochi.png' width = '75'/>
```

该 width 属性为图像设置显示尺寸,也有一个相应的 height 属性。仅设置其中之一将导致图像按比例缩放,而同时定义两者将拉伸图像。尺寸值以像素为单位指定,并且绝对不能包含单位(例如 width = '75px' 不正确)。

width 与 height 属性可能是有用的,但通常最好使用 CSS 设置图像尺寸。

(9) 文字替换

向元素添加 alt 属性<img/>是一种最佳实践。它为显示的图像定义了"文本替代"。这对搜索引擎和使用纯文本浏览器的用户(例如由于视力障碍而使用文本到语音软件的用户)都有影响。

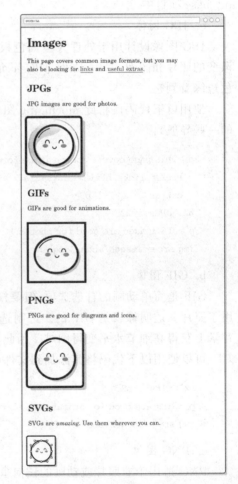

**图 5-36　图片尺寸**

使用以下代码更新所有的图像以包括描述性 alt 属性：

```
<!-- In JPGs section -->
<img src='images/mochi.jpg' width='75' alt='A mochi ball in a bubble'/>
<!-- In GIFs section -->
<img src='images/mochi.gif' width='75' alt='A dancing mochi ball'/>
<!-- In PNGs section -->
<img src='images/mochi.png' width='75' alt='A mochi ball'/>
<!-- In SVGs section -->
<img src='images/mochi.svg' alt='A mochi ball with Bézier handles'/>
```

**8. 列表标签**

列表标签是以列表的形式显示文字或者图片，最大的特点是整齐有序。常见列表主要分为三种：无序列表、有序列表和自定义列表。

（1）无序列表（重点）

无序列表的各个列表项之间没有顺序级别之分，是并列的。其基本语法格式如下：

```
<ul>
    <li>列表项 1</li>
    <li>列表项 2</li>
    <li>列表项 3</li>
    ... ...
</ul>
```

注意事项：

➢ <ul></ul>中只能嵌套<li></li>，直接在<ul></ul>标签中输入其他标签或者文字的做法是不允许的。

➢ <li>与</li>之间相当于一个容器，可以容纳所有元素。

➢ 无序列表会带有自己的样式属性，放下那个样式，一会儿让 CSS 来！

（2）有序列表（了解）

有序列表即为有排列顺序的列表，其各个列表项按照一定的顺序排列定义，有序列表的基本语法格式如下：

```
<ol>
    <li>列表项 1</li>
    <li>列表项 2</li>
    <li>列表项 3</li>
    ... ...
</ol>
```

所有特性基本与 ul 一致，但是在实际工作中，较少使用 ol。

（3）自定义列表（理解）

自定义列表常用于对术语或名词进行解释和描述，自定义列表的列表项前没有任何项目符号。其基本语法如下：

```
<dl>
```

```
    <dt>名词 1</dt>
    <dd>名词 1 解释 1</dd>
    <dd>名词 1 解释 2</dd>
    ...
    <dt>名词 2</dt>
    <dd>名词 2 解释 1</dd>
    <dd>名词 2 解释 2</dd>
    ...
</dl>
```

### 9. 表格标签

（1）创建表格

在 HTML 网页中，要想创建表格，就需要使用表格相关的标签。创建表格的基本语法格式如下：

```
<table>
  <tr>
    <td>单元格内的文字</td>
    ...
  </tr>
  ...
</table>
```

在上面的语法中包含三对 HTML 标签，分别为 <table></table>、<tr></tr>、<td></td>，它们是创建表格的基本标签，缺一不可，下面对它们进行具体的解释。

➢ <table></table>用于定义一个表格。

➢ <tr></tr>用于定义表格中的一行，必须嵌套在<table></table>标签中，在<table></table>中包含几对<tr></tr>，就有几行表格。

➢ <td></td>用于定义表格中的单元格，必须嵌套在<tr></tr>标签中，一对<tr></tr>中包含几对<td></td>，就表示该行中有多少列（或多少个单元格）。

（2）标题标签

使用 caption 标签作为表格的标题。

（3）表头标签

表头一般位于表格的第一行或第一列，其文本加粗居中，如图 5-37 所示。设置表头非常简单，只需用表头标签<th></th>替代相应的单元格标签<td></td>即可。

图 5-37　表头标签

（4）表格 table 属性

表格 table 属性如表 5 - 6 所列。

表 5 - 6　表格 table 属性

| 属性名 | 属性含义 | 属性值 |
|---|---|---|
| border | 设置表格的边框 | 像素值 |
| cellspacing | 设置单元格与单元格之间的间距 | 像素值（默认为 2 像素） |
| cellpadding | 设置单元格与单元格边框之间的间距 | 像素值（默认为 1 像素） |
| width | 设置表格的宽度 | 像素值 |
| height | 设置表格的高度 | 像素值 |
| align | 设置整个表格在网页上的水平对齐方式 | left、center、right |
| bgcolor | 设置表格的背景颜色 | rgb(x,x,x)、♯xxxxxx、colorname |

（5）单元格 td 属性

单元格 td 属性如表 5 - 7 所列。

表 5 - 7　单元格 td 属性

| 属性名 | 属性含义 | 属性值 |
|---|---|---|
| align | 设置单元格里内容的水平对齐方式 | left、center、right |
| colspan | 规定单元格可横跨的列数 | 数字 |
| rowspan | 规定单元格可竖跨的行数 | 数字 |

**10. 表单标签**

在网页中有时也需要跟用户进行交互，收集用户资料，此时就需要表单。在 HTML 中，一个完整的表单通常由表单控件（也称为表单元素）、提示信息和表单域 3 部分构成，如图 5 - 38 所示。

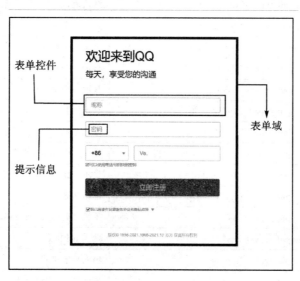

图 5 - 38　表　单

> 表单控件：包含了具体的表单功能项，如单行文本输入框、密码输入框、复选框、提交按钮、重置按钮等。
> 提示信息：一个表单中通常还需要包含一些说明性的文字，提示用户进行填写和操作。
> 表单域：相当于一个容器，用来容纳所有的表单控件和提示信息，可以通过它定义处理表单数据所用程序的 url 地址，以及数据提交到服务器的方法。如果不定义表单域，表单中的数据就无法传送到后台服务器。

（1）表单域（理解）

在 HTML 中，form 标签被用于定义表单域，即创建一个表单，以实现用户信息的收集和传递，form 中的所有内容都会被提交给服务器。创建表单的基本语法格式如下：

＜form action＝"url 地址" method＝"提交方式" name＝"表单名称"＞
　　各种表单控件
＜/form＞

常用属性如下：

> action 在表单收集到信息后，需要将信息传递给服务器进行处理，action 属性用于指定接收并处理表单数据的服务器程序的 url 地址。
> method 用于设置表单数据的提交方式，其取值为 get 或 post。
> name 用于指定表单的名称，以区分同一个页面中的多个表单。

注意：每个表单都应该有自己的表单域。

（2）input 标签（重点）

input 标签用于搜集用户信息，根据不同的 type 属性值给 input 标签设置不同的形式。input 标签的 type 属性如表 5-8 所列。

表 5-8　input 标签的 type 属性

| 属性名 | 用法 | 含义 |
| --- | --- | --- |
| text | ＜input type＝"text"＞ | 默认值，显示一个普通的文本输入框 |
| password | ＜input type＝"password"＞ | 显示一个密码输入框 |
| button | ＜input type＝"button" value＝"按钮"＞ | 显示一个按钮 |
| checkbox | ＜input type＝"checkbox"＞ | 显示一个复选框 |
| radio | ＜input type＝"radio"＞ | 显示一个单选框 |
| file | ＜input type＝"file"＞ | 显示"浏览"按钮，供文件上传 |
| reset | ＜input type＝"reset"＞ | 重置 form 表单里的所有数据 |
| submit | ＜input type＝"submit" value＝"提交"＞ | 定义一个提交按钮，将数据发送给服务器 |
| image | ＜input type＝"image" src＝"1. png"＞ | 显示一张图片作为提交按钮 |
| **email** | ＜input type＝"email"＞ | 邮箱格式 |
| **tel** | ＜input type＝"tel"＞ | 手机号码格式（只在移动设备上有效） |
| **url** | ＜input type＝"url"＞ | 输入 url 格式 |
| **number** | ＜input type＝"number"＞ | 输入数字格式 |
| **search** | ＜input type＝"search"＞ | 搜索框（体现语义化） |

| 属性名 | 用法 | 含义 |
|---|---|---|
| range | <input type="range"> | 自由拖动滑块 |
| time | <input type="time"> | 显示时间输入框 |
| date | <input type="date"> | 显示日期输入框 |
| datetime | <input type="datetime"> | 显示日期和时间输入框(兼容性问题) |
| datetime-local | <input type="datetime"> | 按照本地日期格式,显示日期和时间输入框 |
| month | <input type="month"> | 显示月份输入框 |
| week | <input type="week"> | 显示周输入框 |

注:加粗部分是 H5 新增属性值。

input 标签的其他属性如表 5 - 9 所列。

表 5 - 9　input 标签的其他属性

| 属性名 | 用法 | 含义 |
|---|---|---|
| type | text;password;radio… | 设置 input 标签的类型,详见 type 属性 |
| name | 任意文字 | 设置 input 输入框的名称 |
| value | 任意文字 | 设置 input 输入框的默认显示文字 |
| checked | checked | 当 type 值为 checkbox 或者 radio 时,设置选中 |
| size | 正整数 | 设置 input 在页面中显示的宽度 |
| maxlength | 正整数 | 规定控件允许输入的最多字符数 |
| placeholder | 任意文字 | 占位符,用来提示用户输入 |
| autofocus | autofocus | 当页面加载时获得焦点 |
| autocomplete | on:默认值,打开自动完成; off:关闭自动完成 | 规定 input 是否应该启用自动完成功能(注意:需要给 input 设置 name 属性) |
| required | required | 规定这个 input 的值是必填的 |
| accesskey | 任意字母 | 规定激活(使元素获得焦点)元素的快捷键 |
| max | 数字 | 当 type 属性值为 number 时,规定 input 所允许输入的最大值 |
| min | 数字 | 当 type 属性值为 number 时,规定 input 所允许输入的最小值 |
| list | datalist - id | 用于引用一个数据列表 |

(3) label 标签(了解)

label 标签为 input 元素定义标注(标签),用于绑定一个表单元素,当单击 label 标签时,被绑定的表单元素就会获得输入焦点。那么如何绑定元素呢?

for 属性规定 label 与哪个表单元素绑定。代码如下:

```
<label for = "male">Male</label>
<input type = "radio" name = "sex" id = "male" value = "male">
```

（4）datalist 标签（了解）

datalist 用来定义选项列表，需要与 input 标签以及 option 标签结合使用。代码如下：

```
<input list = "cars" />
<datalist id = "cars">
    <option value = "BMW">
    <option value = "Ford">
    <option value = "Volvo">
</datalist>
```

（5）option 标签

option 元素定义下拉列表中的一个选项，浏览器将 option 标签中的内容作为 select 标签或者 datalist 标签下拉列表中的一个元素显示。option 标签需要在 datalist 标签或者 select 标签的内部。

（6）select 标签

select 标签可创建单选或多选菜单，需要与 option 标签结合使用。代码如下：

```
<select>
    <option value = "volvo">Volvo</option>
    <option value = "saab">Saab</option>
    <option value = "opel">Opel</option>
    <option value = "audi">Audi</option>
</select>
```

（7）textarea 控件（文本域）

如果需要输入大量的信息，就需要用到<textarea></textarea>标签。通过 textarea 控件可以轻松地创建多行文本输入框，其基本语法格式如下：

```
<textarea cols = "每行中的字符数" rows = "显示的行数">
    文本内容
</textarea>
```

（8）fieldset 标签（了解）

fieldset 标签将表单内容的一部分打包，生成一组相关表单的字段。当一组表单元素放到 fieldset 标签内时，浏览器会以特殊方式显示，它们可能有特殊的边界，如图 5-39 所示。

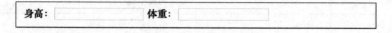

图 5-39　fieldset 标签

（9）legend 标签（了解）

legend 元素为 fieldset 标签定义标题，如图 5-40 所示。

图 5-40　legend 标签

## 5.3.2　CSS 基础

CSS 的核心在于选择器和属性。选择器用来说明给哪(几)个元素设置样式,属性用来说明给这(几)个元素具体设置什么样式。

### 1. CSS 书写规范

形成良好的书写规范,是专业化的开始。

(1) 空格规范

【强制】选择器与{之间必须包含空格。示例:

```
.selector { }
```

【强制】属性名与之后的:之间不允许包含空格,:与属性值之间必须包含空格。示例:

```
font - size: 12px;
```

(2) 选择器规范

【强制】当一个 rule 包含多个 selector 时,每个选择器声明必须独占一行。示例:

```
/ * good * /
.post,
.page,
.comment {
    line - height: 1.5;
}
/ * bad * /
.post, .page, .comment {
    line - height: 1.5;
}
```

【建议】选择器的嵌套层级应不大于 3 级,位置靠后的限定条件应尽可能精确。示例:

```
/ * good * /
# username input {}
.comment .avatar {}
/ * bad * /
.page .header .login # username input {}
.comment div * {}
```

(3) 属性规范

【强制】属性定义必须另起一行。示例:

```
/ * good * /
.selector {
    margin: 0;
    padding: 0;
}
/ * bad * /
.selector { margin: 0; padding: 0; }
```

【强制】属性定义后必须以分号结尾。示例：

```
/ * good * /
.selector {
    margin: 0;
}
/ * bad * /
.selector {
    margin: 0
}
```

### 2. CSS 选择器

CSS 出现的目的是给界面上的元素设置对应的样式,但是如果想要将 CSS 样式应用于特定的 HTML 元素,首先必须先找到该目标元素。在 CSS 中,执行这一任务的样式规则部分被称为选择器(选择符)。

(1) 简单选择器

a. 标签选择器

标签选择器是指用 HTML 标签名称作为选择器,按标签名称分类,为页面中某一类标签指定统一的 CSS 样式。其基本语法格式如下:

标签名{属性 1:属性值 1; 属性 2:属性值 2; 属性 3:属性值 3;}

标签选择器最大的优点是能快速为页面中同类型的标签统一样式,但同时这也是它的缺点,无法设计差异化样式。

b. 类选择器

类选择器使用"."(英文点号)进行标识,后面紧跟类名,其基本语法格式如下:

```
<head>
  <style>
    .big{  / * 在 CSS 里通过.类名的形式给元素设置样式 * /
        font - size:20px;
    }
  </style>
</head>
<body>
    <!-- 在 HTML 结构里,给 p 标签添加 class 属性 -->
    <p class = "big">我是 p 标签里的文字</p>
</body>
```

c. id 选择器

id 选择器使用"#"进行标识,后面紧跟 id 名,用法基本和类选择器相同。其基本语法格式如下:

```
<head>
    <style>
        #big-p{ / * 使用 id 选择器,需要在前面添加 # * /
            font - size:20px;
```

```
        }
      </style>
  </head>
  <body>
      <p id = "big - p">我是 p 标签里的文字</p>
  </body>
```

d. 通配符选择器

通配符选择器用"*"号表示,它是所有选择器中作用范围最广的,能匹配页面中所有的元素。其基本语法格式如下:

```
<head>
  <style>
    *{     /* 通配符选择器指的是设置界面上所有的元素 */
    font - size:20px;
    }
  </style>
</head>
<body>
    <p>我是 p 标签里的文字</p>
    <span>我是 span 里的文字</span>
    <div>我是 div 里的文字</div>
</body>
```

由于通配符选择器会将界面上所有的元素都设置一次样式,如果界面上的 HTML 元素越多,通配符选择器的效率也就越低,所以,最好不要在通配符选择器里设置大量的样式。一般情况下会使用下面这段代码,通过通配符选择器清除所有 HTML 元素的默认边距。

```
*{
    margin: 0;              /* 取消所有元素默认外边距 */
    padding: 0;             /* 取消所有元素默认内边距 */
}
```

(2) 伪类选择器

伪类选择器用于向某些选择器添加特殊的效果,比如给链接添加特殊效果,比如可以选择第 1 个和第 n 个元素。类选择器是一个点,比如.demo {},而伪类用 2 个点(即冒号),比如:link{}。

CSS 中提供的伪类选择器非常多,这里只给大家介绍一些最常用的伪类选择器。

a. 锚伪类选择器

➤ :link /未访问的链接/。

➤ :visited /已访问的链接/。

➤ :hover /鼠标移动到链接上/。

➤ :active /选定的链接/。

注意写的时候,它们的顺序不能颠倒,否则在显示时可能会出现问题。

```
a{    /* a是标签选择器所有的链接 */
    font - weight: 700;
```

```
        font - size: 16px;
}
a:link { /* :link 是指未被访问过的链接 */
    color:yellow;
}
a:visited { /* :visited 是指已经被访问过的链接 */
    color:blue;
}
a:hover {    /* :hover 是链接伪类选择器鼠标经过 */
    color: red; /* 鼠标经过的时候,由原来的灰色变成了红色 */
}
a:active {    /* :active 是指当鼠标按下状态的链接 */
    color:pink;
}
```

b. 目标伪类选择器

:target 目标伪类选择器,可用于选取当前活动的目标元素。

```
:target {
    font - size:30px;
        color:red;
}
```

c. 结构伪类选择器

➢ :first-child:选取属于其父元素的首个子元素的指定选择器。

➢ :last-child:选取属于其父元素的最后一个子元素的指定选择器。

➢ :nth-child(n):匹配属于其父元素的第 n 个子元素,不论元素的类型。

➢ :nth-last-child(n):选择器匹配属于其元素的第 n 个子元素的每个元素,不论元素的类型,从最后一个子元素开始计数。

注:n 可以是数字、关键词或公式。

```
li:first - child {              /* 选择第一个孩子 */
    color: pink;
}
li:nth - child(4) {            /* 选择第 4 个孩子,n 代表第几个的意思 */
    color: skyblue;
}
li:nth - child(2n){            /* 序号为偶数的子元素 */
    color:yellow;
}
li:nth - child(odd){          /* 序号为奇数的子元素 */
    color:pink;
}
li:last - child {              /* 最后一个孩子 */
    color: purple;
}
```

```
li:nt-last-child(2){          /* 倒数第二个孩子 */
    color:red;
}
```

### d. 伪元素选择器

➤ E::first-letter 文本的第一个单词或字(如中文、日文、韩文等)。
➤ E::first-line 文本第一行。
➤ E::selection 可改变选中文本的样式。

```
p::first-letter {
    font-size: 20px;
    color: hotpink;
}
/* 首行特殊样式 */
p::first-line {
    color: skyblue;
}
p::selection {
    /* font-size: 50px; */
    color: orange;
}
```

E::before 和 E::after 在 E 元素内部的开始位置和结束位置创建一个元素,该元素为行内元素,且必须要结合 content 属性使用。

```
div::before {
    content:"开始";
}
div::after {
    content:"结束";
}
```

### e. 复合选择器

第一种是后代选择器(重点)。

后代选择器又称为包含选择器,用来选择元素的后代,其写法就是把外层标签写在前面,内层标签写在后面,中间用空格分隔。

```
<head>
  <style>
    .father p{
        /* 类名为 father 的元素,它的所有子元素 p 字体都变成 20 像素 */
        font-size:20px;
    }
  </style>
</head>
<body>
  <div class = "father">
```

```
        <p>我是 father 里的 p.我会变大吗？</p>
        <span>我是 father 里的 span.我会变大吗？</span>
        <div class = "son">
            <p>我是 father 里 son 元素下的 p.我会变大吗？</p>
        </div>
    </div>
    <div class = "uncle">
            <p>我是 uncle 里的 p.我会变大吗？</p>
    </div>
</body>
```

第二种是子元素选择器。

子元素选择器只能选择作为某元素子元素的元素。其写法就是把父级标签写在前面,子级标签写在后面,中间跟一个 > 进行连接。

```
<head>
    <style>
        .father > p{
                /*类名为 father 的元素,它的直接子元素 p 字体变成 20 像素 */
            font - size:20px;
        }
    </style>
</head>
<body>
    <div class = "father">
        <p>我是 father 里的 p.我会变大吗？</p>
        <span>我是 father 里的 span.我会变大吗？</span>
        <div class = "son">
            <p>我是 father 里 son 元素下的 p.我会变大吗？</p>
        </div>
    </div>
    <div class = "uncle">
            <p>我是 uncle 里的 p.我会变大吗？</p>
    </div>
</body>
```

第三种是并集选择器。

并集选择器(CSS 选择器分组)是各个选择器通过逗号连接而成的,任何形式的选择器(包括标签选择器、class 类选择器、id 选择器等)都可以作为并集选择器的一部分。如果某些选择器定义的样式完全相同或部分相同,就可以利用并集选择器为它们定义相同的 CSS 样式。

```
<head>
    <style>
        p,.first - div{
            font - size:20px;
        }
    </style>
</head>
```

```
<body>
    <p>我是 p 标签里的文字</p>
    <span>我是 span 标签里的文字</span>
    <div class = "first-div">我是第一个 div 标签里的文字</div>
    <div>我是第二个 div 标签里的文字</div>
</body>
```

并集选择器就是和的意思。上述示例代码里的选择器可以理解为:标签名为 p 的元素和类名为 first-div 的元素,字体大小都设置为 20 像素。

第四种是交集选择器。

交集选择器由两个选择器构成,其中第一个为标签选择器,第二个为 class 选择器,两个选择器之间不能有空格。

```
<head>
    <style>
        p.big-text{/* 既是 p 标签,同时类名又是 big-text 的元素 */
            font-size:20px;
        }
    </style>
</head>
<body>
    <p class = "big-text">我是 p 标签里的文字</p>
    <p>我也是 p 标签里的文字</p>
    <div class = "big-text">我是 div 标签里的文字</div>
</body>
```

交集选择器就是并且的意思。上述示例代码的选择器只能匹配到第一个 p 标签,因为只有它才满足既是 p 标签,类名又是 big-text 的条件。

第五种是属性选择器。

选取标签带有某些特殊属性的选择器称为属性选择器。

```
<head>
    <style>
        a[href]{/* 所有设置了 href 属性的 a 标签 */
            font-size: 20px;
        }
        a[href = "http://www.baidu.com"]{/* 所有 href 属性值等于 http://www.baidu.com 的 a 标签 */
            color: yellowgreen;
        }
        div[class ^= "first"]{/* 所有 class 属性值以 first 开头的 div */
            color: greenyellow;
        }
        div[class $ = "xxx"]{/* 所有 class 属性值以 xxx 结尾的 div */
            font-size: 30px;
        }
        div[class * = "xxx"]{/* 所有 class 属性包含 xxx 的 div */
            text-decoration: underline;
        }
```

```
        </style>
    </head>
    <body>
        <a href = "＃">a 链接</a>
        <a href = "http://www.baidu.com">百度</a>
        <div class = "first - xxx">我是第一个 div</div>
        <div class = "second - xxx">我是第二个 div</div>
    </body>
```

**3. CSS 的三大特性**

（1）层叠性

所谓层叠性是指多种 CSS 样式的叠加,是浏览器处理冲突的一个能力,如果一个属性通过两个相同选择器设置到同一个元素上,那么这时一个属性就会将另一个属性层叠掉。

比如先给某个标签指定了内部文字颜色为红色,接着又指定了颜色为蓝色,此时出现一个标签指定了相同样式不同值的情况,这就是样式冲突。样式冲突需要计算样式的优先级,优先级高的样式起作用。若样式不冲突,则不会层叠。

（2）继承性

所谓继承性是指书写 CSS 样式表时,子标签会继承父标签的某些样式,如文本颜色和字号。想要设置一个可继承的属性,只需将它应用于父元素即可。简单的理解就是子承父业。

（3）优先级

定义 CSS 样式时,经常出现两个或更多规则应用在同一元素上,这时就会出现优先级的问题。简单选择器的默认优先级排序是:

!important ＞行内样式＞id 选择器＞类选择器(或者属性、伪类选择器)＞标签选择器＞通配符选择器＞浏览器默认样式＞继承

**4. CSS 字体相关属性**

在页面布局中,经常需要给页面上的文字指定字体、字号和字体样式等。使用 CSS 字体相关的属性可以很方便地完成字体的设置。

（1）font-size:字号大小

font-size 属性用于设置字号,该属性的值可以使用关键字,也可以设置具体的值。字号大小设置如表 5 - 10 所列。

表 5 - 10　字号大小

| 值 | 含义 |
| --- | --- |
| xx-small<br>x-small<br>small<br>medium<br>large<br>x-large<br>xx-large | 把字体的尺寸设置为不同的尺寸,默认值:medium |
| smaller | 把 font-size 设置为比父元素更小的尺寸 |

| 值 | 含义 |
|---|---|
| larger | 把 font-size 设置为比父元素更大的尺寸 |
| length | 把 font-size 设置为一个固定的值 |
| % | 把 font-size 设置为基于父元素的一个百分比值 |

（2）font-family：字体

font-family 属性用于设置字体。网页中常用的字体有宋体、微软雅黑、黑体等，例如将网页中所有段落文本的字体设置为微软雅黑，可以使用如下 CSS 样式代码：

p{font - family:"微软雅黑","宋体";}

可以同时指定多个字体，中间以逗号隔开，表示如果浏览器不支持第一个字体，则会尝试下一个，直到找到合适的字体。

（3）font - weight：字体粗细

字体加粗除了用 b 和 strong 标签之外，还可以使用 CSS 来实现。font-weight 属性用于定义字体的粗细，其可用属性值包括：normal、bold、bolder、lighter、100～900（100 的整数倍）。

（4）font-style：字体风格

字体倾斜除了用 i 和 em 标签之外，还可以使用 CSS 来实现，但是 CSS 是没有语义的。font-style 属性用于定义字体风格，如设置斜体、倾斜或正常字体，其可用属性值如下：

➢ normal：默认值，浏览器会显示标准的字体样式。

➢ italic：浏览器会显示斜体的字体样式。

➢ oblique：浏览器会显示倾斜的字体样式。

（5）font：综合设置字体样式（重点）

font 属性用于对字体样式进行综合设置，其基本语法格式如下：

选择器{font: font - style  font - weight  font - size/line - height  font - family;}

**注意**：其中不需要设置的属性可以省略不写（取默认值），但必须要设置 font-size 和 font-family 属性，而且 font-size 和 font-family 必须要写在最后，且顺序不能修改。

**5. CSS 外观属性**

（1）color：文本颜色

color 属性用于定义文本的颜色，其取值方式有如下 4 种：

➢ 预定义的颜色值，如 red、green、blue 等。

➢ 十六进制，如 #FF0000、#29D794 等。在实际工作中，十六进制是最常用的定义颜色的方式，在部分情况下可以简写，比如：#FF0000 可以简写成 #F00，#FF00FF 可以简写成 #F0F。

➢ RGB 代码，如红色可以表示为 rgb(255,0,0) 或 rgb(100%,0%,0%)。

➢ RGBA 代码，如 rgba(255,0,0,.5) 就表示一个半透明的红色。

需要注意的是，如果使用 RGB 代码的百分比颜色值，取值为 0 时也不能省略百分号，必须写为 0%。

（2）line-height：行间距

line-height 属性用于设置行间距，就是行与行之间的距离，即字符的垂直间距，一般称为行高。line-height 常用的属性值单位有三种，分别为像素 px、相对值 em 和百分比％，实际工作中使用最多的是像素 px。

一般情况下，行距比字号大 7～8 个像素就可以了。

（3）text-align：水平对齐方式

text-align 属性用于设置文本内容的水平对齐，相当于 HTML 中的 align 对齐属性，其可用属性值如下：left：左对齐（默认值）；right：右对齐；center：居中对齐。

（4）text-indent：首行缩进

text-indent 属性用于设置首行文本的缩进，其属性值可为不同单位的数值、em 字符宽度的倍数或相对于父元素宽度的百分比％，允许使用负值，建议使用 em 作为设置单位。1 em 就是一个字的宽度，如果是汉字的段落，1 em 就是一个汉字的宽度。

（5）text-decoration：文本装饰

text-decoration 通常用于给链接修改装饰效果。文本装饰描述如表 5-11 所列。

表 5-11 文本装饰

| 值 | 描述 |
| --- | --- |
| none | 默认，定义标准的文本 |
| underline | 定义文本下的一条线，下划线也是链接自带的 |
| overline | 定义文本上的一条线 |
| line-through | 定义穿过文本的一条线 |

（6）letter-spacing：字间距

letter-spacing 属性用于定义字间距，所谓字间距就是字符与字符之间的空白。其属性值可为不同单位的数值，允许使用负值，默认为 normal。

（7）word-spacing：单词间距

word-spacing 属性用于定义英文单词之间的间距，对中文字符无效。与 letter-spacing 一样，其属性值可为不同单位的数值，允许使用负值，默认为 normal。

word-spacing 和 letter-spacing 均可对英文进行设置。不同的是 letter-spacing 定义的是字母之间的间距，而 word-spacing 定义的是英文单词之间的间距。

（8）文字阴影（CSS3）

给文字添加阴影效果方法如下：

text-shadow：水平位置 垂直位置 模糊距离 阴影颜色；

前两项是必须写的，后两项可以选写。

**6. CSS 背景属性**

CSS 可以添加背景颜色和背景图片，也可以进行图片设置。

（1）背景颜色（color）

语法：background-color：red ｜ #f00 ｜ rgb(255,0,0) ｜ rgba(255,0,0,.8)；

（2）背景图片（image）

语法：background-image：none｜url（url）

➢ none：无背景图（默认的）；

➢ url：使用绝对或相对地址指定背景图像。

background-image 属性允许指定一个图片展示在背景中（只有 CSS3 才可以多背景），可以和 background-color 连用。如果图片不重复，则图片覆盖不到的地方都会被背景色填充。如果有背景图片平铺，则会覆盖背景颜色。

小技巧：我们提倡背景图片后面的地址，url 不要加引号。

（3）背景平铺（repeat）

语法：background-repeat：repeat｜no-repeat｜repeat-x｜repeat-y

➢ repeat：背景图像在纵向和横向上平铺（默认的）；

➢ no-repeat：背景图像不平铺；

➢ repeat-x：背景图像在横向上平铺；

➢ repeat-y：背景图像在纵向上平铺。

（4）背景位置（position）

语法：

background-position：length｜｜length

background-position：position｜｜position

length：百分数｜由浮点数字和单位标识符组成的长度值。请参阅长度单位 position：top｜center｜bottom｜left｜center｜right。

说明：设置或检索对象的背景图像位置，必须先指定 background-image 属性，默认值为（0%　0%）。如果只指定了一个值，该值将用于横坐标，纵坐标默认为 50%。第二个值将用于纵坐标。

（5）背景附着

语法：background-attachment：scroll｜fixed

➢ scroll：背景图像随对象内容滚动；

➢ fixed：背景图像固定。

说明：设置或检索背景图像是随对象内容滚动还是固定的。

（6）背景简写

background 属性值的书写顺序官方并没有强制标准。为了可读性，建议大家这样写：background：背景颜色 背景图片地址 背景平铺 背景滚动 背景位置。

语法：

background：transparent url(image.jpg) repeat-y　scroll 50% 0

（7）背景缩放（CSS3）

通过 background-size 设置背景图片的尺寸，就像设置 img 的尺寸一样，在移动 Web 开发中做屏幕适配应用非常广泛。

其参数设置如下：

➢ 可以设置长度单位（px）或百分比（设置百分比时，参照盒子的宽高）；

➢ 设置为 cover 时，会自动调整缩放比例，保证图片始终填充满背景区域，若有溢出部分

则会被隐藏,平时用 cover 最多;

➢ 设置为 contain 会自动调整缩放比例,保证图片始终完整显示在背景区域。

```
background-image: url('images/gyt.jpg');
        background-size: 300px 100px;
        /* background-size: contain; */
        /* background-size: cover; */
```

(8) 多背景(CSS3)

以逗号分隔可以设置多背景,可用于自适应布局,用逗号隔开即可。

➢ 一个元素可以设置多重背景图像;

➢ 每组属性间使用逗号分隔;

➢ 如果设置的多重背景图之间存在着交集(即存在着重叠关系),前面的背景图会覆盖在后面的背景图之上;

➢ 为了避免将图像盖住,背景色通常都定义在最后一组上。

```
background:url(test1.jpg) no-repeat scroll 10px 20px/50px 60px,
        url(test1.jpg) no-repeat scroll 10px 20px/70px 90px,
        url(test1.jpg) no-repeat scroll 10px 20px/110px 130px    #aaa;
```

(9) 渐变背景(CSS3)

在给一个元素设置 background-image 属性时,不仅可以通过 url 指定一张图片,还可以通过线性渐变(linear-gradient)或者径向渐变(radial-gradient)设置一张颜色渐变的背景图,如图 5-41 和图 5-42 所示。

```
div{
    /* 设置从左到右颜色由黄渐变为绿 */
    background-image: linear-gradient(to right,yellow,green);
}
div{
    /* 设置从中间到四周颜色由黄渐变为绿 */
    background-image: radial-gradient(to right,yellow,green);
}
```

图 5-41  线性渐变

图 5-42  径向渐变

## 7. 元素的显示方式

通过之前的学习,大家应该已经认识到不同的标签显示的效果是不同的。例如,a 标签、

span 标签等,它们在界面上显示时,宽度是由内容决定的;而对于 h 系列标签、div 标签等,它们的宽度却是父元素的宽度。一个标签在浏览器上显示时,它的显示方式是由 display 属性决定的。

(1) 块级元素(block-level)

每个块元素通常都会独自占据一整行或多整行,可以对其设置宽度、高度、对齐等属性,常用于网页布局和网页结构搭建。常见的块元素有<h1>~<h6>、<p>、<div>、<ul>、<ol>、<li>等,其中<div>标签是最典型的块元素。

块级元素的特点如下:

➢ 总是从新的一行开始(每个元素独占一行);
➢ 高度、行高、外边距以及内边距都可以控制;
➢ 宽度默认是容器(父元素)的 100%;
➢ 可以容纳内联元素和其他块元素。

(2) 行内元素(inline-level)

行内元素(内联元素)不占有独立的区域,仅仅靠自身的字体大小和图像尺寸来支撑结构,一般不可以设置宽度、高度、对齐等属性,常用于控制页面中文本的样式。常见的行内元素有<a>、<strong>、<b>、<em>、<i>、<del>、<s>、<ins>、<u>、<span>等,其中<span>标签是最典型的行内元素。

行内元素的特点如下:

➢ 和相邻行内元素在一行上(不独占一行);
➢ 高、宽无效,但水平方向的 padding 和 margin 可以设置,垂直方向无效;
➢ 默认宽度就是它本身内容的宽度;
➢ 行内元素只能容纳文本或者其他行内元素(a 特殊)。

(3) 行内块元素(inline-block)

在行内块元素中有几个特殊的标签——<img />、<input />、<td>,可以对它们设置宽高和对齐属性。

行内块元素的特点如下:

➢ 和相邻行内元素(行内块)在一行上,但是之间会有空白缝隙;
➢ 默认宽度就是它本身内容的宽度;
➢ 高度、行高、外边距以及内边距都可以控制。

(4) 标签显示模式转换(display)

➢ 块转行内:display:inline;
➢ 行内转块:display:block;
➢ 块、行内元素转换为行内块:display:inline-block。

**8. 浮动(float)**

CSS 的定位机制有 3 种:普通流(标准流)、浮动和定位。

(1) 普通流(normal flow)

这个单词翻译为文档流或者标准流。普通流实际上就是一个网页内标签元素正常从上到下、从左到右排列顺序的意思,比如块级元素会独占一行,行内元素会按顺序依次前后排列。按照这种大前提布局排列绝对不会出现例外的情况叫作普通流布局。

（2）什么是浮动

浮动最早是用来控制图片的，以便实现其他元素（特别是文字）"环绕"图片的效果。

元素的浮动是指设置了浮动属性的元素会脱离标准普通流的控制，移动到其父元素中指定位置的过程。

在 CSS 中，通过 float 属性来定义浮动，其基本语法格式如下：

选择器｛float:属性值;｝

属性值包括：

➢ left:元素向左浮动；

➢ right:元素向右浮动；

➢ none:元素不浮动（默认值）。

（3）清除浮动

为什么要清除浮动？

一个 div 可以不指定高度，由里面的内容来决定它的高度，如图 5-43 所示。

正常标准流盒子

子盒子

子盒子

子盒子是标准流，父盒子虽然没有高度
但是会撑开盒子高度

下面盒子会正常排列

**图 5-43　标准流盒子**

然而，如果这个 div 里面的子标签全部都是浮动元素，那么，因为浮动元素脱离标准流不占用原来的空间，所以父元素在计算高度时是不会把浮动元素计算进去的，如图 5-44 所示。

子盒子浮动

子盒子浮动

子盒子浮动

子盒子浮动，脱标，父盒子没有高度就为0，不会撑开盒子

下面盒子移动到下侧

**图 5-44　浮　动**

清除浮动主要是为了解决父级元素因为子级浮动引起内部高度为 0 的问题。清除浮动，准确地说应该是清除浮动后造成的影响。

在 CSS 中，提供了一个 clear 属性专门用来清除浮动产生的布局问题，格式如下：

选择器｛clear:属性值;｝

属性值包括：

➤ left:不允许左侧有浮动元素(清除左侧浮动的影响);

➤ right:不允许右侧有浮动元素(清除右侧浮动的影响);

➤ both:同时清除左右两侧浮动的影响。

使用双伪元素清除浮动:

```
.clearfix::after,
    .clearfix::before {
      content: "";
      display: block;
    }
    .clearfix::after {
      clear: both;
    }
    .clearfix {
      * zoom: 1;
    }
```

### 9. 定　位

如果说浮动关键在一个"浮"字上,那么定位则关键在于一个"位"上。元素的定位属性主要包括边偏移和定位模式两部分。

(1) 边偏移

边偏移描述如表 5-12 所列。

表 5-12　边偏移

| 边偏移属性 | 描述 |
|---|---|
| top | 顶部偏移量,定义元素相对于其父元素上边线的距离 |
| bottom | 底部偏移量,定义元素相对于其父元素下边线的距离 |
| left | 左侧偏移量,定义元素相对于其父元素左边线的距离 |
| right | 右侧偏移量,定义元素相对于其父元素右边线的距离 |

也就说,以后定位要和边偏移搭配使用,比如 top:100px;left:30px;等。

(2) 定位模式

在 CSS 中,position 属性用于定义元素的定位模式,其基本语法格式如下:

选择器{position:属性值;}

position 属性常用值如表 5-13 所列。

表 5-13　position 属性常用值

| 值 | 描述 |
|---|---|
| static | 自动定位(默认定位方式) |
| relative | 相对定位,相对于其原文档流的位置进行定位 |
| absolute | 绝对定位,相对于其上一个已经定位的父元素进行定位 |
| fixed | 固定定位,相对于浏览器窗口进行定位 |

### 5.3.3 JavaScript 基础

**1. JavaScript 前置知识**

（1）什么是 JavaScript 语言

JavaScript 是一种运行在客户端的脚本语言。客户端即接受服务的一端，与服务端相对应，在前端开发中，通常客户端指的就是浏览器。脚本语言也叫解释型语言，特点是执行一行，解释一行，一旦发现报错，代码立即停止执行。

JavaScript 包括 ECMAScript、BOM、DOM 三部分：

➤ ECMAScript：定义了 JavaScript 的语法规范；

➤ BOM：一套操作浏览器功能的 API；

➤ DOM：一套操作页面元素的 API。

（2）script 标签

书写 JavaScript 代码有两种方式，第一种是直接在 script 标签中书写，第二种是将代码写在 js 文件中，通过 script 进行引入。

直接在 script 中书写 JavaScript 代码：

```
<script>
    alert("今天天气真好呀");
</script>
```

通过 script 标签引入一个 js 文件，需要指定 src 属性，代码如下：

```
<script src = "test.js"></script>
```

**注意：**如果 script 标签指定了 src 属性，说明是想要引入一个 js 文件，这时候不能继续在 script 标签中写 js 代码，因为即便写了，也不会执行。script 标签的书写位置，原则上说可以在页面中的任意位置，可以写在 head 标签中，style 标签之后，也可以写在 body 结束标签的前面。示例如下：

```
<body>
  <script>
  </script>
</body>
```

写在 HTML 结束标签的后面，即页面的最后面。示例如下：

```
<html>
</html>
<script>
</script>
```

（3）输入输出语句

在实际开发中，基本不使用后三种，因为用户体验不好。

➤ console.log 控制台输出日志；

➤ document.write 往页面中写入内容；

> alert 弹框警告；
> confirm 确认框；
> prompt 输入框。

（4）注　释

注释为不被程序执行的代码。用于程序员标记代码，在后期修改以及他人学习时会有所帮助，在 js 中，分为单行注释、多行注释以及文档注释，示例如下：

```
//这是单行注释，只能注释一行
/*
    这是多行注释，不能嵌套
*/
//文档注释在 js 中通常用于对函数进行说明
/**
 * 计算圆的面积
 * @param r{number} 圆的半径
 * @returns {number} 根据圆的半径计算出来的面积
 */
function getArea(r) {
  return Math.PI * r * r;
}
```

注释的作用包括：模块划分，方便代码查找和维护；用于解释复杂代码的逻辑，方便维护和后期开发。

**要求：**写代码的时候必须要写注释，同时需要注意注释的合理性。

**2. 变　量**

变量即可以变化的量，变量是在计算机中存储数据的一个标识符，可以把变量看成是存储数据的容器。

（1）变量的声明与赋值

在 JavaScript 中创建一个变量，需要用到 let 关键字。

下面的语句创建（也可以称为声明或者定义）了一个名为"message"的变量：

```
let message;
```

现在，可以通过赋值运算符"＝"为变量添加一些数据：

```
let message;
message = 'Hello'; // 保存字符串
```

现在这个字符串已经保存到与该变量相关联的内存区域了，可以通过使用该变量名称访问它：

```
let message;
message = 'Hello! ';
alert(message);        //显示变量内容
```

简洁一点，可以将变量定义和赋值合并成一行：

```
let message = 'Hello! '; // 定义变量,并且赋值
alert(message);          //Hello!
```

也可以在一行中声明多个变量:

```
let user = 'John', age = 25, message = 'Hello';
```

这样看上去代码长度更短,但并不推荐。为了提高可读性,请一行只声明一个变量。虽然多行变量声明有点长,但更容易阅读。

(2) 变量命名

命名规则(必须遵守):

➤ 由字母、数字、下划线、$符号组成,开头不能是数字;

➤ 不能使用关键字和保留字;

➤ 严格区分大小写。

命名规范(建议遵守):

➤ 命名要有意义;

➤ 遵守驼峰命名法,首字母小写,后面单词的首字母需要大写。

(3) 常　量

声明一个常数(不变)变量,使用 const 而不是 let:

```
const myBirthday = '18.04.1982';
```

使用 const 声明的变量称为"常量"。它们不能被修改,若修改则会报错。当程序员能确定这个变量永远不会改变,就可以使用 const 来确保这种行为,并且清楚地向别人传递这一事实。

关于大写形式的常数,一个普遍的做法是将常量用作别名,以便记住那些在执行之前就已知的难以记住的值。使用大写字母和下划线来命名这些常量。

例如,让以所谓的"web"(十六进制)格式为颜色声明常量:

```
const COLOR_RED = "#F00";
const COLOR_GREEN = "#0F0";
const COLOR_BLUE = "#00F";
const COLOR_ORANGE = "#FF7F00";
//……当我们需要选择一个颜色
let color = COLOR_ORANGE;
alert(color); // #FF7F00
```

这样做有以下几点好处:

➤ COLOR_ORANGE 比 "#FF7F00"更容易记忆;

➤ 比起 COLOR_ORANGE,"#FF7F00"更容易输错;

➤ 阅读代码时,COLOR_ORANGE 比#FF7F00 更容易懂。

什么时候该为常量使用大写命名,什么时候进行常规命名? 需要弄清楚。

作为一个"常数",意味着值永远不变,但是有些常量在执行之前就已知(比如红色的十六进制值),还有些在执行期间被"计算"出来,但初始赋值之后就不会改变。

### 3. 数据类型

JavaScript 中的值都具有特定的类型，例如字符串或数字。在 JavaScript 中有 8 种基本的数据类型（7 种原始类型和 1 种引用类型）。

我们可以将任何类型的值存入变量。例如，一个变量可以在前一刻是个字符串，下一刻就存储一个数字：

```
// 没有错误
let message = "hello";
message = 123456;
```

允许这种操作的编程语言（例如 JavaScript）被称为"动态类型"（dynamically typed）的编程语言，意思是虽然编程语言中有不同的数据类型，但是定义的变量并不会在定义后被限制为某一数据类型。

（1）number 类型

number 类型代表整数和浮点数。示例如下：

```
let n = 123;
n = 12.345;
```

数字可以有很多操作，比如，乘法 *、除法 /、加法 +、减法 - 等等。

除了常规的数字，还包括所谓的"特殊数值"（special numeric values）也属于这种类型：Infinity、- Infinity 和 NaN。Infinity 代表数学概念中的无穷大（∞），它是一个比任何数字都大的特殊值，可以通过除以 0 来得到它：

```
alert(1/0); // Infinity
```

或者在代码中直接使用它：

```
alert(Infinity); // Infinity
```

NaN 代表一个计算错误。它是一个不正确的或者一个未定义的数学操作所得到的结果，比如：

```
alert( "not a number" / 2 ); // NaN，这样的除法是错误的
```

NaN 是黏性的，任何对 NaN 的进一步操作都会返回 NaN：

```
alert( "not a number" / 2 + 5 ); // NaN
```

所以，如果在数学表达式中有一个 NaN，会被传播到最终结果。

（2）BigInt 类型

在 JavaScript 中，"number"类型无法表示大于 $(2^{53}-1)$（即 9 007 199 254 740 991），或小于 $-(2^{53}-1)$ 的整数，这是其内部表示形式导致的技术限制。在大多数情况下，这个范围就足够了，但有时需要很大的数字，例如用于加密或微秒精度的时间戳。

BigInt 类型是最近被添加到 JavaScript 语言中的，用于表示任意长度的整数。可以通过将 n 附加到整数字段的末尾来创建 BigInt 值：

```
// 尾部的"n" 表示这是一个 BigInt 类型
```

```
const bigInt = 1234567890123456789012345678901234567890n;
```

（3）String 类型

JavaScript 中的字符串必须被括在引号里。示例如下：

```
let str = "Hello";
let str2 = 'Single quotes are ok too';
let phrase = `can embed another ${str}`;
```

在 JavaScript 中，有 3 种包含字符串的方式：

➤ 双引号："Hello"；

➤ 单引号：'Hello'；

➤ 反引号：`Hello`。

双引号和单引号都是"简单"引用，在 JavaScript 中两者几乎没有差别。

反引号是功能扩展引号。它们允许通过将变量和表达式包装在 ${…} 中，来将它们嵌入到字符串中。例如：

```
let name = "John";
// 嵌入一个变量
alert(`Hello, ${name}! `); // Hello, John!
// 嵌入一个表达式
alert(`the result is ${1 + 2}`); // the result is 3
```

${…} 内的表达式会被计算，计算结果会成为字符串的一部分。可以在 ${…} 内放置任何东西：诸如名为 name 的变量，或者诸如 $1+2$ 的算术表达式，或者其他一些更复杂的表达式。需要注意的是，这仅仅在反引号内有效，其他引号不允许这种嵌入。

（4）boolean 类型（逻辑类型）

boolean 类型仅包含两个值：true 和 false。

这种类型通常用于存储表示 yes 或 no：true 意味着"yes，正确"，false 意味着"no，不正确"。比如：

```
let nameFieldChecked = true; //yes, name field is checked
let ageFieldChecked = false; //no, age field is not checked
```

布尔值也可作为比较的结果：

```
let isGreater = 4 > 1;
alert(isGreater); //true(比较的结果是"yes")
```

（5）"null"值

特殊的 null 值不属于上述任何一种类型。它构成了一个独立的类型，只包含 null 值。

相较于其他编程语言，JavaScript 中的 null 不是一个"对不存在的 object 的引用"或者"null 指针"。JavaScript 中的 null 仅仅是一个代表"无"、"空"或"值未知"的特殊值。

（6）"undefined"值

特殊值 undefined 和 null 一样自成类型。undefined 的含义是未被赋值。

如果一个变量已被声明，但未被赋值，那么它的值就是 undefined：

```
let age；
alert(age)；        //弹出"undefined"
```

（7）object 类型和 symbol 类型

object 类型是一个特殊的类型。

其他所有的数据类型都被称为"原始类型"，因为它们的值只包含一个单独的内容（字符串、数字或者其他）。相反，object 则用于存储数据集合和更复杂的实体。

symbol 类型用于创建对象的唯一标识符。

（8）typeof 运算符

typeof 运算符返回参数的类型。当需要分别处理不同类型值的时候，或者想快速进行数据类型检验时，非常有用。

它支持两种语法形式：

➤ 作为运算符：typeof x；

➤ 函数形式：typeof(x)。

换言之，有括号和没有括号，得到的结果是一样的。

对 typeof x 的调用会以字符串的形式返回数据类型：

```
typeof undefined //"undefined"
typeof 0 //"number"
typeof 10n //"bigint"
typeof true //"boolean"
typeof "foo" //"string"
typeof Symbol("id") //"symbol"
typeof Math //"object"   (1)
typeof null //"object"   (2)
typeof alert //"function"   (3)
```

最后三行需要额外说明：

➤ Math 是一个提供数学运算的内建 object。

➤ typeof null 的结果是 "object"。这是官方承认的 typeof 行为上的错误，这个问题来自 JavaScript 语言的早期，并为了兼容性而保留了下来。null 绝对不是一个 object。null 有自己的类型，它是一个特殊值。

➤ typeof alert 的结果是 "function"，因为 alert 在 JavaScript 语言中是一个函数。

**4. 类型转换**

（1）转换成字符串类型

当我们需要一个字符串形式的值时，就会进行字符串转换。转换方法如下：

➤ toString()；

➤ String()；

➤ 在数据的最后加上空字符串（value＋""）。

比如，alert(value)将 value 转换为字符串类型，然后显示这个值。也可以显式地调用 String(value)来将 value 转换为字符串类型：

```
let value = true；
```

```
alert(typeof value);              //boolean
value = String(value);            //现在,值是一个字符串形式的"true"
alert(typeof value);              //string
```

(2) 转换成数值类型

转换方法如下:

➢ Number();

➢ parseInt;

➢ parseFloat;

➢ ＋num,－0 等运算。

在算术函数和表达式中,会自动进行 number 类型转换。

比如,当把除法(/)用于非 number 类型:

```
alert( "6" / "2" ); // 3, string 类型的值被自动转换成 number 类型后进行计算
```

number 类型转换规则如表 5－14 所列。

表 5－14 **number 类型转换规则**

| 值 | 转换结果 |
|---|---|
| undefined | NaN |
| null | 0 |
| true 和 false | 1 and 0 |
| string | 去掉首尾空格后的纯数字字符串中含有的数字。如果剩余字符串为空,则转换结果为 0,否则,将会从剩余字符串中"读取"数字。当类型转换出现 error 时返回 NaN |

例如:

```
alert( Number("   123   ") );     //123
alert( Number("123z") );          //NaN(从字符串"读取"数字,读到"z"时出现错误)
alert( Number(true) );            //1
alert( Number(false) );           //0
```

(3) 布尔型转换

布尔(boolean)类型转换是最简单的一个。它发生在逻辑运算中(稍后我们将进行条件判断和其他类似的东西),但是也可以通过调用 Boolean(value)显式地进行转换。

转换规则如下:

➢ 直观上为"空"的值(如 0、空字符串、null、undefined 和 NaN)将变为 false;

➢ 其他值变成 true。

比如:

```
alert( Boolean(1) ); // true
alert( Boolean(0) ); // false
alert( Boolean("hello") ); // true
alert( Boolean("") ); // false
```

**5．运算符**

（1）数学运算符

支持以下数学运算：加法＋、减法－、乘法＊、除法／、取余％、求幂＊＊。

取余示例如下：

```
alert( 5 % 2 );        //1,5 除以 2 的余数
alert( 8 % 3 );        //2,8 除以 3 的余数
```

求幂示例如下：

```
alert( 2 ** 2 );       //4  (2 * 2,自乘 2 次)
alert( 2 ** 3 );       //8  (2 * 2 * 2,自乘 3 次)
alert( 2 ** 4 );       //16 (2 * 2 * 2 * 2,自乘 4 次)
```

（2）用二元运算符＋连接字符串

我们来看一些学校算术未涉及的 JavaScript 运算符的特性。

通常，加号"＋"用于求和，但是如果加号"＋"被应用于字符串，它将合并（连接）各个字符串。

**注意**：只要任意一个运算元是字符串，那么另一个运算元也会被转化为字符串。

举个例子：

```
alert( '1' + 2 );        // "12"
alert( 2 + '1' );        // "21"
```

（3）数字转化，一元运算符"＋"

加号"＋"有两种形式。一种是上面刚刚讨论的二元运算符，还有一种是一元运算符。

一元运算符加号，或者说，加号"＋"应用于单个值，对数字没有任何作用，但是如果运算元不是数字，加号"＋"则会将其转换为数字。

例如：

```
// 对数字无效
let x = 1;
alert( +x );           //1
let y = -2;
alert( +y );           //-2
//转化非数字
alert( +true );        //1
alert( +"" );          //0
```

它的效果和 Number(...)相同，但是更加简短。

（4）运算符优先级

如果一个表达式拥有多个运算符，执行的顺序则由优先级决定。换句话说，所有的运算符中都隐含着优先级顺序。

在 JavaScript 中有众多运算符。每个运算符都有对应的优先级数字。数字越大，越先执行。如果优先级相同，则按照由左至右的顺序执行。

**6. 选择语句**

(1) if...else

```
//语法
if(condition) {
    statement1
} else if (condition) {
    statement2
} else {
    statement3
}
```

(2) switch...case

```
//语法
switch (expression) {
    case value:
        statement
        break;          //break 关键字会导致代码执行流跳出 switch 语句
    default:
        statement
}
```

(3) 三元运算符

表达式 1 ? 表达式 2 :表达式 3

```
let result = condition ? value1 : value2;
```

计算条件结果,如果结果为真,则返回 value1,否则返回 value2。

**7. 循环语句**

在 JavaScript 中,循环语句有三种:while、do while 和 for 循环。

(1) while 循环

```
while(循环条件){
    //循环体
}
```

示例代码如下:

```
//计算 1~100 所有整数之和
var i = 0;              //初始化变量,用来表示循环了多少次
var sum = 0;            //初始化变量,用来记录和
//while 语句的判断条件是 i<=100,只要满足这个条件,就会一直执行循环体
while(i <= 100) {
    sum += i;           //循环体每次进来以后,都会在 sum 上进行叠加
    i++;                //每次加完以后,让计数器自增
}
```

（2）do...while 循环

do...while 循环和 while 循环语法类似,不同点在于 do...while 循环中,循环体至少会被执行一次。

语法格式如下:

```
do{
    //循环体
}while(判断条件);
```

（3）for 循环

for 循环是最常用的语句之一,它可以很方便地让代码循环规定的次数。

语法格式如下:

```
for(初始化语句;条件判断语句;循环体执行完以后的语句){
    //循环体
}
```

（4）break 和 continue

➤ break:立即跳出整个循环,即结束循环;

➤ continue:结束当前循环,继续开始下一轮循环。

示例代码如下:

```
for(var i = 0;i <= 10; i++){
  if(i == 5){
    continue;
  }
  if(i == 8){
    break;
  }
  console.log(i);
}
```

（5）断点调试

断点调试是指在代码中添加断点,当程序运行到这一断点时就会暂停,可以让开发人员执行后续的操作(例如查看变量值、单步运行查看代码流程等),可以很方便地让开发人员对代码进行调试。

调试步骤如下:运行 js 代码-->F12 打开控制台-->Sources -->找到想要暂停的 js 代码-->单击行号添加断点。

**8. 数　组**

所谓数组,就是将多个元素(通常是同一类型的数据)按照一定的顺序放到一个集合中,这个集合称为数组。

（1）创建数组

数组是一个有长度且按照一定顺序排列的列表。在 JavaScript 里,数组的长度可以动态调整。

通过构造函数创建数组：

```
letarr1 = new Array();          //创建了一个空的数组,这个数组里没有数据
letarr2 = new Array(10);        //创建了一个空的数组,但是指定了这个数组的长度是 10
let arr3 = new Array(10,13,14); //创建了一个数组,并且在这个数组里放入了三个数字 10,13,14
```

通过在方括号中添加初始元素来直接创建数组：

```
let fruits = ["Apple", "Orange", "Plum"];
```

数组元素从 0 开始编号。

（2）pop/push，shift/unshift 方法

JavaScript 中的数组既可以用作队列，也可以用作栈。它们允许从首端/末端来添加/删除元素。在计算机科学中，允许这样操作的数据结构被称为双端队列（deque）。

➢ 作用于数组末端的方法

pop，取出并返回数组的最后一个元素：

```
let fruits = ["Apple", "Orange", "Pear"];
alert( fruits.pop() );       //移除"Pear" 然后 alert 显示出来
alert( fruits );             //Apple,Orange
```

push，在数组末端添加元素：

```
let fruits = ["Apple", "Orange"];
fruits.push("Pear");
alert( fruits ); //Apple, Orange, Pear
```

调用 fruits.push(...)与 fruits[fruits.length] = ...是一样的。

➢ 作用于数组首端的方法

shift，取出数组的第一个元素并返回它：

```
let fruits = ["Apple", "Orange", "Pear"];
alert( fruits.shift() );     //移除 Apple 然后 alert 显示出来
alert( fruits );             //Orange, Pear
```

unshift，在数组的首端添加元素：

```
let fruits = ["Orange", "Pear"];
fruits.unshift('Apple');
alert( fruits );             //Apple, Orange, Pear
```

push 和 unshift 方法都可以一次添加多个元素：

```
let fruits = ["Apple"];
fruits.push("Orange", "Peach");
fruits.unshift("Pineapple", "Lemon");
//["Pineapple", "Lemon", "Apple", "Orange", "Peach"]
alert( fruits );
```

（3）循环遍历

遍历数组最古老的方式就是 for 循环：

```
let arr = ["Apple", "Orange", "Pear"];
for (let i = 0; i < arr.length; i++) {
  alert( arr[i] );
}
```

但对于数组来说，还有另一种循环方式，for...of：

```
let fruits = ["Apple", "Orange", "Plum"];
//遍历数组元素
for (let fruit of fruits) {
    alert( fruit );
}
```

for...of 不能获取当前元素的索引，只是获取元素值，但大多数情况是够用的，而且这样写更简短。

（4）关于"length"

在修改数组时，length 属性会自动更新。准确地说，它实际上不是数组中元素的个数，而是最大的数字索引值加 1。

例如，一个数组只有一个元素，但是这个元素的索引值很大，那么这个数组的 length 也会很大：

```
let fruits = [];
fruits[123] = "Apple";
alert( fruits.length ); //124
```

我们通常不会这样使用数组。

length 属性的另一个有意思的点是它是可写的。如果我们手动增加它，则不会发生任何有趣的事儿。但是如果减少它，数组就会被截断。该过程是不可逆的，例如：

```
let arr = [1, 2, 3, 4, 5];
arr.length = 2;          //截断到只剩 2 个元素
alert( arr );            //[1,2]
arr.length = 5;          //又把 length 加回来
alert( arr[3] );         //undefined：被截断的那些数值并没有回来
```

因此，清空数组最简单的方法就是 arr.length = 0；。

**9. 函　数**

（1）函数的声明与调用

声明函数需要用到 function 关键字，例如：

```
function 函数名(){
    //函数体
}
```

特点如下：

➢ 函数在声明时不会执行，只有被调用时才会执行；

➢ 函数一般用来做一件事，在对函数进行命名时一定要注意，尽量做到让用户顾名思义。

函数的调用如下：

函数名();

示例代码如下：

```
function showMessage() {
    alert( 'Hello everyone! ' );
}
showMessage();
showMessage();
```

调用 showMessage()执行函数的代码，这里会看到显示两次消息。

这个例子清楚地演示了函数的主要目的之一：避免代码重复。

如果需要更改消息或其显示方式，只需要在一个地方修改代码：输出它的函数。

（2）函数的参数

函数的参数包括形式参数和实际参数。

➢ 形式参数：在定义函数名和函数体时使用的参数，目的是用来接收调用该函数时传入的值。这个参数是一个不存在的变量，仅仅只是为了占用位置，所以称它为形式参数，简称形参。

➢ 实际参数：在调用有参函数时，函数名后面括号中的参数被称为实际参数，实参可以是常量、变量或者表达式。

语法如下：

```
//有参函数在声明时，需要在函数名后的括号里写上形参
function 函数名(形参1,形参2,形参3...){
    //函数体
}
//调用有参函数,在函数名后面的括号里直接传入实际参数
函数名(实参1,实参2,实参3...);
```

（3）函数的返回值

在很多情况下，调用者在函数执行完成以后，需要拿到函数执行的结果（比如，拿到两个数的和、拿到两个数的较大数等），这个返回的结果就叫作返回值。

返回值语法：使用 return 关键字标识函数的返回值，示例如下：

```
function 函数名(形参1,形参2,形参3...) {
    //函数体
return 返回值;    //return 关键字用来标识函数的返回值
}
var result = 函数名(形参1,形参2,形参3...);    //调用者定义一个变量,用来保存函数的返回值
```

（4）函数三要素

函数的三要素包括：函数名、参数以及返回值。

文档注释：文档注释（/＊/）通常用在函数的声明中，用来解释这个函数的作用（包括函数名、参数以及返回值的作用）。

声明函数时，使用文档注释对函数进行说明，是一种良好的开发习惯，示例如下：

```
/ * *
    *  求圆的面积
    *  @param r ﹛number﹜ 圆的半径
    *  @returns ﹛number﹜ 圆的面积
    * /
function getArea(r){
    return Math.PI * r * r;
}

getArea(3);
```

（5）函数的作用域

➤ 全局变量：在最外层声明的变量就是全局变量，全局变量在任何地方都能够被访问；

➤ 局部变量：在函数中声明的变量就是局部变量，局部变量只能在当前函数内被访问；

➤ 隐式全局变量：没有使用 var 声明的变量就是全局变量；

➤ 作用域：变量可以发挥作用的区域；

➤ 全局作用域：在 script 标签内，函数外定义的作用域就是全局作用域，在全局作用域中定义的变量是全局变量；

➤ 函数作用域：函数中的区域叫作函数区域，在函数作用域中定义的变量就是局部变量，只能在当前函数中访问。

在函数中，只有全局作用域和函数作用域。在 if、while、for 等语句中定义的变量都是全局变量。

（6）预解析

js 解析器在执行 js 代码的时候，分为两个过程：预解析过程和代码执行过程。

预解析过程：

➤ 把变量的声明提升到当前作用域的最前面，只会提升声明，不会提升赋值；

➤ 把函数的声明提升到当前作用域的最前面，只会提升声明，不会提升调用；

➤ 先提升 var，再提升 function。

示例如下：

```
console.log(a);
function a(){
    console.log("aaaaa");
}
var a = 1;
console.log(a);
```

调试打印输出如下：

```
[Function: a]
1
```

### 10. 对　象

在数据类型一章学到 JavaScript 中有 8 种数据类型。有 7 种原始类型,因为它们的值只包含一种东西(字符串、数字或者其他)。

相反,对象则用来存储键值对和更复杂的实体。在 JavaScript 中,对象几乎渗透到了这门编程语言的方方面面。所以,在深入理解这门语言之前,必须先理解对象。

可以通过使用带有可选属性列表的花括号 {…} 来创建对象。一个属性就是一个键值对("key：value"),其中键(key)是一个字符串(也叫作属性名),值(value)可以是任何值。

我们可以把对象想象成一个带有签名文件的文件柜。每一条数据都基于键(key)存储在文件中,这样就可以很容易根据文件名(也就是"键")查找文件或添加/删除文件了。

(1) 文本和属性

在创建对象时,将一些属性以键值对的形式放到 {...} 中,示例如下:

```
let user = {            //一个对象
  name: "John",         //键"name",值"John"
  age: 30               //键"age",值 30
};
```

属性有键(或者也可以叫作"名字"或"标识符"),位于冒号":"的前面,值在冒号的右边。在 user 对象中,有两个属性:第一个键是"name",值是"John";第二个键是"age",值是 30。生成的 user 对象可以被想象为一个放置着两个标记有"name"和"age"的文件柜。

我们可以随时添加、删除和读取文件,可以使用点符号访问属性值:

```
//读取文件的属性:
alert( user.name );        //John
alert( user.age );         //30
```

属性的值可以是任意类型,比如可以加个布尔类型:

```
user.isAdmin = true;
```

也可以用 delete 操作符移除属性:

```
delete user.age;
```

还可以用多字词语来作为属性名,但必须给它们加上引号:

```
let user = {
    name: "John",
    age: 30,
    "likes birds": true   //多词属性名必须加引号
};
```

列表中的最后一个属性应以逗号结尾:

```
let user = {
```

```
        name: "John",
        age: 30,
    }
```

这叫作尾随(trailing)或悬挂(hanging)逗号,便于添加、删除和移动属性,因为所有的行都是相似的。

(2) 方括号

对于多词属性,点操作就不能用了,如下:

```
//这将提示有语法错误
user.likes birds = true
```

JavaScript 理解不了,因为它认为我们在处理 user.likes,然后在遇到意外的 birds 时给出了语法错误。

点符号要求 key 是有效的变量标识符。这意味着其不包含空格,不以数字开头,也不包含特殊字符(允许使用 $ 和 _)。

还有另一种方法就是使用方括号,可用于任何字符串,示例如下:

```
let user = {};
//设置
user["likes birds"] = true;
//读取
alert(user["likes birds"]); //true
//删除
delete user["likes birds"];
```

现在一切都可行了。请注意方括号中的字符串要放在引号中,单引号或双引号都可以。方括号同样提供了一种可以通过任意表达式来获取属性名的方法,跟语义上的字符串不同,类似于下面的变量:

```
let key = "likes birds";
//跟 user["likes birds"] = true; 一样
user[key] = true;
```

在这里,变量 key 可以是程序运行时计算得到的,也可以是根据用户的输入得到的。然后可以用它来访问属性,这给了我们很大的灵活性。

(3) 属性存在性测试,"in"操作符

相比于其他语言,JavaScript 的对象有一个需要注意的特性:能够访问任何属性。即使属性不存在也不会报错! 读取不存在的属性只会得到 undefined,因此可以很容易地判断一个属性是否存在,示例如下:

```
let user = {};
alert( user.noSuchProperty === undefined ); //true 意思是没有这个属性
```

这里还有一个特别的,检查属性是否存在操作符"in"。语法如下:

```
"key" in object
```

例如：

```
let user = { name: "John", age: 30 };
alert( "age" in user );            //true,user.age 存在
alert( "blabla" in user );         //false,user.blabla 不存在
```

**注意**：in 的左边必须是属性名，通常是一个带引号的字符串。

如果省略引号，就意味着左边是一个变量，它应该包含要判断的实际属性名。例如：

```
let user = { age: 30 };
let key = "age";
alert( key in user ); //true,属性"age" 存在
```

（4）"for…in"循环

为了遍历一个对象的所有键（key），可以使用一种特殊形式的循环：for…in，与前面学到的 for(;;)循环是完全不一样的。语法如下：

```
for (key in object) {
    //对此对象属性中的每个键执行的代码
}
```

**注意**：所有的"for"结构体都允许我们在循环中定义变量，像这里的 let key。

同样，也可以用其他属性名来替代 key，例如 "for(let prop in obj)"也很常用。

**11. 内置对象**

js 内置对象就是指 JavaScript 自带的一些对象，供开发者使用，这些对象提供了一些常用的功能。常见的内置对象有 Math、Date、Array、String 等。

（1）Math 对象

Math 对象中封装很多与数学相关的属性和方法。

➤ 属性 PI

```
Math.PI
```

➤ 最大值/最小值

```
Math.max();
Math.min();
```

➤ 取整

```
Math.ceil();            //天花板,向上取整
Math.floor();           //地板,向下取整
Math.round();           //四舍五入,如果是.5,则取更大的那个数
```

➤ 随机数

```
Math.random();          //返回一个[0,1)之间的数,能取到 0,取不到 1
```

➤ 绝对值

```
Math.abs();             //求绝对值
```

➢ 次幂和平方

```
Math.pow(num, power);          //求 num 的 power 次方
Math.sqrt(num);                //对 num 开平方
```

（2）Date 对象

Date 对象用来处理日期和时间。

➢ 创建一个日期对象

```
letdate = new Date();                          //使用构造函数创建一个当前时间的对象
let date = new Date("2020－03－22");            //创建一个指定年月日的日期对象
let date = new Date("2020－03－22 00:52:34");   //创建一个指定年月日及时刻的日期对象
```

➢ 日期格式化（了解）

```
date.toString();              //默认的日期格式
date.toLocalString();         //本地风格的日期格式（兼容性）
date.toDateString();
date.toLocalDateString();
date.toTimeString();
date.toLocalTimeString();
```

➢ 获取日期的指定部分

```
getMilliseconds();            //获取毫秒值
getSeconds();                 //获取秒
getMinutes();                 //获取分钟
getHours();                   //获取小时
getDay();                     //获取星期,0－6    0:星期天
getDate();                    //获取日,即当月的第几天
getMonth();                   //返回月份,注意从 0 开始计算(0－11)
getFullYear();                //返回 4 位的年份,如 2016
getYear();                    //将返回的实际年份减去 1900 年,例如:2016 年返回 116
//Coordinated Universal Time,协调世界时间,又叫世界标准时间
  getUTCYear();               //返回标准时间对应的年份
  getUTCHour();               //返回标准时间对应的小时
```

➢ 时间戳

```
var date = ＋new Date();      //1970 年 01 月 01 日 00 时 00 分 00 秒起至现在的总毫秒数
```

（3）Array 对象

数组对象在 JavaScript 中十分常用。

➢ 数组判断

```
//语法:Array.isArray(obj)
//作用:用来判断一个对象是否是一个数组
let a = 100;
let b = true;
```

```
let c = [1,2,3,4,5,6];
console.log(Array.isArray(a));        //false
console.log(Array.isArray(b));        //false
console.log(Array.isArray(c));        //true
```

> 数组转换

```
//语法:array.join(separator)
//作用:将数组的值拼接成字符串
var arr = [1,2,3,4,5];
arr.join();//不传参数,默认按【,】进行拼接
arr.join("-");//按【-】进行拼接
```

> 数组的增删操作

```
array.push();              //从后面添加元素,返回新数组的 length
array.pop();               //从数组的后面删除元素,返回删除的那个元素
array.unshift();           //从数组的前面添加元素,返回新数组的长度
array.shift();             //从数组的最前面删除元素,返回删除的那个元素
```

> 数组的翻转与排序

```
array.reverse();           //翻转数组
array.sort();              //数组的排序,默认按照字母顺序排序
//sort 方法可以传递一个函数作为参数,这个参数用来控制数组如何进行排序
arr.sort(function(a, b){
    //如果返回值>0,则交换位置
    return a - b;
});
```

> 数组的拼接与截取

```
//concat:数组合并,不会影响原来的数组,会返回一个新数组
  var newArray = array.concat(array2);
  //slice:数组切分,复制数组的一部分到一个新数组,并返回这个数组
  //原来的数组不受影响,包含 begin,不包含 end
  var newArray = array.slice(begin, end);
  //splice:数组拼接,以新元素来替换旧元素,以此来修改数组的内容,常用于删除数组的某些项
  //start:开始位置   deleteCount:删除的个数   items:替换的内容
  array.splice(start, deleteCount, [items]);
```

> 数组查找元素

```
//indexOf 方法用来查找数组中某个元素第一次出现的位置,如果找不到,则返回 -1
  array.indexOf(search, [fromIndex]);
  //astIndexOf()从后面开始查找数组中元素出现位置,如果找不到,则返回 -1
  array.lastIndexOf(search, [fromIndex]);
```

> 操作数组里的元素

```
//filter 方法返回一个由符合函数要求的元素组成的新数组
```

```
var arr = [12,34,56,89,78,23,45,19];
//调用数组的 filter 方法,添加过滤方法,符合规则的元素会被存放到新数组中
//element:表示数组里的元素;index:表示索引值;array:表示调用 filter 方法的数组
var newArr = arr.filter(function(element,index,array){
  return element > 30;
});
console.log(arr);  //filter 方法不会改变原数组中的数据[12,34,56,89,78,23,45,19]
console.log(newArr);  //新数组中保存符合要求的元素[34, 56, 89, 78, 45]
//map 方法让数组中的每个元素都调用一次提供的函数,将调用后的结果存放到一个新数组并返回
newArr = arr.map(function(element,index,array){
  //在数组里的每一个元素的最后都添加一个字符串"0"
  return element + "0";
});
console.log(newArr);      //["120", "340", "560", "890", "780", "230", "450", "190"]
console.log(arr);         //map 方法不会改变原数组里的数据[12,34,56,89,78,23,45,19]
//forEach() 方法对数组的每个元素执行一次提供的函数,且这个函数没有返回值
var result = arr.forEach(function (element, index, array) {
  //数组里的每一个元素都会被打印
  console.log("第" + index + "个元素是" + element);
});
console.log(result);      //函数没有返回值
//some() 方法测试数组中的某些元素是否通过由提供的函数实现的测试
result = arr.some(function (element,index,array) {
  //数组里是否有一些元素大于 50,只要有一个元素大于,就返回 true
  console.log(element);   //12,34,56
  return element > 50;
});
console.log(result);      //true
//every() 方法测试数组的所有元素是否都通过了指定函数的测试
result = arr.every(function (element,index,array) {
  //数组里是否每一个元素都大于 50,只有所有的数都大于 50 时,才返回 true
  console.log(element);   //12,第 0 个数字就已经小于 50 了,就没有再比较的意义了
  return element > 50;
});
console.log(result);      //false
```

> 清空数组

```
//1.array.splice(0,array.leng);      //删除数组中所有的元素
//2.array.length = 0;                //直接修改数组的长度
//3.array = [];                      //将数组赋值为一个空数组,推荐
```

（4）String 对象

字符串可以看成是一个字符数组,因此字符串也有长度,也可以进行遍历。String 对象很多方法的名字和 Array 的一样,可以少记很多单词。

> 查找指定字符串

```
//indexOf:获取某个字符串第一次出现的位置,如果没有,则返回 - 1
//lastIndexOf:从后面开始查找第一次出现的位置,如果没有,则返回 - 1
```

> 去除空白

```
trim();              //去除字符串两边的空格,内部空格不会去除
```

> 大小写转换

```
toUpperCase:全部转换成大写字母
toLowerCase:全部转换成小写字母
```

> 字符串拼接与截取

```
//字符串拼接
//可以用 concat,用法与数组一样,但是字符串拼接一般都用 +
//字符串截取的方法有很多,记得越多,越混乱,因此记好用的就行
//slice:从 start 开始,end 结束,并且取不到 end
//subString:从 start 开始,end 结束,并且取不到 end
//substr:从 start 开始,截取 length 个字符(推荐)
```

> 字符串切割

```
//split:将字符串分割成数组(很常用)
//功能和数组的 join 正好相反
var str = "张三,李四,王五";
var arr = str.split(",");
```

> 字符串替换

```
replace(searchValue, replaceValue)
//参数:searchValue:需要替换的值      replaceValue:用来替换的值
```

# 5.4　Bootstrap 基础

Bootstrap 是一个著名的基于 HTML5 的开源项目,它针对移动互联时代的特殊要求,为 Web 开发者提供了一整套用于页面布局、构建 UI 和响应事件的工具,并且能方便地与第三方框架集成。

由于 Bootstrap 的出色特性,使它在诸多 Web 框架中颇受青睐,得到了广泛应用,有成为 Web 标准的趋势。访问官网:https://getbootstrap.com 下载 Bootstrap,如图 5 - 45 所示。

## 5.4.1　响应式 Web 设计和视口概念

### 1. 响应式 Web 设计

随着移动产品的日益丰富,出现了各种屏幕尺寸的手机、平板等移动设备。在响应式 Web 设计出现之前,对于同样的内容分别针对每一种尺寸的屏幕独立开发一个网站,成本非

图 5－45　Bootstrap 官网

常高。因此,响应式 Web 设计应运而生,它可以让一个网站同时适配多种屏幕和多个设备,同时让网站的布局和功能随用户设备屏幕大小而随时变化。

**2. 视　口**

实现响应式 Web 设计,首先要了解视口概念。视口(viewport)最早由苹果公司推出 iPhone 时发明,是让 iPhone 的小屏幕尽可能完整显示整个网页。在移动端浏览器中存在两种视口,一种是可见视口,即设备大小;另一种是视窗视口,即网页宽度。设备屏幕是 411 px 的宽度,在浏览器中,411 px 的屏幕宽度能够展示 980 px 宽度内容。那么,411 px 就是可见视口宽度,980 px 就是视窗视口的宽度。

为了显示更多内容,浏览器会经过 viewport 的默认缩放将网页等比例缩小。但是,为了让用户能够看清设备中的内容,通常情况下,并不使用默认的 viewport 进行展示,而是自定义配置视口的属性,使这个缩小比例更加适当。在 HTML5 中,<meta>标签用于配置视口属性,示例如下:

<meta name = 'viewport' content = 'user－scalable = no, width = device－width, initial－scale = 1.0, maximum－scale = 1.0, minimum－scale = 1.0'>

## 5.4.2　Bootstrap 项目引入

可以通过下面两种方式引入 Bootstrap。

**1. 使用 BootstrapCDN**

(1) CSS 文件

将 Bootstrap 的 CSS 文件以 <link>标签的形式添加到 <head>标签中,并放置在所有其他样式表之前即可。

<link href = "https://cdn.bootcdn.net/ajax/libs/twitter－bootstrap/4.5.3/css/bootstrap.min.css" rel = "stylesheet">

(2) js 文件

Bootstrap 所提供的许多组件都依赖 JavaScript 才能运行。具体来说,这些组件都依赖 jQuery、Popper.js 以及 JavaScript 插件。将以下 <script>标签放到页面尾部且在</body> 标签之前即可起作用。它们之间的顺序是:jQuery 必须排在第一位,然后是 Popper.js,最后是 JavaScript 插件。

我们使用的是 jQuery 的 slim(瘦身)版本,完整版也支持。

```
<script src = "https://cdn.bootcdn.net/ajax/libs/jquery/3.5.1/jquery.slim.min.js"></script>
<script src = "https://cdn.bootcdn.net/ajax/libs/popper.js/2.5.4/cjs/popper.min.js"></script>
<script src = "https://cdn.bootcdn.net/ajax/libs/twitter - bootstrap/4.5.3/js/bootstrap.min.js">
</script>
```

Bootstrap 所提供的 bootstrap.bundle.js 和 bootstrap.bundle.min.js 文件中包含了 Popper,但不包含 jQuery。

**2. 本地源码方式引入**

代码如下:

```
<!DOCTYPE html>
<html lang = "en">
<head>
    <meta charset = "UTF - 8">
    <meta name = "viewport" content = "width = device - width, initial - scale = 1, shrink - to -
fit = no">
    <meta name = "description" content = "">
    <title>Title</title>
    <! -- 引入外部的 Bootstrap 中的 CSS 文件 -- >
    <link href = "css/bootstrap.min.css" rel = "stylesheet">
    <! -- jQuery 文件,务必在 bootstrap.min.js 之前引入 -- >
    <script src = "https://cdn.bootcdn.net/ajax/libs/jquery/3.5.1/jquery.slim.min.js"></
script>
    <! -- 再引入外部的 bootstrap.min.js 文件 -- >
    <script src = "js/bootstrap.bundle.min.js"></script>
</head>
<body>
</body>
</html>
```

### 5.4.3 Bootstrap 基本框架

Bootstrap 有一些约定能让开发变得简单。

**1. 使用 HTML5 doctype**

Bootstrap 要求使用 HTML5 文档类型,代码如下:

```
<!DOCTYPE html>
<html>
  <head>
    <meta charset = "utf - 8">
  </head>
</html>
```

**2. 移动设备优先**

Bootstrap 采用移动设备优先原则进行设计，为了能在小屏幕设备上更好地实现，需要在 HTML 文档头部添加 viewport，代码如下：

&lt;meta name = "viewport" content = "width = device − width, initial − scale = 1, shrink − to − fit = no"&gt;

其中，width＝device-width 表示宽度是设备屏幕的宽度，initial-scale＝1 表示初始的缩放比例，shrink-to-fit＝no 表示自动适应手机屏幕的宽度。

**3. 容　器**

Bootstrap 需要一个容器元素来包裹网站的内容，如图 5－46 所示。

Bootstrap 提供了两类容器：.container 用于固定宽度并支持响应式布局的容器；.container − fluid 类用于 100％宽度，占据全部视口的容器。

代码如下：

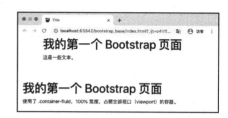

图 5－46　容　器

```
<!DOCTYPE html>
<html lang = "en">
<head>
    <meta charset = "UTF − 8">
    <meta name = "viewport" content = "width = device − width, initial − scale = 1, shrink − to −
fit = no">
    <meta name = "description" content = "">
    <title>Title</title>
    <!−− 引入外部的 Bootstrap 中的 CSS 文件 −−>
    <link href = "css/bootstrap.min.css" rel = "stylesheet">
    <!−− jQuery 文件，务必在 bootstrap.min.js 之前引入 −−>
    <script src = "https://cdn.bootcdn.net/ajax/libs/jquery/3.5.1/jquery.slim.min.js"></
script>
    <!−− 再引入外部的 bootstrap.min.js 文件 −−>
    <script src = "js/bootstrap.bundle.min.js"></script>

</head>
<body>
<div class = "container">
    <h1>我的第一个 Bootstrap 页面</h1>
    <p>这是一些文本</p>
</div>
<br/><br/>
<div class = "container − fluid">
    <h1>我的第一个 Bootstrap 页面</h1>
    <p>使用了 .container − fluid,100％ 宽度，占据全部视口的容器</p>
</div>
</body>
</html>
```

## 5.4.4　Bootstrap 网格系统

Bootstrap 采用移动优先的设计原则，提供了一套响应式的流式网格系统，如图 5－47 所

物联网应用系统项目设计与开发

示。采用 Bootstrap 4 设计的页面会随着屏幕或视口尺寸增加而自动分为最多 12 列。

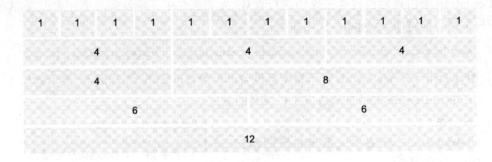

图 5-47　网格系统

当然,也可以根据自己的需要重新定义列数目。

**1. 网格 CSS 类**

Bootstrap 4 网格系统有以下 5 类:

➢ .col-针对所有设备;

➢ .col-sm—平板—屏幕宽度等于或大于 576 px;

➢ .col-md—桌面显示器—屏幕宽度等于或大于 768 px;

➢ .col-lg—大桌面显示器—屏幕宽度等于或大于 992 px;

➢ .col-xl—超大桌面显示器—屏幕宽度等于或大于 1 200 px。

上面这些 CSS 类可以一起使用,从而创建更灵活的页面布局。

表 5-16 列出了 Bootstrap 网格系统如何跨多个设备工作。

表 5-16　网格系统

| 参数 | 超小设备<576px | 平板≥576px | 桌面显示器≥768px | 大桌面显示器≥992px | 超大桌面显示器≥1200px |
|---|---|---|---|---|---|
| 容器最大宽度 | None (auto) | 540px | 720px | 960px | 1140px |
| 类前缀 | .col- | .col-sm- | .col-md- | .col-lg- | .col-xl- |
| 列数量和 | 12 | | | | |
| 间隙宽度 | 30px(一个列的每边分别为 15px) | | | | |
| 可嵌套 | Yes | | | | |
| 列排序 | Yes | | | | |

**2. Bootstrap 网格的基本结构**

使用 Bootstrap 的网格布局一般结构如下:

➢ 精确控制列的宽度及在不同的设备上如何显示,代码如下:

```
<div class = "row">
  <div class = "col- * - * "></div>
</div>
<div class = "row">
  <div class = "col- * - * "></div>
```

•152•

```
<div class = "col - * - * "></div>
  <div class = "col - * - * "></div>
</div>
```

上面的代码先创建一行(<div class＝"row">)，然后添加需要的列（.col - * - * 类中设置），第一个星号表示响应的设备，包括 sm、md、lg 或 xl，第二个星号表示一个数字，同一行的数字相加为 12。

➤ 让 Bootstrap 自动处理布局，代码如下：

```
<div class = "row">
  <div class = "col"></div>
  <div class = "col"></div>
  <div class = "col"></div>
</div>
```

上面的代码不在每个 col 上添加数字，让 Bootstrap 自动处理布局，同一行的每个列宽度相等：

A. 2 个"col"，每个就为 50％的宽度；

B. 3 个"col"，每个就为 33.33％的宽度；

C. 4 个"col"，每个就为 25％的宽度。

以此类推。

同样，也可以使用 .col-sm｜md｜lg｜xl 来设置列的响应规则。

## 5.4.5　组件及公用样式

组件是 Bootstrap 中已经封装好的一组功能块，以实现具体的功能，提供了诸如标签页、下拉列表等标准的 Web UI 组件，有些组件的功能需要 jQuery 的支持，如导航栏和轮播图，用户只需要替换相应的网页内容即可使用。公用样式则是在整个 Bootstrap 系统中已经定义好的类，可以被全局调用，用户只需要引用类名即可实现具体效果，如颜色类。

可以访问网站了解其用法，如图 5 - 48 所示。

**图 5 - 48　Bootstrap 组件**

### 1. 导航栏

导航栏是网页中一个非常重要的基础组件。Bootstrap 提供了响应式导航条的样例，在小屏幕上，水平导航栏会切换为垂直。其所需的样式如下：

> .navbar 类创建一个标准的导航栏；
> .navbar-expand-xl|lg|md|sm 类来创建响应式的导航栏(大屏幕水平铺开,小屏幕垂直堆叠)；
> .navbar-brand 用于定义公司或产品的品牌图标；
> 导航栏上使用＜ul＞元素并添加.navbar-nav 类来定义导航栏上的选项；
> 每个＜li＞元素上添加.nav-item 类,＜a＞元素上使用.nav-link 类；
> 创建折叠导航栏,按钮上添加.navbar-toggler,增加 data-toggle＝'collapse',data-target＝'♯thetarget'属性,然后在设置了.collapse navbar-collapse 类的 div 上包裹导航内容(ul),div 元素上的 id 匹配按钮.data-target 上的指定 id。

**2. 轮播图**

轮播图类似一个循环播放的幻灯片,使用了 CSS 的 3D 变形转换和 JavaScript 制作。轮播图中所使用的类说明如表 5-17 所列。

表 5-17　图片轮播类说明

| 类 | 描述 |
| --- | --- |
| .carousel | 创建一个轮播 |
| .carousel-indicators | 为轮播添加一个指示符,就是轮播图底下的一个个小点,轮播的过程可以显示目前是第几张图 |
| .carousel-inner | 添加切换的图片 |
| .carousel-item | 指定每个图片的内容 |
| .carousel-control-prev | 添加左侧按钮,单击会返回上一张 |
| .carousel-control-next | 添加右侧按钮,单击会切换到下一张 |
| .carousel-control-prev-icon | 与.carousel-control-prev 一起使用,设置左侧按钮 |

**3. Bootstrap 中的弹性盒布局**

Bootstrap v4 与 Bootstrap v3 的最大区别之一是 Bootstrap v4 使用了弹性盒 flex 布局,而 Bootstrap v3 使用的是 float 浮动布局方式。在 Bootstrap v4 中如果需要使用 flex,可以通过一整套灵活的类来管理,不推荐使用 display:flex,那会带来不必要的影响。

> .d-flex、.d-lg-flex 等,表示启用栅格布局；
> .flex-row、.flex-column、.flex-row-reverse 等设置弹性盒子元素的排列方式；
> .justify-content-start、.justify-content-center 等设置子元素在主轴的对齐位置；
> .align-items-start、.align-items-stretch 等设置子元素在垂直轴方向的对齐位置。

**4. 颜　色**

Bootstrap 中提供了很多可供全局使用的公共样式,其中颜色类是比较频繁使用的一种。Bootstrap 定义文字颜色类,目的在于通过颜色传达意义,表达不同的模块。这些颜色类包括:.text-primary、.text-secondary、.text-success、.text-danger、.text-warning、.text-info、.text-light、.text-dark、.text-body、.text-muted、.text-white、.text-black-50 和.text-white-50。

### 5.4.6　学习网站

推荐一些不错的 Bootstrap 相关网站：

- ➢ http://builtwithbootstrap.com
- ➢ http://expo.getbootstrap.com
- ➢ http://www.bootcss.com
- ➢ https://bootswatch.com/

# 5.5　基于 MQTT 协议的 Web 应用开发

## 5.5.1　常见 MQTT JavaScript 库

目前常见的关于 MQTT 协议的 JavaScript 库有 paho-mqtt.js、MQTT.js、HiveMQ。

**1. paho-mqtt.js**

官网：https://www.eclipse.org/paho/index.php

API 接口文档：http://www.eclipse.org/paho/files/jsdoc/index.html

客户端可以在完全支持 WebSockets 的任何浏览器中工作。

paho-mqtt.js 可以使用以下网络地址引入：

```
<script src = "http://cdn.bootcss.com/paho-mqtt/1.1.0/paho-mqtt.min.js" type = "text/javas-
cript"></script>
```

考虑到有时需要在非互联网情况下开发测试，也可以将文件下载到本地引入，paho-mqtt.js 可以从 GitHub 库里下载到本地。

下面包含的代码是一个非常基本的示例，该示例使用 WebSockets 连接到服务器并订阅了该主题 World，一旦订阅，它便将该消息发布 Hello 到该主题。订阅主题中的所有消息都将被打印到 JavaScript 控制台。

这要求使用本机支持 WebSockets 的代理，或使用可以在 WebSockets 和 TCP 之间转发的网关。

```
//创建一个客户端实例
client = new Paho.MQTT.Client(location.hostname,Number(location.port),"clientId");
//设置回调处理程序
client.onConnectionLost = onConnectionLost;
client.onMessageArrived = onMessageArrived;
//连接客户端
client.connect({onSuccess:onConnect});
//客户端连接时调用
function onConnect(){
  //建立连接后，进行订阅并发送消息
  console.log("onConnect");
  client.subscribe("World");
  client = new Paho.MQTT.Message("Hello");
```

```
  message.destinationName = "World";
  client.send(message);
}
//当客户端失去连接时调用
function onConnectionLost(responseObject){
  if(responseObject.errorCode ! == 0){
    console.log("onConnectionLost:" + responseObject.errorMessage);
  }
}
//消息到达时调用
function onMessageArrived(message){
  console.log("onMessageArrived:" + message.payloadString);
}
```

**2. MQTT.js**

MQTT.js 可用于 Node.js 环境和浏览器环境。在 Node.js 上可以通过全局安装使用命令行连接,同时还支持 MQTT、MQTT TLS 证书连接。值得一提的是 MQTT.js 对微信小程序有较好的支持。

如果在您的系统中已经有了 Node.js 环境,可使用 npm 安装,代码如下:

```
npm install mqtt
import mqtt from 'mqtt'
```

或使用 CDN 引用,代码如下:

```
<script src = "https://unpkg.com/mqtt/dist/mqtt.min.js"></script>
<script>
    //将在全局初始化一个 mqtt 变量
    console.log(mqtt)
</script>
```

MQTT.js 在浏览器环境下支持 WebSockets MQTT 连接,Node.js 环境下支持 TCP (SSL/TLS) MQTT 连接,请根据使用场景选择对应的连接方式:

使用 connect() 函数连接并返回一个 client 实例。

➢ client 有多个事件,在 client 事件中使用回调函数处理相关逻辑:
- connect:连接成功事件;
- reconnect:连接错误、异常断开后重连的事件;
- error:连接错误、终止连接事件;
- message:收到订阅消息事件。

➢ client 有多个基本函数:
- 使用 subscribe() 函数订阅主题;
- 使用 publish() 函数发布消息;
- 使用 end() 函数断开与 broker 的连接。

这里只对 MQTT.js 客户端做简单的介绍,关于该客户端的更详尽说明请参阅 MQTT.js 文档(https://www.npmjs.com/package/mqtt)。

### 3. mqttws31.js

mqttws31.js 是 HiveMQ 推出的 MQTT 协议 WebSockets JS 库,如图 5 - 49 所示。

官方示例网址:http://hivemq.com/demos/websocket-client/

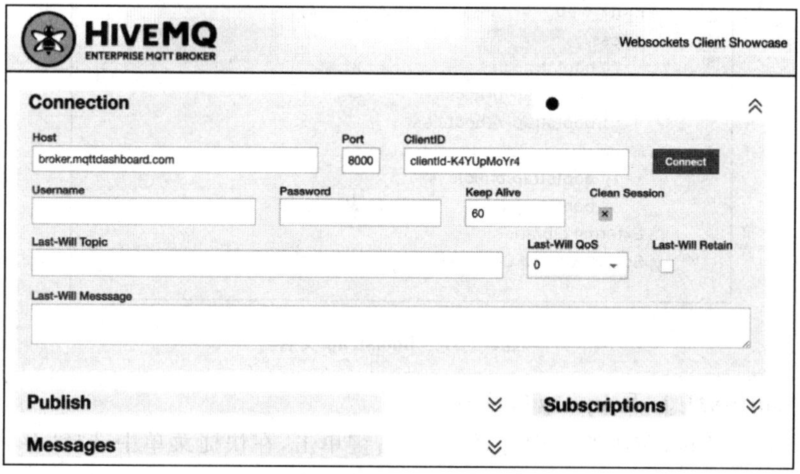

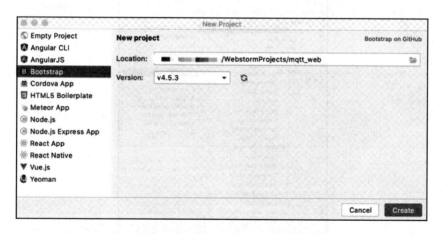

图 5 - 49　MQTT WebSockets 客户端

## 5.5.2　MQTT Web 应用实现

本示例采用 mqttws31.js 库和 Bootstrap 框架实现。开发环境为 WebStorm,在线测试 MQTT 服务器:地址为 mqtt.p2hp.com,端口为 1883(TCP),8083(WebSockets)。

### 1. WebStorm 新建 Bootstrap 项目

打开 WebStorm,在欢迎界面选中 Create New Project 选项,在左侧列表选中 Bootstrap 项,在右侧 Location 栏中填入新建项目保存本地路径名称,这里版本选择"v4.5.3",如图 5 - 50 所示。

图 5 - 50　新建 Bootstrap 项目

单击 Create 按钮,之后会联网下载 Bootstrap 相关的 css 和 js 文件到本地项目,如图 5 - 51 所示。

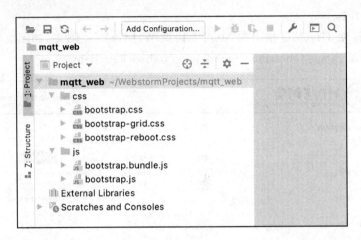

图 5 - 51　Bootstrap 文件

## 2. 下载 mqttws31. js 及 jquery 等文件

分别拷贝如下链接,在浏览器中打开,之后右键单击,在快捷菜单中选择"存储为"命令,将其保存到上一步创建的 mqtt_web 项目下的 js 文件夹中。

http://www.hivemq.com/demos/websocket-client/js/mqttws31.js

https://cdn.bootcdn.net/ajax/libs/jquery/3.5.1/jquery.slim.min.js

https://gist.githubusercontent.com/ajinabraham/1af8216dfb6f959503e0/raw/e6a2e13a440bb42032a1cb5da68623df8af5f661/encoder.js

https://cdn.bootcdn.net/ajax/libs/lodash.js/4.17.20/lodash.min.js

## 3. 新建 HTML 布局文件

右键单击项目名称,选择 New→HTML File,在弹窗输入 index 名称后按下回车键,如图 5 - 52 所示。

图 5 - 52　新建 index. html

修改 index. html 文件,增加如下 Bootstrap 框架内容:

```
<!DOCTYPE html>
<html lang = "en">
<head>
    <meta charset = "UTF - 8">
    <meta name = "viewport" content = "width = device - width, initial - scale = 1, shrink - to - fit = no">
    <meta name = "description" content = "">
    <title>MQTT WebSocket 客户端</title>
    <!-- 引入外部的 Bootstrap 中的 CSS 文件 -->
    <link href = "css/bootstrap.min.css" rel = "stylesheet">
    <!-- jQuery 文件,务必在 bootstrap.min.js 之前引入 -->
    <script src = "js/jquery.slim.min.js"></script>
    <!-- 再引入外部的 bootstrap.min.js 文件 -->
    <script src = "js/bootstrap.bundle.min.js"></script>
    <!-- 引入 mqttws31.js 文件 -->
    <script src = "js/mqttws31.js"></script>
</head>
<body>
</body>
</html>
```

### 4. 设计页面布局骨架

在<body>元素内确定界面骨架,如图 5-53 所示。

**图 5-53 界面骨架**

修改<body>元素内容如下:

```
<body class = "bg - light">
<nav class = "navbar navbar - dark bg - dark">
    <a class = "navbar - brand" href = "♯">MQTT WebSockets 客户端</a>
</nav>
<div class = "container">
    <div class = "py - 3 text - center lead">
```

```
<h2>如何使用</h2>
<p>首先输入 mqtt broker 域名或 IP 地址及端口号,之后单击连接按钮</p>
<p>下一步输入主题号后单击订阅按钮</p>
<p>最后输入发布主题号及要发送的信息,单击发布按钮</p>
</div>
<div class = "row p-1 ">
    <div class = "col-md-6 order-md-1">
        <fieldset class = "the-fieldset">
            <legend class = "the-legend">连接 MQTT 服务端</legend>
            <div class = "form-row mb-2">
                <div class = "input-group col-md-8 col-sm-12">
                    <div class = "input-group-prepend">
                        <span class = "input-group-text">域名</span>
                    </div>
                    <input id = "hostName" type = "text" class = "form-control"
placeholder = "" value = "mqtt.p2hp.com">
                </div>
                <div class = "input-group col-md-4 col-sm-12">
                    <div class = "input-group-prepend">
                        <span class = "input-group-text">端口</span>
                    </div>
                    <input id = "portNum" type = "text" class = "form-control" place-
holder = "" value = "8083">
                </div>
            </div>
            <div class = "form-row ">
                <div class = "input-group col-md-6 col-sm-12">
                    <div class = "input-group-prepend">
                        <span class = "input-group-text">用户名</span>
                    </div>
                    <input id = "userInput" type = "text" class = "form-control"
placeholder = "" value = "">
                </div>
                <div class = "input-group col-md-6 col-sm-12">
                    <div class = "input-group-prepend">
                        <span class = "input-group-text">密码</span>
                    </div>
                    <input id = "pwInput" type = "text" class = "form-control" place-
holder = "" value = "">
                </div>
            </div>
            <div class = "row p-2">
                <button class = "col ml-2 mr-2 btn btn-primary" id = "btnConnect"
onclick = "websocketclient.connect()">连接</button>
                <button class = "col mr-2 ml-2 btn btn-danger" id = "btnDisconnect"
onclick = "websocketclient.disconnect()">断开连接</button>
            </div>
```

```html
        </fieldset>
        <fieldset class = "the-fieldset">
            <legend class = "the-legend">订阅/取消订阅</legend>
            <div class = "form-row">
                <div class = "input-group col-md-8 col-sm-12">
                    <div class = "input-group-prepend">
                        <span class = "input-group-text">主题</span>
                    </div>
                    <input id = "subTopic" type = "text" class = "form-control"
placeholder = "" value = "testtopic/#">
                </div>
                <div class = "input-group col-md-4 col-sm-12">
                    <div class = "input-group-prepend">
                        <span class = "input-group-text">QoS</span>
                    </div>
                    <select class = "custom-select" id = "subQoS">
                        <option value = "0">0</option>
                        <option value = "1">1</option>
                        <option value = "2">2</option>
                    </select>
                </div>
            </div>
            <div class = "row p-2">
                <button class = "col ml-2 mr-2 btn btn-primary" id = "btnSub"
                onclick = "websocketclient.subscribe($('#subTopic').val(),
                parseInt($('#subQoS').val()))">订阅</button>
                <button class = "col mr-2 ml-2 btn btn-danger" id = "btnUnSub"
                onclick = "websocketclient.unsubscribe($('#subTopic').val())">取
消订阅</button>
            </div>
        </fieldset>
        <fieldset class = "the-fieldset">
            <legend class = "the-legend">发布</legend>
            <div class = "form-row">
            <div class = "input-group col-md-8 col-sm-12">
                <div class = "input-group-prepend">
                    <span class = "input-group-text">主题</span>
                </div>
                <input id = "pubTopic" type = "text" class = "form-control" place-
holder = "" value = "testtopic/1">
            </div>
            <div class = "input-group col-md-4 col-sm-12">
                <div class = "input-group-prepend">
                    <span class = "input-group-text">QoS</span>
                </div>
                <select class = "custom-select" id = "pubQoS">
                    <option value = "0">0</option>
```

```
                              <option value = "1">1</option>
                              <option value = "2">2</option>
                          </select>
                      </div>
                  </div>
                  <div class = "mb - 3">
                      <label for = "pubMsg">消息</label>
                      <textarea type = "text" class = "form - control" id = "pubMsg" rows =
"3">hello broker!</textarea>
                  </div>
                  <button class = "btn btn - info btn - block" id = "btnPub"
onclick = "websocketclient.publish( $ ('#pubTopic').val(), $ ('#pubMsg').val(),
                  parseInt( $ ('#pubQoS').val()))">发布</button>
              </fieldset>
          </div>
          <div class = "col - md - 6 order - md - 2">
              <fieldset class = "the - fieldset h - 100">
                  <legend class = "the - legend">已订阅消息</legend>
                  <div class = "card h - 100 text - left border - info">
                      <div class = "card - body h - auto">
                          <div class = "row pre - scrollable " style = "max - height: 425px ! important;"
>
                              <ul class = "list - group w - 100" id = "subMsg"></ul>
                          </div>
                      </div>
                      <div class = "card - footer">
                          <button class = "float - right   btn - outline - dark btn" id = "btnClear"
                              onclick = "websocketclient. render. clearMessages()">清空数
据</button>
                      </div>
                  </div>
              </fieldset>
          </div>
      </div>
      <footer class = "my - 1 text - muted text - center text - small">
          <p class = "mb - 1">© 2018 - 2020 方源智能(北京)科技有限公司</p>
          Created by
          <a href = "https://i5g. dev" target = "_blank">张舵</a>
          . Design by
          <a href = "https://getbootstrap.com/">Bootstrap</a>
      </footer>
  </div>
</body>
```

在浏览器中预览查看效果,如图 5 - 54 所示。

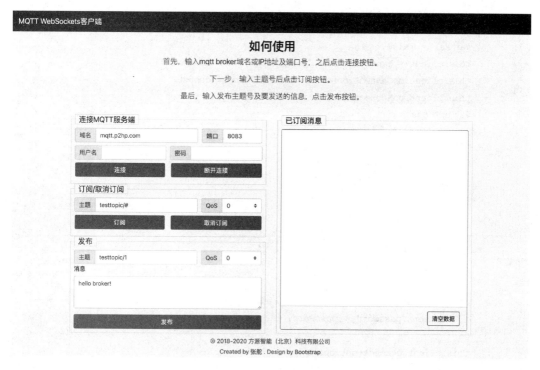

**图 5 - 54　界面预览**

## 5. 编写 JavaScript 脚本功能

在项目 js 文件夹新建 app.js 文件,通过 mqttws31.js 脚本文件提供的 MQTT 调用相关函数,实现上述 HTML 网页按钮等组件的交互及展示。代码如下:

```
function randomString(length) {
    var text = "";
    var possible = "ABCDEFGHIJKLMNOPQRSTUVWXYZabcdefghijklmnopqrstuvwxyz0123456789";
    for (var i = 0; i < length; i++)
        text += possible.charAt(Math.floor(Math.random() * possible.length));
    return text;
}
let websocketclient = {
    'client': null,
    'lastMessageId': 1,
    'lastSubId': 1,
    'subscriptions': [],
    'messages': [],
    'connected': false,
    'connect': function () {
        var host = $('#hostName').val();
        var port = parseInt($('#portNum').val(), 10);
        var clientId = 'clientId-' + randomString(10);
        var username = $('#userInput').val();
        var password = $('#pwInput').val();
```

```
            var keepAlive = 60;
            var cleanSession = true;
            var ssl = false;
            this.client = new Messaging.Client(host, port, clientId);
            this.client.onConnectionLost = this.onConnectionLost;
            this.client.onMessageArrived = this.onMessageArrived;
            var options = {
                timeout: 3,
                keepAliveInterval: keepAlive,
                cleanSession: cleanSession,
                useSSL: ssl,
                onSuccess: this.onConnect,
                onFailure: this.onFail
            };
            if (username.length > 0) {
                options.userName = username;
            }
            if (password.length > 0) {
                options.password = password;
            }
            this.client.connect(options);
    },
    'onConnect': function () {
        websocketclient.connected = true;
        console.log("connected");
        $("#btnConnect").attr("disabled", "disabled");
        $("#btnDisconnect").removeAttr("disabled");
    },
    'onFail': function (message) {
        websocketclient.connected = false;
        console.log("error: " + message.errorMessage);
        websocketclient.render.showError('Connect failed: ' + message.errorMessage);
    },
    'onConnectionLost': function (responseObject) {
        websocketclient.connected = false;
        if (responseObject.errorCode !== 0) {
            console.log("onConnectionLost:" + responseObject.errorMessage);
        }
        //Cleanup messages
        websocketclient.messages = [];
        websocketclient.render.clearMessages();
        $("#btnConnect").removeAttr("disabled")
        //Cleanup subscriptions
        websocketclient.subscriptions = [];
    },
    'onMessageArrived': function (message) {
        var messageObj = {
            'topic': message.destinationName,
```

```
            'retained': message.retained,
            'qos': message.qos,
            'payload': message.payloadString,
        };
        console.log(messageObj);
        messageObj.id = websocketclient.render.message(messageObj);
        websocketclient.messages.push(messageObj);
    },
    'disconnect': function () {
        this.client.disconnect();
    },
    'publish': function (topic, payload, qos) {
        if (!websocketclient.connected) {
            websocketclient.render.showError("Not connected");
            return false;
        }
        var message = new Messaging.Message(payload);
        message.destinationName = topic;
        message.qos = qos;
        message.retained = false;
        this.client.send(message);
    },
    'subscribe': function (topic, qosNr) {
        console.log(topic + "|" + qosNr);
        if (!websocketclient.connected) {
            websocketclient.render.showError("Not connected");
            return false;
        }
        if (topic.length < 1) {
            websocketclient.render.showError("Topic cannot be empty");
            return false;
        }
        /* if (_.find(this.subscriptions, { 'topic': topic })) {
            websocketclient.render.showError('You are already subscribed to this topic');
            return false;
        } */
        this.client.subscribe(topic, {qos: qosNr});
        var subscription = {'topic': topic, 'qos': qosNr};
        this.subscriptions.push(subscription);
        return true;
    },
    'unsubscribe': function (topic) {
        this.client.unsubscribe(topic);
        $("#subMsg").empty();
    },
    'getSubscriptionForTopic': function (topic) {
        var i;
        for (i = 0; i < this.subscriptions.length; i++) {
```

```
            if (this.compareTopics(topic, this.subscriptions[i].topic)) {
                return this.subscriptions[i];
            }
        }
        return false;
    },
    'compareTopics': function (topic, subTopic) {
        var pattern = subTopic.replace("+", "(.+?)").replace("#", "(.*)");
        var regex = new RegExp("^" + pattern + "$");
        return regex.test(topic);
    },
    'render': {
        'showError': function (message) {
            alert(message);
        },
        'messages': function () {
            websocketclient.render.clearMessages();
            _.forEach(websocketclient.messages, function (message) {
                message.id = websocketclient.render.message(message);
            });
        },
        'message': function (message) {
            var largest = websocketclient.lastMessageId++;
            var html = '<li class="list-group-item id="' + largest + '">' +
                '    <div class="d-flex justify-content-between mess' + largest + '">' +
                '        <small class="text-muted" id="topicM' + largest + '" title
="' + Encoder.htmlEncode(message.topic, 0) + '">Topic：' + Encoder.htmlEncode(message.topic) + '
</small>' +
                '        <small class="text-muted">Qos：' + message.qos + '</small>' +
                '    </div>' +
                '        <h6 class="my-0">' + Encoder.htmlEncode(message.payload) +
'</h6>' + '</li>';
            $("#subMsg").prepend(html);
            return largest;
        },
        'clearMessages': function () {
            $("#subMsg").empty();
        },
    }
};
```

**6. 运行与演示**

在 WebStorm 软件中单击打开项目工程下的 index. html 源码文件，单击右上方的 Chrome 浏览器图标，如图 5-55 所示。

采用免费的 mqtt borker 服务器(mqtt. p2hp. com)进行连接测试，根据"如何使用"介绍步骤进行操作，连接成功后订阅并发布主题，网页演示如图 5-56 所示。

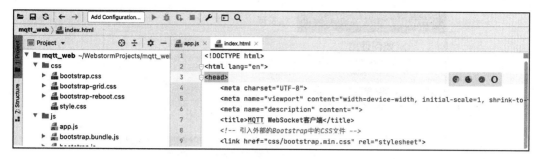

图 5-55　Chrome 浏览器运行

在 Chrome 浏览器菜单中选择"更多工具"→"开发者工具",进入开发者工具后单击图 5-57 所示的图标按钮,切换到移动端适配的界面。

图 5-56　网页演示

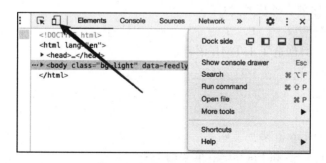

图 5-57　切换移动端视图

在移动端设备通过 Bootstrap 框架自适应后界面如图 5-58 所示。

图 5-58　移动端视图

# 思考与练习

## 一、选择题

1. a 标签中哪一个属性是表示跳转路径的(　　)?
   A. name　　　　　B. href　　　　　C. target　　　　　D. class

2. 下列字符格式标签中,IE 浏览器不支持的是(　　)。
   A. `<i>...</i>`　　　　　　　　B. `<sup>...</sup>`
   C. `<blink>...</blink>`　　　　D. `<cite>...</cite>`

3. 以下标签不是负责组织 HTML 文档基本结构的是(　　)。
   A. html　　　　　B. head　　　　　C. body　　　　　D. title

4. 用来标识有序列表的标签是(　　)。
   A. ul　　　　　B. ol　　　　　C. li　　　　　D. dl

5. 1982 年,(　　)创造了 HTML 语言。
   A. 爱因斯坦　　　　　　　　B. 蒂姆·伯纳斯·李
   C. 比尔·盖茨　　　　　　　D. 埃隆·马斯克

## 二、简答题

1. 什么是 Bootstrap 框架?

2. 简述 HTML、CSS 和 Bootstrap 框架的关系。

3. col-md-6、col-xs-6 这两个类分别表示什么含义?

# 第6章　物联网移动混合应用开发

**知识目标**

➤ 了解常见移动端混合应用开发框架；
➤ 了解跨平台 WebView 组件；
➤ 掌握 Android 开发环境搭建；
➤ 掌握 Android WebView 编程；
➤ 掌握 Android 项目应用发布与调试流程。

## 6.1　常见移动端混合应用开发框架

### 6.1.1　混合云模型

如今，物联网领域正在使用两种不同的 Web 应用程序模型，例如混合云模型和嵌入式服务器独立模型。混合云模型是提供软件即服务（SaaS）的供应商或制造商的混合网络应用程序，并且还连接从固件运行的嵌入式设备的网络应用程序。然后，数据从制造商的云与设备本地网络上的嵌入式设备同步。对于某些 IoT 设备，利用了 IoT 云服务提供商 SDK（例如 AWS 的 IoT SDK 和 Azure 的 IoT SDK），并将其内置到设备 Web 应用程序堆栈中。

具有联网功能的 IoT 设备的混合云模型如图 6-1 所示。

用户访问设备的界面，在供应商的云和用户设备之间的 Web 服务在其中进行更改或在后台收集数据。

图 6-1　物联网混合云模型

### 6.1.2　本地嵌入式 Web 应用

如前所述，嵌入式设备 Web 应用程序是利用诸如 lighttpd 或 nginx 之类的嵌入式 Web 服务器在设备固件内部运行的，没有外部依赖性。这些独立的嵌入式 Web 应用程序已经在打印机、VoIP 电话和家庭路由器上运行。

图 6-2 演示了用户通过 Web 浏览器连接到嵌入式独立 Web 应用程序而没有外部系统依赖性。

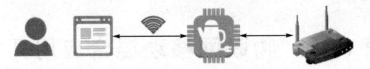

图 6 - 2　本地嵌入式 Web 应用

### 6.1.3　物联网中的移动应用

　　安装在 Android、iOS 或 Windows 电话设备上的移动应用程序可以是混合的或本机的。尽管术语"混合"和"本机"在移动应用程序和 Web 应用程序中具有不同的含义,但其原理相似。混合应用程序利用 Web 技术(例如 HTML/HTML 5、CSS 和 JavaScript)以及某些本机平台硬件(例如 GPS 或蓝牙)只能通过使用混合框架提供的插件来访问硬件资源。将混合应用程序视为打包到本机平台可以使用的包装器中的 Web 应用程序,这意味着 Web 开发人员可以编写移动应用程序而不需要学习新语言。

　　混合应用程序为多个平台(例如 Android 和 iOS)使用一个代码库,这在首次将 IoT 设备推向市场时具有巨大的优势。使用称为 WebView 的嵌入式 Web 浏览器通过 Web 调用应用程序。当今市场上流行的应用程序使用了许多混合框架,例如 Apache Cordova、Adobe PhoneGap 和 Xamarin。

　　图 6 - 3 显示了应用程序代码、WebView、插件和移动设备本身之间的不同组件。请记住,大多数包装程序代码和插件是由混合框架或对框架做出贡献的第三方开发人员开发的。

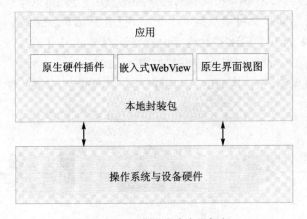

图 6 - 3　物联网移动应用框架

## 6.2　移动 Web 应用

### 6.2.1　移动 Web 分类

　　可以按照表现方式的不同将移动 Web 分为移动网页和移动 App 两种,如图 6 - 4 所示。移动网页为在移动端表现良好的网页。

　　移动端的网页开发与 PC 端的网页开发有以下区别:

图 6-4　移动 Web

➤ 移动端的浏览器兼容性问题少之又少；
➤ 移动端有着各种各样的手势操作；
➤ 移动端存在着不同手机的适配问题。

## 6.2.2　智能手机应用类型

智能手机应用类型如表 6-1 所列。

表 6-1　智能手机应用类型

| 类型 | 特点 |
| --- | --- |
| Mobile Web | ● 运行于手机浏览器中<br>● 本质上是一个传统的 Web 应用<br>● 应用响应式设计原则，使之在手机上使用方便 |
| Native App | ● 使用 Java(Kotlin)/Swift 开发<br>● 可以调用所有的手机操作系统功能<br>● 编译为 Android/iOS 二进制代码 |

续表 6 - 1

| 类型 | 特点 |
|---|---|
| Hybrid App | ● 本质上是一个内嵌了 WebView 的 Native App<br>● 可以把它比喻为"跑在手机上的本地 Web 应用"<br>● 受限于 WebView,性能受损 |

主要开发方式对比如表 6 - 2 所列。

表 6 - 2　主要开发方式对比

| 开发方式 | 简要说明 | 优缺点 |
|---|---|---|
| 原生语言开发<br>(Native App) | 使用特定手机操作系统原生的编程语言(比如 Kotlin 之于 Android)开发 | 可以调用手机硬件和操作系统的所有功能,但开发工作量较大,开发成本高 |
| 混用多种技术开发<br>(Hybrid App) | 给 WebView 套一个 Native App 外壳,部分功能直接使用 Web 网页技术实现,部分功能则使用本机原生语言实现 | Web 应用部分与本机应用部分不太容易维持风格与用户体验的一致性,性能受限 |
| 跨平台框架<br>(Cross Platform Framework) | 使用 Xamarin、React Native 等框架,使用特定编程语言(比如 C♯ 和 JS)写代码,仅需一次编写即可以生成跑在所有主流智能手机设备上的 App | 开发效率高,成本低,但受限于框架所提供的功能,功能扩展和定制不易 |

## 6.2.3　移动 Web 编程基础

### 1. 移动 Web 开发中 meta 标签 name 相关属性

(1)添加到主屏幕后的标题(iOS)

```
<meta name = "apple - mobile - web - app - title" content = "标题">
```

(2)启用 WebApp 全屏模式(iOS)

当网站添加到主屏幕后再单击进行启动时,可隐藏地址栏(从浏览器跳转或输入链接进入并没有此效果)。

```
<meta name = "apple - mobile - web - app - capable" content = "yes"/>
<meta name = "apple - touch - fullscreen" content = "yes" />
```

(3)设置状态栏的背景颜色(iOS)

设置状态栏的背景颜色,只有在 "apple - mobile - web - app - capable" content="yes"时生效。

```
<meta name = "apple - mobile - web - app - status - bar - style" content = "black - translucent" />
```

content 参数:

➢ default:状态栏背景是白色。

➢ black:状态栏背景是黑色。

➢ black-translucent:状态栏背景是半透明。

如果设置为 default 或 black,网页内容从状态栏底部开始。 如果设置为 black-translucent,网页内容充满整个屏幕,顶部会被状态栏遮挡。

（4）移动端手机号码识别(iOS)

在 iOS Safari(其他浏览器和 Android 均不会)上会对那些看起来像是电话号码的数字处理为电话链接,比如:

➢ 7 位数字,形如 1234567。

➢ 带括号及加号的数字,形如(＋86)123456789。

➢ 双连接线的数字,形如 00 － 00 － 00111。

➢ 11 位数字,形如 13800138000。

可能还有其他类型的数字也会被识别,可以通过如下的 meta 来关闭电话号码的自动识别:

```
<meta name = "format – detection" content = "telephone = no" />
```

开启电话功能代码如下:

```
<a href = "tel:123456">123456</a>
```

开启短信功能代码如下:

```
<a href = "sms:123456">123456</a>
```

（5）移动端邮箱识别(Android)

与电话号码的识别一样,在安卓上会对符合邮箱格式的字符串进行识别,可以通过如下的 meta 来管理邮箱的自动识别:

```
<meta content = "email = no" name = "format – detection" />
```

同样地,也可以通过标签属性来开启长按邮箱地址弹出邮件发送的功能:

```
<a href = "　　">xxx@gmail.com</a>
```

**2. 什么是 viewport**

viewport 即可视区域,对于桌面浏览器而言,viewport 指的就是除去所有工具栏、状态栏、滚动条等之后用于看网页的区域。手机浏览器是把页面放在一个虚拟的"窗口"(viewport)中,通常这个虚拟的"窗口"比屏幕宽,这样就不用把每个网页挤到很小的窗口中(这样会破坏没有针对手机浏览器优化的网页布局),用户可以通过平移和缩放来看网页的不同部分。

**3. viewport 的设置**

一个常用的针对移动网页优化过的页面的 viewport meta 标签大致如下:

```
<meta name = "viewport" content = "width = device – width, initial – scale = 1, maximum – scale = 1">
```

➢ width:控制 viewport 的大小,可以指定一个值(如 600)或者特殊的值(如 device-width)为设备的宽度(单位为缩放为 100％时的 CSS 的像素)。

➢ height:和 width 相对应,指定高度。

➢ initial-scale:初始的缩放比例(范围为 0～10)。

➢ minimum-scale:允许用户缩放到的最小比例。

➢ maximum-scale:允许用户缩放到的最大比例。

➢ user-scalable：用户是否可以手动缩放。

对于这些属性，可以设置其中的一个或者多个，并不需要同时都设置，iPhone 会根据设置的属性自动推算其他属性值，而非直接采用默认值。

如果设置 initial-scale＝1，那么 width 和 height 在竖屏时自动为 320 ＊ 356（不是 320 ＊ 480，因为地址栏等都占据空间），横屏时自动为 480 ＊ 208。类似地，如果仅仅设置 width，就会自动推算出 initial-scale 以及 height。例如设置 width＝320，竖屏时 initial-scale 就是 1，横屏时则变成 1.5 了。

**4. 前端常用尺寸单位**

➢ px：将显示器分成非常细小的方格，每个方格就是一像素。

➢ em：继承父级元素的字体大小。

➢ rem：继承根元素的字体大小，即为 HTML 的字体大小，为 CSS3 新增的属性。

移动端字体单位 font-size 选择 px 还是 rem？ 如果只需要适配手机设备，使用 px 即可。如果需要适配各种移动设备，建议使用 rem。

**5. 理解＠media**

使用＠media 查询，可以针对不同的媒体类型定义不同的样式。

＠media 可以针对不同的屏幕尺寸设置不同的样式，尤其是需要设置设计响应式的页面，＠media 非常有用。

在重置浏览器大小的过程中，页面会根据浏览器的宽度和高度重新渲染页面。

配置参考代码如下：

```
html {font－size:10px}
@media screen and (min－width:480px) and (max－width:639px) {
    html {
        font－size: 15px
    }
}
@media screen and (min－width:640px) and (max－width:719px) {
    html {
        font－size: 20px
    }
}
@media screen and (min－width:720px) and (max－width:749px) {
    html {
        font－size: 22.5px
    }
}
@media screen and (min－width:750px) and (max－width:799px) {
    html {
        font－size: 23.5px
    }
}
@media screen and (min－width:800px) and (max－width:959px) {
    html {
```

```
            font - size:25px
        }
    }
@media screen and (min - width:960px) and (max - width:1079px){
        html {
            font - size:30px
        }
    }
@media screen and (min - width:1080px){
        html {
            font - size:32px
        }
    }
```

#### 6. 移动端 Touch 事件

图 6 - 5 所示为移动端的手势基于 js 的 Touch 事件实现。

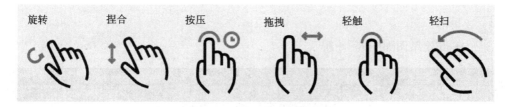

图 6 - 5  移动 Web 手势

➤ TouchEvent 代表当触摸行为在平面上变化时发生的事件:
- touchstart:触摸开始(手指放在触摸屏上)
- touchmove:拖动(手指在触摸屏上移动)
- touchend:触摸结束(手指从触摸屏上移开)
- touchenter:移动的手指进入一个 dom 元素

➤ Touch 代表用户手指与触摸平面间的一个接触点。

➤ TouchList 代表一系列的 Touch,一般在用户多个手指同时接触触控平面时使用。

➤ DocumentTouch 包含了一些创建 Touch 对象与 TouchList 对象的便捷方法。

### 6.2.4 Android 移动端混合应用开发

#### 1. AgentWeb 介绍

AgentWeb 是一个基于 Android 的 WebView,非常容易使用,具有功能强大的库,提供了 Android WebView 一系列问题的解决方案,并且轻量和极度灵活,详细使用请参照源码中的 Sample。想要了解详情,请访问地址:https://github.com/Justson/AgentWeb。

#### 2. 引 入

(1) Gradle

```
implementation 'com.just.agentweb:agentweb:4.1.4' //(必选)
implementation 'com.just.agentweb:filechooser:4.1.4'//(可选)
```

implementation 'com.download.library:Downloader:4.1.4'//（可选）

## （2）androidx

implementation 'com.just.agentweb:agentweb-androidx:4.1.4' //（必选）
implementation 'com.just.agentweb:filechooser-androidx:4.1.4'//（可选）
implementation 'com.download.library:downloader-androidx:4.1.4'//（可选）

## 3. 使 用

### （1）基础用法
代码如下：

```
mAgentWeb = AgentWeb.with(this)
              .setAgentWebParent((LinearLayout) view, new LinearLayout.LayoutParams(-1, -1))
              .useDefaultIndicator()
              .createAgentWeb()
              .ready()
              .go("http://www.jd.com");
```

### （2）效果图
AgentWeb 效果图如图 6-6 所示。

图 6-6　AgentWeb 效果图

### （3）Android 调用 JavaScript 方法

```
function callByAndroid(){
      console.log("callByAndroid")
  }
mAgentWeb.getJsAccessEntrace().quickCallJs("callByAndroid");
```

（4）JavaScript 调用 Android 方法

```
mAgentWeb. getJsInterfaceHolder( ). addJavaObject ("android", new AndroidInterface(mAgentWeb,
this));
window. android. callAndroid( );
```

（5）事件处理

```
@Override
public boolean onKeyDown(int keyCode, KeyEvent event) {
    if (mAgentWeb. handleKeyEvent(keyCode, event)) {
        return true;
    }
    return super. onKeyDown(keyCode, event);
}
```

（6）跟随 Activity 或 Fragment 生命周期（释放 CPU 更省电）

```
@Override
protected void onPause( ) {
    mAgentWeb. getWebLifeCycle( ). onPause( );
    super. onPause( );
}
@Override
protected void onResume( ) {
    mAgentWeb. getWebLifeCycle( ). onResume( );
    super. onResume( );
}
@Override
public void onDestroyView( ) {
    mAgentWeb. getWebLifeCycle( ). onDestroy( );
    super. onDestroyView( );
}
```

（7）全屏视频播放

```
<!-- 如果你的应用需要用到视频,那么请你在使用 AgentWeb 的 Activity 对应的清单文件里加入如
下配置-->
android:hardwareAccelerated = "true"
android:configChanges = "orientation|screenSize"
```

（8）定　位

```
<!-- AgentWeb 是默认允许定位的,如果你需要该功能,请在你的 AndroidManifest 文件里面加入如下
权限-->
<uses-permission android:name = "android. permission. ACCESS_FINE_LOCATION" />
<uses-permission android:name = "android. permission. ACCESS_COARSE_LOCATION" />
```

（9）WebChromeClient 与 WebViewClient

```
AgentWeb.with(this)
            .setAgentWebParent(mLinearLayout,new LinearLayout.LayoutParams(-1,-1))
            .useDefaultIndicator()
            .setReceivedTitleCallback(mCallback)
            .setWebChromeClient(mWebChromeClient)
            .setWebViewClient(mWebViewClient)
            .setSecutityType(AgentWeb.SecurityType.strict)
            .createAgentWeb()
            .ready()
            .go(getUrl());
private WebViewClient mWebViewClient = new WebViewClient(){
        @Override
        public void onPageStarted(WebView view, String url, Bitmap favicon) {
            //do you work
        }
    };
private WebChromeClient mWebChromeClient = new WebChromeClient(){
        @Override
        public void onProgressChanged(WebView view, int newProgress) {
            //do you work
        }
    };
```

（10）返回上一页

```
if (!mAgentWeb.back()){
        AgentWebFragment.this.getActivity().finish();
}
```

（11）获取 WebView

```
mAgentWeb.getWebCreator().getWebView();
```

（12）查看 Cookies

```
String cookies = AgentWebConfig.getCookiesByUrl(targetUrl);
```

（13）同步 Cookies

```
AgentWebConfig.syncCookie("http://www.jd.com","ID=XXXX");
```

（14）清空缓存

```
AgentWebConfig.clearDiskCache(this.getContext());
```

（15）权限拦截

```
protected PermissionInterceptor mPermissionInterceptor = new PermissionInterceptor() {
        @Override
        public boolean intercept(String url, String[] permissions, String action) {
```

```
    Log.i(TAG, "url:" + url + "  permission:" + permissions + " action:" + action);
    return false;
  }
};
```

（16）AgentWeb 所需要的权限（在工程中根据需求选择加入权限）

```
<uses - permission android:name = "android. permission. INTERNET"></uses - permission>
<uses - permission android:name = "android. permission. WRITE_EXTERNAL_STORAGE"></uses - permission>
<uses - permission android:name = "android. permission. READ_EXTERNAL_STORAGE"></uses - permission>
<uses - permission android:name = "android. permission. ACCESS_NETWORK_STATE"></uses - permission>
<uses - permission android:name = "android. permission. ACCESS_FINE_LOCATION"></uses - permission>
<uses - permission android:name = "android. permission. ACCESS_COARSE_LOCATION"></uses - permission>
<uses - permission android:name = "android. permission. READ_PHONE_STATE"></uses - permission>
<uses - permission android:name = "android. permission. ACCESS_WIFI_STATE"></uses - permission>
<uses - permission android:name = "android. permission. CAMERA"></uses - permission>
<uses - permission android:name = "android. permission. REQUEST_INSTALL_PACKAGES"></uses - permission>
```

（17）AgentWeb 所依赖的库

```
compile "com. android. support:design: ${SUPPORT_LIB_VERSION}" //(3.0.0 开始该库可选)
compile "com. android. support:support - v4: ${SUPPORT_LIB_VERSION}"
SUPPORT_LIB_VERSION = 27.0.2(该值会更新)
```

（18）混　淆
如果你的项目需要加入混淆，请加入如下配置：

```
- keep class com. just. agentweb. * * {
    * ;
}
- dontwarn com. just. agentweb. * *
```

（19）Java 注入类不要混淆
例如 sample 里面的 AndroidInterface 类，需要 Keep。

```
- keepclassmembers class com. just. agentweb. sample. common. AndroidInterface{ * ; }
```

## 思考与练习

**一、填空题**

1. 按照表现方式的不同将移动 Web 分为_____和_____两种。

2. 智能手机应用类型可分为_____、_____、_____三种。

**二、简答题**

1. 简述 WebView 的概念。

2. 混合应用开发的优缺点是什么?

# 第7章 物联网综合应用系统设计实战

🎓**知识目标**

➢ 熟悉物联网常见应用场景业务流程；

➢ 掌握 Android 混合应用开发与调试流程；

➢ 掌握楼宇智能照明系统设计方法；

➢ 掌握智能仓储安防报警系统设计方法；

➢ 掌握智能农业恒温控制系统设计方法；

➢ 掌握智能垃圾桶应用系统设计方法。

# 7.1 系统框架

为了实现楼宇智能照明系统、智能仓储安防报警系统、智能农业恒温控制系统、智能垃圾桶应用系统这几个案例的功能设计，需要制定一套物联网综合应用系统设计的统一系统架构及通信协议。

## 7.1.1 系统架构设计

系统由传感器、无线通信节点、智能网关平台层、综合应用四部分构成。

系统感知层使用的传感器设备有光照度、人体感应、三色 LED 灯模块用于智能照明系统中；震动、火焰及声光报警模块用于智能仓储安防报警系统中；温湿度、风扇模块用于智能农业恒温控制系统中；碰撞检测和步进电机模块用于智能垃圾桶系统中。网络层通过 Wi-Fi 模块进行传感器数据的解析上报与控制指令的下发，平台层采用电脑作为智能网关进行网络数据的处理与转发，设计物联网移动混合应用实现相应系统功能，如图 7-1 所示。

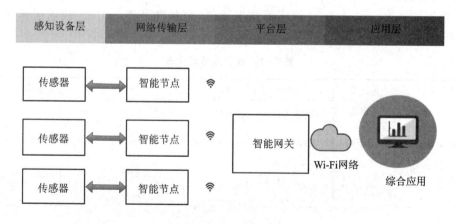

图 7-1 系统框架

① 智能网关作为中央控制器(物联网网关/PC 机等)是整套系统的核心,负责处理无线通信模块节点发送过来的传感器信息及提供网络服务接口供上层应用调用。

② 智能节点(Wi-Fi 模块)通过接线端子与传感器相连,通过 MQTT 协议将感知层数据发布到智能网关服务(PC mqtt broker)中。

③ 综合应用支持手机、平板及电脑跨平台访问。

系统数据通信流程如图 7-2 所示。

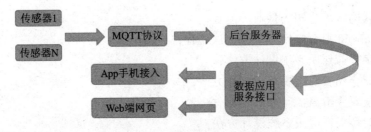

图 7-2　系统数据通信流程

### 7.1.2　数据通信协议

为了方便智能网关平台层应用解析主节点发送过来的串口数据,须指定一套数据通信协议。

**1. 通信协议数据格式**

通信协议数据格式为 json 字符串:{"key":"value","key":"value",……}。

➤ 服务层数据段以"{}"作为起始字符;

➤ "{}"内参数多个条目以","分隔;

➤ 示例:{"C0":"1","C1":"2"};

➤ 值全部以字符串形式表示。

**注**:通信协议数据格式中的字符均为英文半角符号。数据帧以"\0"结束。遇到特殊的字符,如"{}"、",",需要在数据前加转义字符"\",如"\,"。

**2. 通信协议参数说明**

key 数据段参数名称定义为:传感器数据通道,例如继电器:relay。数据通道对照表如表 7-1 所列。

表 7-1　数据通道对照表

| 项目名称 | 传感器 | 描述 | 通道 | 说明 | 控制指令 |
|---|---|---|---|---|---|
| 楼宇智能照明系统 | 光照度 | 光照度 | lightValue | 数值(0~2000lux) | 无 |
| | 人体感应 | 是否有人 | humanStatus | 0:无人<br>1:有人 | 无 |
| | 三色 LED | 是否开灯 | lampStatus | 0:关闭<br>1:打开 | {C0=1}//打开<br>{C0=0}//关闭 |

| 项目名称 | 传感器 | 描述 | 通道 | 说明 | 控制指令 |
|---|---|---|---|---|---|
| 智能仓储安防报警系统 | 震动 | 震动等级 | shakeValue | 数值(0~200) | 无 |
| | 火焰检测 | 是否有火情 | fireStatus | 0：正常<br>1：有火灾 | 无 |
| | 声光报警 | 是否报警 | alarmStatus | 0：正常<br>1：报警 | {C0=1}//打开<br>{C0=0}//关闭 |
| 智能农业恒温控制系统 | 温湿度 | 温度 | temperature | 数值(-40~80 ℃) | 无 |
| | | 湿度 | humidity | 数值(0~100%) | 无 |
| | 风扇 | 转速 | fanStatus | (0~254) | {C0=0~254}<br>0：停止<br>254：最大转速 |
| 智能垃圾桶应用系统 | 碰撞检测 | 震动状态 | crashValue | 1：正常<br>0：有震动 | 无 |
| | 步进电机 | 电机状态 | trashStatus | 1：正转<br>2：反转<br>0：停止 | {C0=1}//正传<br>{C0=2}//反转<br>{C0=0}//停止 |

**3. 数据上传协议帧通信协议**

Wi-Fi 设备使用 publish 报文来上传数据点，报文格式如表 7-2 所列。

表 7-2　上报 VariableHeader

| 项目名称 | Field 名称 | 格式 |
|---|---|---|
| 楼宇智能照明系统 | TopicName="fy_sensors/auto_light" | utf8 |
| 智能仓储安防报警系统 | TopicName="fy_sensors/security_alarm" | utf8 |
| 智能农业恒温控制系统 | TopicName="fy_sensors/auto_thermostat" | utf8 |
| 智能垃圾桶应用系统 | TopicName="fy_sensors/smart_trash" | utf8 |

Payload 包含真正的数据点内容，支持的格式如下：上传协议帧 json 字段中 key 包含有数据通道（通道数量由传感器类型决定，具体见"数据通道对照表"）。例如楼宇智能照明系统传感器数据通道数示例：{"lightValue":245.2,"humanStatus":0,"lampStatus":0}。

**4. 数据下发协议帧通信协议**

应用端平台使用 publish 报文来下发平台指令，报文格式如表 7-3 所列。

表 7-3　下发 VariableHeader

| 项目名称 | Field 名称 | 格式 |
|---|---|---|
| 楼宇智能照明系统 | TopicName="$creq/auto_light" | utf8 |
| 智能仓储安防报警系统 | TopicName="$creq/security_alarm" | utf8 |
| 智能农业恒温控制系统 | TopicName="$creq/auto_thermostat" | utf8 |
| 智能垃圾桶应用系统 | TopicName="$creq/smart_trash" | utf8 |

Payload 包含下发控制协议帧内容，具体下发内容见数据通道对照表中的控制指令。例

如楼宇智能照明系统发送{C0=1}为打开照明灯,发送{C0=0}为关闭照明灯。

### 7.1.3 网络层芯片方案

#### 1. CC3200 SDK 介绍

芯片方案采用 TI 的 CC3200 SimpleLink Wi-Fi 和物联网解决方案,这一款单芯片无线微控制器,如图 7-3 所示。

由"第 3 章 3.3.1 CC3200 简介"内容可知,TI 已经将 MQTT 的协议移植到 CC3200 Wi-Fi 模块中,MQTT 示例程序 SDK 目录结构如图 7-4 所示。

MQTT 库抽象了 MQTT 网络的底层复杂性,并提供了直观且易于使用的 API,以在 CC3200 设备上实现 MQTT 协议。可以利用 MQTT 客户端库中的 API 通过

图 7-3　Wi-Fi 模块电路板

代理与 MQTT 客户端进行通信。通过发布有关适当主题的消息,可以从 Web 客户端控制 CC3200 设备上连接的可控类传感器。同样,可以采集连接的传感器数据,在代码中定义的预配置主题上发布消息。

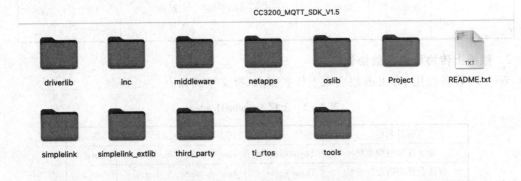

图 7-4　CC3200 MQTT SDK 目录

#### 2. CC3200 MQTT 客户端通信程序流程分析

① 定义相关宏及系统参数配置,代码如下:

```
#define APPLICATION_VERSION   "1.1.1"
/* Operate Lib in MQTT 3.1 mode. */
#define MQTT_3_1_1            false /* MQTT 3.1.1 */
#define MQTT_3_1             true /* MQTT 3.1 */
#define WILL_TOPIC           "Client"
#define WILL_MSG             "Client Stopped"
#define WILL_QOS             QOS2
#define WILL_RETAIN          false
//*********************授权信息**START
//根据平台添加设备的 ID 和授权密钥修改以下内容
#ifdef SENSOR_TEMP_HUMI
//温湿度
```

```
#define CLOUD_DEVICE_ID "temphumi"
#define USER_ID "temphumi"
#define USER_KEY "123456"
#endif
#ifdef SENSOR_RELAY
//继电器
#define CLOUD_DEVICE_ID "relay"
#define USER_ID "relay"
#define USER_KEY "123456"
#endif
//Wi-Fi参数设置在 common.h
// ***********授权信息 **END
/********* 系统参数配置 ****** START ****/
//推送和订阅的主题名称
#define PUB_TOPIC_CLOUD          "fy_sensors/"##CLOUD_DEVICE_ID
#define PUB_TOPIC_CLOUD_CMD_BACK       "$creq/"##CLOUD_DEVICE_ID
//服务器地址
#define SERVER_ADDRESS         "192.168.3.10"
/*
如果 SERVER_ADDRESS 为 IP 地址需要修改下文对应为 0,
如果 SERVER_ADDRESS 需要修改下文对应为 SL_MQTT_NETCONN_URL
可直接搜索 SL_MQTT_NETCONN_URL 定位
*/
//服务器端口号
#define PORT_NUMBER            1883
//最大连接数
#define MAX_BROKER_CONN        1
//服务器模式
#define SERVER_MODE            MQTT_3_1
//接收数据超时设置
#define RCV_TIMEOUT            30
//后台接收数据优先级
#define TASK_PRIORITY          3
//客户端保持时间
#define KEEP_ALIVE_TIMER       25
/* Clean session flag */
#define CLEAN_SESSION          true
//发布消息,保持标志
#define RETAIN                 1
//主题个数
#define TOPIC_COUNT            3
//服务质量等级设置
#define QOS0                   0
#define QOS1                   1
#define QOS2                   2
```

物联网应用系统项目设计与开发

```
/ * Spawn task priority and OSI Stack Size * /
# define OSI_STACK_SIZE            2048
# define UART_PRINT                Report
# define TIMER_INTERVAL_RELOAD     40035 / * = (255 * 157) * /
# define DUTYCYCLE_GRANULARITY     157
/ *******系统参数配置 ***************END *****/
```

② MQTT 客户端通信传感器数据解析与上报实现,代码如下:

```
void MqttClient(void * pvParameters){
    long lRetVal = -1;
    int iCount = 0;
    int iNumBroker = 0;
    int iConnBroker = 0;
    osi_messages RecvQue;
    connect_config * local_con_conf = (connect_config * )app_hndl;
    //led 灯配置
    GPIO_IF_LedConfigure(LED1|LED2|LED3|LED4|LED5|LED6);
    GPIO_IF_LedOff(MCU_ALL_LED_IND);
    GPIO_IF_LedOff(CBT_RELAY);
    //Reset The state of the machine
    Network_IF_ResetMCUStateMachine();
    //启动无线连接
    lRetVal = Network_IF_InitDriver(ROLE_STA);
    if(lRetVal < 0){
        //连接失败
        UART_PRINT("Failed to start SimpleLink Device\n\r",lRetVal);
        LOOP_FOREVER();
    }
    LedTimerConfigNStart();
    //Initialize AP security params
    SecurityParams.Key = (signed char * )SECURITY_KEY;
    SecurityParams.KeyLen = strlen(SECURITY_KEY);
    SecurityParams.Type = SECURITY_TYPE;
    //连接接入点(ap)
    lRetVal = Network_IF_ConnectAP(SSID_NAME, SecurityParams);
    if(lRetVal < 0){
        //连接默认的 AP 失败
        UART_PRINT("Connection to an AP failed\n\r");
        LOOP_FOREVER();
    }
    GPIO_IF_LedOn(MCU_IP_ALLOC_IND);
    UtilsDelay(20000000);
    //初始化 MQTT client
    lRetVal = sl_ExtLib_MqttClientInit(&Mqtt_Client);
    if(lRetVal != 0){
```

186

```
        //lib initialization failed
        UART_PRINT("MQTT Client lib initialization failed\n\r");
        LOOP_FOREVER();
}
//连接到服务器,操作
iNumBroker = sizeof(usr_connect_config)/sizeof(connect_config);
if(iNumBroker > MAX_BROKER_CONN){
        UART_PRINT("Num of brokers are more then max num of brokers\n\r");
        LOOP_FOREVER();
}
while(iCount < iNumBroker){
        //建立配置结构
        local_con_conf[iCount].clt_ctx =
        sl_ExtLib_MqttClientCtxCreate(&local_con_conf[iCount].broker_config,
                                    &local_con_conf[iCount].CallBAcks,
                                    &(local_con_conf[iCount]));
        //Set Client ID
        sl_ExtLib_MqttClientSet((void * )local_con_conf[iCount].clt_ctx,
                    SL_MQTT_PARAM_CLIENT_ID,
                    local_con_conf[iCount].client_id,
        strlen((char * )(local_con_conf[iCount].client_id)));
        //设置 will 参数
        if(local_con_conf[iCount].will_params.will_topic ! = NULL){
            sl_ExtLib_MqttClientSet((void * )local_con_conf[iCount].clt_ctx,
                    SL_MQTT_PARAM_WILL_PARAM,
                    &(local_con_conf[iCount].will_params),
        sizeof(SlMqttWill_t));
        }
        //设置用户名和密码
        if(local_con_conf[iCount].usr_name ! = NULL){
            sl_ExtLib_MqttClientSet((void * )local_con_conf[iCount].clt_ctx,
                            SL_MQTT_PARAM_USER_NAME,
                            local_con_conf[iCount].usr_name,
                            strlen((char * )local_con_conf[iCount].usr_name));
            if(local_con_conf[iCount].usr_pwd ! = NULL){
                sl_ExtLib_MqttClientSet((void * )local_con_conf[iCount].clt_ctx,
                            SL_MQTT_PARAM_PASS_WORD,
                            local_con_conf[iCount].usr_pwd,
                            strlen((char * )local_con_conf[iCount].usr_pwd));
            }
        }
        //连接到服务器
        if((sl_ExtLib_MqttClientConnect((void * )local_con_conf[iCount].clt_ctx,
                            local_con_conf[iCount].is_clean,
                            local_con_conf[iCount].keep_alive_time) & 0xFF) ! = 0)
```

```
    {//连接失败
        UART_PRINT("\n\rBroker connect fail for conn no. %d \n\r",iCount + 1);
        //删除连接
        sl_ExtLib_MqttClientCtxDelete(local_con_conf[iCount].clt_ctx);
        break;
    }
    else{    //连接成功
        UART_PRINT("\n\rSuccess: conn to Broker no. %d\n\r ", iCount + 1);
        local_con_conf[iCount].is_connected = true;
        iConnBroker ++ ;
    }
//订阅主题
/ ********************************************************************/
    if(sl_ExtLib_MqttClientSub((void *)local_con_conf[iCount].clt_ctx,
                        local_con_conf[iCount].topic,
                        local_con_conf[iCount].qos, TOPIC_COUNT) < 0){
        UART_PRINT("\n\r Subscription Error for conn no. %d\n\r", iCount + 1);
        UART_PRINT("Disconnecting from the broker\r\n");
    sl_ExtLib_MqttClientDisconnect(local_con_conf[iCount].clt_ctx);
        local_con_conf[iCount].is_connected = false;
        sl_ExtLib_MqttClientCtxDelete(local_con_conf[iCount].clt_ctx);
        iConnBroker -- ;
        break;
    }
    else{
        int iSub;
        UART_PRINT("Client subscribed on following topics:\n\r");
        for(iSub = 0; iSub < local_con_conf[iCount].num_topics; iSub ++ ){
            UART_PRINT("%s\n\r", local_con_conf[iCount].topic[iSub]);
        }
    }
    iCount ++ ;
}
if(iConnBroker < 1){
    //连接服务器失败
    goto end;
}
iCount = 0;
char resultStr[500];
char tempStr[100];
char * out;
unsigned char status;
//int ti;
for(;;){
  memset(resultStr,0,100);
```

```
resultStr[0] = 0x01;//协议版本
osi_MsgQRead( &g_PBQueue, &RecvQue, OSI_WAIT_FOREVER);
//UART_PRINT("get a message   %s\n\r",RecvQue);
switch(RecvQue) {
case TOPLIC_PUBLISH: {
    //UART_PRINT("adc0value is %.2f\n\r",getADC0Value());
    sl_ExtLib_MqttClientSend((void *)local_con_conf[iCount].clt_ctx,
                            pub_topic_cbt,resultStr,strlen(resultStr),QOS2,RETAIN);
    UART_PRINT("public a topic %s\n\r",pub_topic_cbt);
    UART_PRINT("data is %s\n\r",resultStr);
}
break;
case SENSOR_GET: {//周期采集和发送
    Report("CLOUD_DEVICE_ID: %s\n",CLOUD_DEVICE_ID);
// ************ 传感器信息获取 *** START
    switch(PROJECT_TYPE){//网关设备
    case   4://智能照明系统{
        float tmpF1 = 0;
        unsigned int tmpI1 = 1;
        unsigned int tmpILight = 1;
        tmpI1 = GPIO_IF_LedStatus(CBT_RELAY);
        tmpILight = GPIO_IF_LedStatus(MCU_GPIO6);
        tmpF1 = getADC0Value();
        tmpF1 = 180/(3.3-1 * tmpF1);
        //创建一个 cJSON 结构体指针并分配空间,然后赋值给 root
        cJSON * root = cJSON_CreateObject();
        //在 root 结构体中创建一组健为"key",值为" value" 的键值对
        cJSON_AddNumberToObject(root,"humanStatus",tmpI1);
        cJSON_AddNumberToObject(root,"lampStatus",tmpILight);
        cJSON_AddNumberToObject(root,"lightValue",tmpF1);
        /* 一得到无格式形式的 json 字符串,即输出无回车和空格分离的键值对 一*/
        out = cJSON_PrintUnformatted(root);
        strncpy(resultStr,out,strlen(out));
        //sprintf(tempStr,"{C0 = %d,C1 = %.2f}",tmpI1,tmpF1);
        //sprintf(tempStr,"{\"pump\": \" %d\",\"dew\": \" %.2f\"}\n",tmpI1,tmpF1);
        //输出要发送的内容到 json 字符串
        //strncpy(resultStr,tempStr,strlen(tempStr));
        Report("C0 = %d,C1 = %d,C2 = %.2f\n",tmpI1,tmpILight,tmpF1);
        free(out);//释放 malloc 分配的空间
        cJSON_Delete(root);//释放 cJSON 结构体指针
    }break;
    }
// ****************** 传感器信息获取 *** END
    sl_ExtLib_MqttClientSend((void *)local_con_conf[iCount].clt_ctx,
                            pub_topic_cbt,resultStr,strlen(resultStr),QOS2,RETAIN);
```

```
          }
          break;
          case SENT_MESSAGE_DIRECT: { //直接发送
            strcat(resultStr,sentStr);
            sl_ExtLib_MqttClientSend((void * )local_con_conf[iCount].clt_ctx,
                         pub_topic_cbt,resultStr,strlen(resultStr),QOS2,RETAIN);
            UART_PRINT("public a toplic % s\n\r",pub_topic_cbt);
            UART_PRINT("data is % s\n\r",resultStr);
          }
          break;
          case SERVERS_CMD_RETUIN: {
            strcat(resultStr,sentStr);
            sl_ExtLib_MqttClientSend((void * )local_con_conf[iCount].clt_ctx,
                         pub_topic_cbt_return,resultStr,strlen(resultStr),QOS2,RETAIN);
            UART_PRINT("public a toplic % s\n\r",pub_topic_cbt_return);
            UART_PRINT("data is % s\n\r",resultStr);
          }
          break;
          default :
            break;
          }
          if(status == 1){
            GPIO_IF_LedOn(MCU_BLUE_LED_GPIO);
            status = 0;
          }else{
            GPIO_IF_LedOff(MCU_BLUE_LED_GPIO);
            status = 1;
          }
          //连接被断开
          if(BROKER_DISCONNECTION == RecvQue) {
            iConnBroker -- ;
            if(iConnBroker < 1) {
              goto end;
            }
          }
        }
      }
end:
    //逆向初始化,mqtt client
    sl_ExtLib_MqttClientExit();
    UART_PRINT("\n\r Exiting the Application\n\r");
    LOOP_FOREVER();
}
void sentToCbtCloud(char * str) {
    osi_messages var = SENT_MESSAGE_DIRECT;
      osi_MsgQWrite(&g_PBQueue,&var,OSI_NO_WAIT);
```

```
        strcpy(sentStr,str);
    }
```

③ MQTT 接收解析控制指令实现,代码如下:

```
//MQTT 接收
static void
Mqtt_Recv(void * app_hndl, const char * topstr, long top_len, const void * payload, long pay_
len, bool dup,unsigned char qos, bool retain){
    char * output_str = (char * )malloc(top_len + 1);
    memset(output_str,'\0',top_len + 1);
    strncpy(output_str, (char * )topstr, top_len);
    output_str[top_len] = '\0';
# ifdef SENSOR_RELAY
    char * stat;
    char * cmd;
    char flag_cmd = 0;
    char * end;
    cmd = strstr(output_str,PUB_TOPIC_CLOUD_CMD_BACK);
    if(cmd ! = NULL) {
        flag_cmd = 1;
    / * strcpy(pub_topic_cbt_return,output_str);//主题原样返回
        strcpy(sentStr, (char * )payload);//消息原封返回
        osi_messages var = SERVERS_CMD_RETUIN;
        osi_MsgQWrite(&g_PBQueue,&var,OSI_NO_WAIT); * /
    } else {
    //下发指令不是指定的格式
    }
# endif
    UART_PRINT("\n\rPublish Message Received");
    UART_PRINT("\n\rTopic: ");
    UART_PRINT(" % s",output_str);
    free(output_str);
    UART_PRINT(" [Qos: % d] ",qos);
    if(retain)
        UART_PRINT(" [Retained]");
    if(dup)
        UART_PRINT(" [Duplicate]");
    output_str = (char * )malloc(pay_len + 1);
    memset(output_str,'\0',pay_len + 1);
    strncpy(output_str, (char * )payload, pay_len);
    output_str[pay_len] = '\0';
    UART_PRINT("\n\rData is: ");
    UART_PRINT(" % s",(char * )output_str);
    UART_PRINT("\n\r");
# ifdef SENSOR_RELAY
```

```
if(flag_cmd){
    stat = strstr(output_str,"{");
    if(stat != NULL) {
        UART_PRINT("\n\rstat is: ");
        UART_PRINT(" % s",(char * )stat);
        UART_PRINT("\n\r");
        end = strstr(output_str,"}");
        UART_PRINT("\n\r end is: ");
        UART_PRINT(" % s",(char * )end);
        UART_PRINT("\n\r");
        if(end != NULL){
            process_package(stat + 1,strlen(stat) - strlen(end));
        }
    }
}
# endif
    free(output_str);
    return;
}
```

process_package 函数在 net.c 文件中实现解析各传感器的控制字符串,具体代码如下:

```
void process_package(char * pkg, int len) {
    char * p;
    char * ptag = NULL;
    char * pval = NULL;
    if (pkg[len - 1] != '}') return;
    Report("\n\pkg is: ");
    Report(" % s",(char * )pkg);
    Report("\n\r");
    pkg[len - 1] = 0;
    p = pkg;
    do {
        ptag = p;
        p = strchr(p, '=');
        if (p != NULL) {
            *p ++ = 0;
            pval = p;
            p = strchr(p, ',');
            if (p != NULL) *p ++ = 0;{
                int ret;
                ret = process_command_call(ptag, pval);
            }
        }
    } while (p != NULL);
}
```

```
int process_command_call(char * ptag, char * pval) {
    int val;
    int ret = 0;
    int speed[] = {1,20,4,8};
    int speedBack[] = {8,4,20,1};
    int zero[] = {0,0,0,0};
    int m,n = 512;
    //将字符串变量 pval 解析转换为整型变量赋值
    val = atoi(pval);
    # ifdef SENSOR_RELAY{
                GPIO_IF_LedOff(CBT_RELAY);
        }
    # endif
        }
    }
    return ret;
}
```

# 7.2　案例1：楼宇智能照明系统设计

## 7.2.1　系统设计目标

　　楼宇智能照明系统功能设计分为三大模块：系统鉴权登录、传感器实时数据采集、照明灯模式设置。系统功能模块如图7-5所示。

　　系统鉴权登录功能模块包括：用户名、密码、服务器地址等参数设置与连接；连接参数二维码分享；扫码登录。

　　传感器实时数据采集模块包括：人体感应、光照度及照明灯实时状态。

　　照明灯模式设置模块包括：人工模式可手动控制照明灯开关，智能模式根据设定光照度阈值及是否有人智能决策是否开关灯。

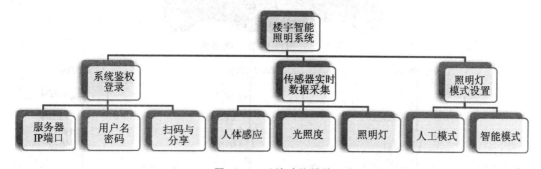

图7-5　系统功能模块

### 7.2.2 感知层硬件选型及原理

**1. 人体检测**

如图 7-6 和图 7-7 所示，AM412 是一个将数字智能控制电路与人体探测敏感元件都集成在电磁屏蔽罩内的热释电红外传感器。

可通过 3 引脚排线与可编程 MCU 模块相连接（单片机/STM32/通信模块等），I/O 检测引脚默认为低电平，当传感器检测到有物体经过时输出高电平（高电平时间由电路决定），由此可将 MCU 的引脚设置为上升沿和下降沿中断触发模式，当检测到有人离开时触发中断。

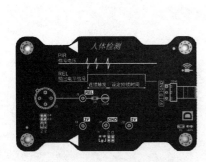

图 7-6 人体检测电路板

图 7-7 人体检测原理图

**2. 三色 LED 灯**

采用三色 LED 灯模块模拟照明灯，如图 7-8 和图 7-9 所示，发光二极管简称为 LED。由镓（Ga）、砷（AS）、磷（P）的化合物制成的二极管，当电子与空穴复合时能辐射出可见光，因而可以用来制成发光二极管。

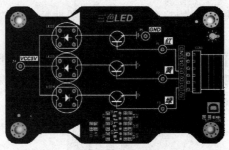

图 7-8 三色 LED 灯电路板

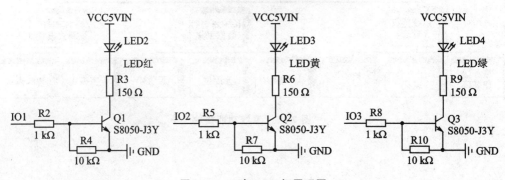

图 7-9 三色 LED 灯原理图

可通过排线与可编程 MCU 模块相连接(单片机/STM32/通信模块等),D1～D3 引脚为高电平时,相应 LED 灯熄灭;D1～D3 引脚为低电平时,相应 LED 灯亮起,加上延时函数就可以实现跑马灯了。

### 3. 光照度

如图 7－10 和图 7－11 所示,光照检测传感器可输出模拟信号 Track_A 和数字信号 Track_D,输出信号可由传感器模块的 JP1 进行切换。

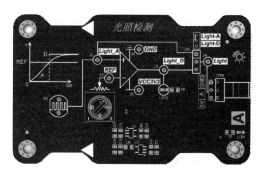

图 7－10　光照检测电路板

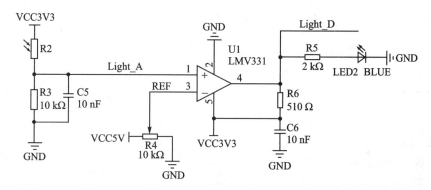

图 7－11　光照检测原理图

可通过 3 引脚排线与可编程 MCU 模块 ADC 接口相连接(单片机/STM32/通信模块等),只需编程设置引脚功能为高阻输入模式,功能为 ADC 采样功能,就可实现光敏传感器的 ADC 采样。

## 7.2.3　通信模块外设驱动及网络框架编程分析

### 1. 传感器驱动代码分析

CC3200 Wi-Fi 模块通过 ADC 接口获取光照度模块数据,通过 GPIO 接口检测人体感应模块高低电平判断是否有人,通过控制三色 LED 灯连接的 GPIO 接口高低电平实现 LED 灯的控制,关键实现代码如下:

```
//光照度 ADC 数值获取
float getADC0Value(void) {
    unsigned long ulSample;
```

```
    float vol;
# if def CC 3200_ES_1_2_1
    //Enable ADC clocks. # # # IMPORTANT# # # Need to be removed for PG 1.32
    HWREG(GPRCM_BASE + GPRCM_O_ADC_CLK_CONFIG) = 0x00000043;
    HWREG(ADC_BASE + ADC_O_ADC_CTRL) = 0x00000004;
    HWREG(ADC_BASE + ADC_O_ADC_SPARE0) = 0x00000100;
    HWREG(ADC_BASE + ADC_O_ADC_SPARE1) = 0x0355AA00;
# endif
    //将 58 引脚初始化为 ABC
    MAP_PinTypeADC(PIN_58,PIN_MODE_255);
    //配置 ABC 的采样
    MAP_ADCTimerConfig(ADC_BASE,2^17);
    MAP_ADCTimerEnable(ADC_BASE);
    MAP_ADCEnable(ADC_BASE);
    MAP_ADCChannelEnable(ADC_BASE, ADC_CH_1);
    if(MAP_ADCFIFOLvlGet(ADC_BASE, ADC_CH_1)) {
        ulSample = MAP_ADCFIFORead(ADC_BASE, ADC_CH_1);
    }
    vol = (((float)((ulSample>> 2 ) & 0x0FFF)) * 3.3)/4096;
    return vol;
}
//通过 GPIO_IF_LedStatus 函数获取人体检测及三色 LED 灯 GPIO 口状态
unsigned char
GPIO_IF_LedStatus(unsigned char ucGPIONum){
  unsigned char ucLEDStatus;
  switch(ucGPIONum){
      case CBT_RELAY:
      case CBT_IO_INT:{
      ucLEDStatus = GPIO_IF_Get(GPIO_LED5, g_uiLED5Port, g_ucLED5Pin);
      break;
      }
    case MCU_GPIO6:{
      ucLEDStatus = GPIO_IF_Get(GPIO6, g_uiLED6Port, g_ucLED6Pin);
      break;
    }
    case MCU_GPIO7:{
      ucLEDStatus = GPIO_IF_Get(GPIO7, g_uiLED7Port, g_ucLED7Pin);
      break;
    }
    case MCU_GPIO8:{
      ucLEDStatus = GPIO_IF_Get(GPIO8, g_uiLED8Port, g_ucLED8Pin);
      break;
    }
      default:
          ucLEDStatus = 0;
```

```
        }
    return ucLEDStatus;
}
//通过 GPIO_IF_LedOn 和 GPIO_IF_LedOff 函数实现控制三色 LED 灯亮灭
#ifdef SENSOR_THREE_LED
                    if(val == 1){
                      GPIO_IF_LedOn(ALL_TRAFFIC_LIGHT);
                    }else{
                      GPIO_IF_LedOff(ALL_TRAFFIC_LIGHT);
                    }
#endif
```

## 2. MQTT 客户端关键代码分析

MQTT 客户端关键代码如下：

```
    case   4://智能照明系统{
        float tmpF1 = 0;
        unsigned int tmpI1 = 1;
        unsigned int tmpILight = 1;
        tmpI1 = GPIO_IF_LedStatus(CBT_RELAY);
        tmpILight = GPIO_IF_LedStatus(MCU_GPIO6);
        tmpF1 = getADC0Value();
        tmpF1 = 180/(3.3 - 1 * tmpF1);
        cJSON * root = cJSON_CreateObject();
        cJSON_AddNumberToObject(root,"humanStatus",tmpI1);
        cJSON_AddNumberToObject(root,"lampStatus",tmpILight);
        cJSON_AddNumberToObject(root,"lightValue",tmpF1);
        out = cJSON_PrintUnformatted(root);
        strncpy(resultStr,out,strlen(out));
        Report("C0 = %d,C1 = %d,C2 = %.2f\n",tmpI1,tmpILight,tmpF1);
        free(out);//释放 malloc 分配的空间
        cJSON_Delete(root);//释放 cJSON 结构体指针
    }break;
```

## 7.2.4　移动 Web 应用开发

### 1. Android 项目工程开发

AndroidStudio 开发环境中看到的本项目工程目录列表如图 7-12 所示。

系统工程框架介绍：

➢ MainActivity：主界面 Activity；

➢ AgentWebFragment：主界面 Fragment，加载 WebView 显示 Web 移动端应用；

➢ QrScanActivity：调用手机摄像头扫描网页端分享的二维码登录信息；

➢ AndroidInterface：java 和 js 互相调用回调接口类。

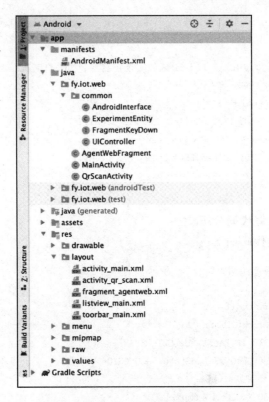

图 7 - 12　Android 项目

程序流程分析：

AgentWeb 最外层是 FrameLayout，所以在使用 AgentWeb 时还需要给 FrameLayout 指定父控件，在 MainActivity 中调用。Android 应用 UML 图如图 7 - 13 所示。

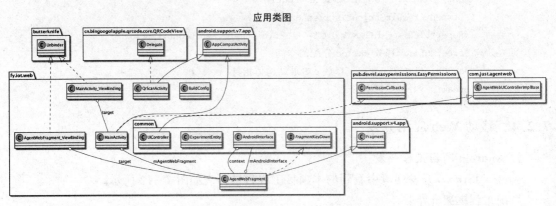

图 7 - 13　Android 应用 UML 图

## 2. Web 应用开发

Web 应用采用 Bootstrap 自适应框架开发，应用界面如图 7 - 14 所示。自适应后移动端界面如图 7 - 15 所示。

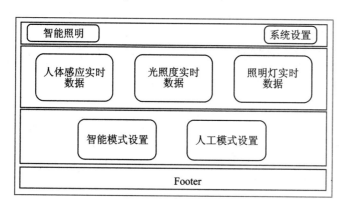

图 7 - 14 Web 应用界面

图 7 - 15 移动端适配界面

js 程序代码分析：

```
//消息处理回调函数
rtc.onmessageArrive = function (message) {
    var messageObj = {
        'topic': message.destinationName,
        'retained': message.retained,
        'qos': message.qos,
        'payload': message.payloadString,
        'timestamp': moment()
    };
    var streamdata = JSON.parse(message.payloadString);
    lightStatus = parseFloat(streamdata.lightValue);
    $("#lightValue").text(lightStatus + " lux");
    humanStatus = parseInt(streamdata.humanStatus);
    $("#humanStatus").text(humanStatus == 0 ?"无人":"有人");
    $("#humanImage").attr("src", humanStatus == 1 ? "../../img/svg/body_have.svg" :
"../../img/svg/body_no.svg");
    growlightsStatus = parseInt(streamdata.lampStatus);
    $("#growlightValue").text(growlightsStatus == 1 ?"已开启" : "已关闭");
    $("#growLightImage").attr("src", growlightsStatus == 1 ? "../../img/svg/grow_lights_on.
svg" : "../../img/svg/grow_lights_off.svg");
    if (growlightMode) {
        if(humanStatus == 0){//无人 - 关灯
            if (growlightsStatus == 1) {
                rtc.publish("$creq/auto_light",channel0_cmds.off,0,false);
            }
        }else {//有人
            if (lightStatus <= localData.lightRangeBottom) {//光线暗 - 开灯
                if (growlightsStatus == 0) {
```

```
                        rtc.publish(" $ creq/auto_light",channel0_cmds.on,0,false);
                }
        } else {//光线亮 - 关灯
            if (growlightsStatus == 1) {
                rtc.publish(" $ creq/auto_light",channel0_cmds.off,0,false);
            }
        }
    }
};
```

## 7.2.5　开发验证

### 1. 硬件设备部署

楼宇智能照明系统硬件环境主要使用物联网开源双创实验箱中的人体检测、光照检测、三色 LED 及 Wi-Fi 无线节点模块。请参照实验箱的使用说明书进行设备间的连接操作,传感器通信数据引脚连接示意图如图 7-16 所示。

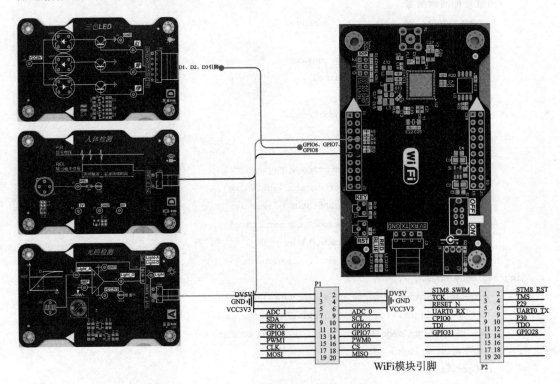

**图 7-16　传感器信号线连接示意图**

按照实验箱使用说明书烧写本楼宇智能照明系统的 Wi-Fi 模块 MQTT 客户端程序(说明:烧写前需要在 IAR 软件源码中修改 MQTT 服务端 IP 地址及连接的 AP 热点信息)。

根据 PC 端 MQTT Broker 服务搭建章节内容,在 PC 端创建本智能照明系统项目客户端鉴权信息(用户名:auto_light,密码:123456),并重新运行 MQTT Broker 服务。

**2. 移动端应用安装**

将"实训代码\7-2-AutoLight\AutoLight.apk"安装包下载到 Android 手机上并完成安装。

楼宇智能照明系统的 Web 端应用无须安装,打开项目"实训代码\7-2-AutoLight\AutoLight-web"目录下的 index.html 文件,在 Chrome 浏览器中运行显示。

**3. 应用运行测试**

Web 端打开楼宇智能照明系统应用后,按照图 7-17 所示进入系统设置。

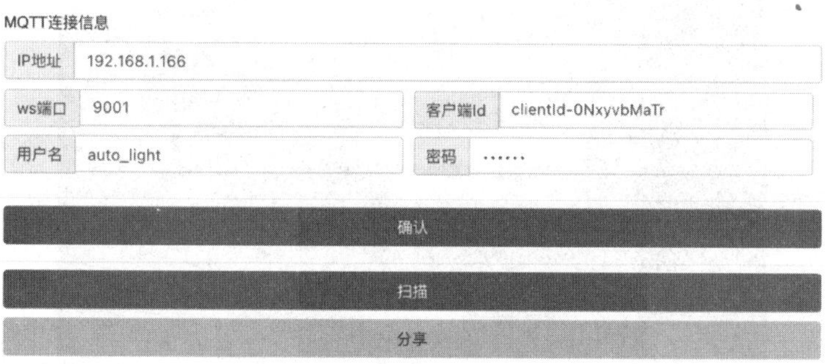

图 7-17　系统设置

输入运行 MQTT Borker 服务的 PC 端 IP 地址及本楼宇智能照明系统应用的用户名和密码,单击"确认"按钮登录。主界面显示如图 7-18 所示。

图 7-18　主界面

登录成功后可接收到传感器实时数据及设置照明灯工作模式。在 Web 端和移动端应用演示效果如图 7-19 所示。

图 7-19　手动模式开启照明灯

连接成功后可看到传感器实时数据显示,照明灯模式设置默认处于人工模式下,单击"打开/关闭"按钮可以控制照明灯。单击"智能模式"按钮后设定光照度的最小值,在"阈值"右侧文本框输入后,单击右侧"设置"按钮生效并保存至数据库,如图 7-20 所示。

图 7-20　阈值设置

当达到触发条件时,自动控制照明灯亮灭,如图 7-21 所示。

**图 7 - 21　智能模式**

单击"系统设置"下的"分享"按钮,会弹出二维码界面,Android 手机端运行本应用后单击
"扫描"按钮,通过摄像头扫码后会自动完成登录信息的填写并登录,如图 7 - 22 所示。

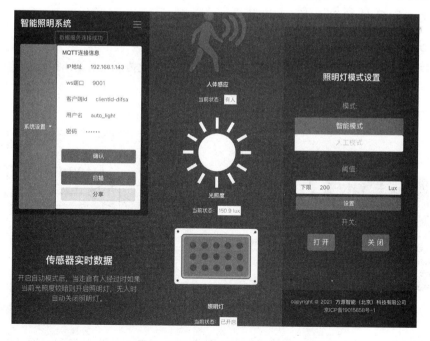

**图 7 - 22　Android 端应用演示**

# 7.3 案例2：智能仓储安防报警系统设计

## 7.3.1 系统设计目标

智能仓储安防报警系统功能设计分为三大模块：系统鉴权登录、传感器实时数据采集、报警模式设置。系统功能模块如图7-23所示。

系统鉴权登录功能模块包括：用户名、密码、服务器地址等参数设置与连接；连接参数二维码分享；扫码登录。

传感器实时数据采集模块包括：震动、火焰及报警器实时状态。

报警模式设置模块包括：人工模式可手动控制报警器开关，智能模式根据设定震动等级上限智能决策是否开启报警器。

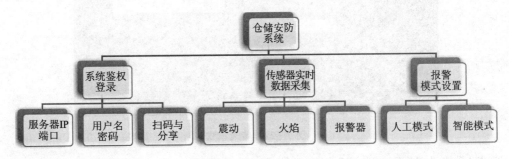

图7-23 系统功能模块

## 7.3.2 感知层硬件选型与原理说明

### 1. 震动检测

如图7-24和图7-25所示，选择801S震动检测传感器，此传感器可输出模拟信号Track_A和数字信号Track_D，输出信号可由传感器模块的JP1进行切换。

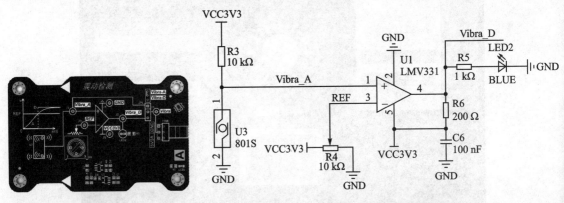

图7-24 震动检测电路板          图7-25 震动检测原理图

可通过排线与可编程MCU模块的ADC引脚相连接（单片机/STM32/通信模块等），通过编程设置引脚功能为高阻输入模式，功能为ADC采样功能，就可实现震动检测传感器的

ADC 采样。

**2. 感知层-火焰检测**

如图 7-26 和图 7-27 所示,红外火焰传感器能够探测到波长在 700～1 000 nm 范围内的红外光,探测角度为 60°,其中红外光波长在 880 nm 附近时,其灵敏度达到最大。远红外火焰探头将外界红外光的强弱变化转换为电流的变化,通过 A/D 转换器反映为 0～255 范围内数值的变化。外界红外光越强,数值越小;红外光越弱,数值越大。

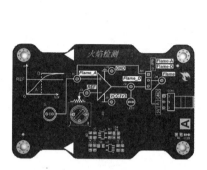

图 7-26　火焰检测电路板

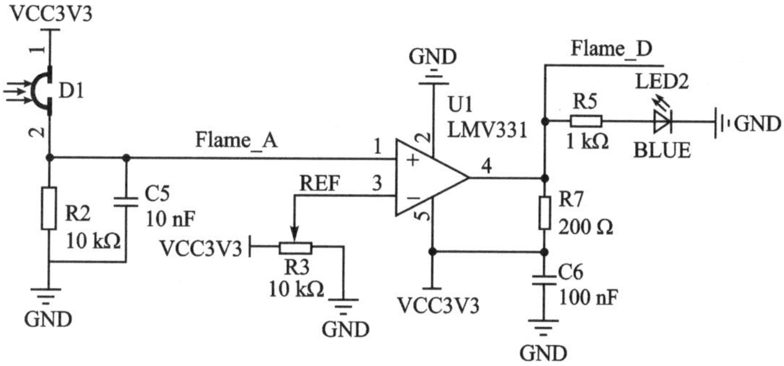

图 7-27　火焰检测原理图

可通过排线与可编程 MCU 模块的 ADC 引脚相连接(单片机/STM32/通信模块等),通过编程设置引脚功能为高阻输入模式,功能为 ADC 采样功能,就可实现火焰检测传感器的 ADC 采样。

**3. 声光报警**

如图 7-28 和图 7-29 所示,蜂鸣器和 LED 灯的开合可由图中 I/O 控制引脚的高低电平决定,当控制引脚为高电平时,模块处于报警状态。

可通过 3 引脚排线与可编程 MCU 模块相连接(单片机/STM32/通信模块等),只需编程控制此引脚即可实现声光报警模块的控制。

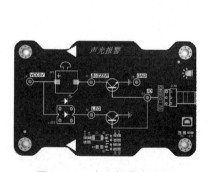

图 7-28　声光报警电路板

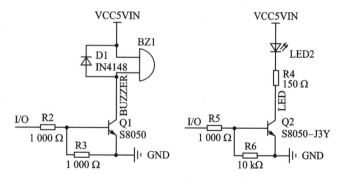

图 7-29　声光报警原理图

## 7.3.3　通信模块外设驱动及网络框架编程分析

**1. 传感器驱动代码分析**

CC3200 Wi-Fi 模块通过 ADC 接口检测震动状态,通过 GPIO 接口检测火焰和声光报警模块高低电平,通过控制声光报警模块连接的 GPIO 接口高低电平实现报警器的控制,关键实现代码如下：

```
//震动状态 ADC 数值获取
float getADC0Value(void)
//通过 GPIO_IF_LedStatus 函数获取声光报警和火焰检测模块 GPIO 口状态
//CBT_RELAY 宏映射为声光报警模块 GPIO 口引脚
//MCU_GPIO6 宏映射为火焰模块 GPIO 口引脚
unsigned char GPIO_IF_LedStatus(unsigned char ucGPIONum)
//通过 GPIO_IF_LedOn 和 GPIO_IF_LedOff 函数实现控制声光报警模块
# if def SENSOR_RELAY
                if(val == 1){
                  GPIO_IF_LedOn(CBT_RELAY);
                }else{
                  GPIO_IF_LedOff(CBT_RELAY);
                }
# endif
```

### 2. MQTT 客户端关键代码分析

MQTT 客户端关键代码如下：

```
case   2://建筑安防系统
        {
          float tmpF1 = 0;
          unsigned int tmpI1 = 1;
          unsigned int tmpI2 = 1;
          tmpI1 = GPIO_IF_LedStatus(CBT_RELAY);
          tmpI2 = GPIO_IF_LedStatus(MCU_GPIO6);
          tmpF1 = getADC0Value();
          tmpF1 = 180/(3.3 - 1 * tmpF1);
          //创建一个 cJSON 结构体指针并分配空间，然后赋值给 root
          cJSON * root = cJSON_CreateObject();
          //在 root 结构体中创建一组键为"key"，值为" value" 的键值对
          cJSON_AddNumberToObject(root,"alarmStatus",tmpI1);
          cJSON_AddNumberToObject(root,"shakeValue",tmpF1);
          cJSON_AddNumberToObject(root,"fireStatus",tmpI2);
          /* -- 得到无格式形式的 cJSON 字符串，即输出无回车和空格分离的键值对 -- */
          out = cJSON_PrintUnformatted(root);
          strncpy(resultStr,out,strlen(out));
          Report("C0 = % d,C1 = % d,C2 = % .2f\n",tmpI1,tmpI2,tmpF1);
          free(out);//释放 malloc 分配的空间
          cJSON_Delete(root);//释放 cJSON 结构体指针
        }break;
```

## 7.3.4 移动 Web 应用开发

### 1. Android 项目工程开发

Android 工程框架同案例 1，需要修改的是 AgentWeb 框架中 WebView 载入的 URL 地址。关键代码在 AgentWebFragment.java 类中的 getUrl 方法中定义，示例代码如下：

```
public String getUrl() {
    String target = "";
    if(TextUtils.isEmpty(target = this.getArguments() ! = null ? this.getArguments().get-
String(URL_KEY) : null)) {
        target = "file:///android_asset/demo/SecurityAlarm/index.html";
    }
    return target;
}
```

需要将 target 变量赋值为 assets 目录下的本项目 Web 应用入口 index. html 地址。

**2. Web 应用开发**

Web 应用采用 Bootstrap 自适应框架开发,应用界面如图 7 - 30 所示。

自适应后移动端界面如图 7 - 31 所示。

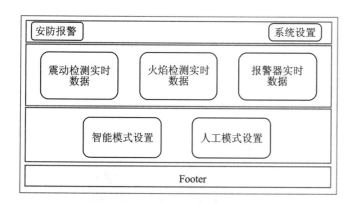

图 7 - 30　Web 应用界面

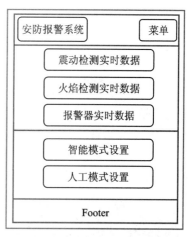

图 7 - 31　移动端适配界面

js 程序代码分析如下:

```
rtc.onmessageArrive = function (message) {
    var messageObj = {
        'topic': message.destinationName,
        'retained': message.retained,
        'qos': message.qos,
        'payload': message.payloadString,
        'timestamp': moment()
    };
    console.log(messageObj);
    var streamdata = JSON.parse(message.payloadString);
    shakeValue = parseFloat(streamdata.shakeValue);
    $("#shakeValue").text(shakeValue + " mm/s");
    $("#shakeImage").attr("src", shakeValue > 50 ? "../../img/svg/gas_alarm.svg" :
"../../img/svg/gas_normal.svg");
    fireStatus = parseInt(streamdata.fireStatus);
    $("#fireStatus").text(fireStatus == 0 ?"正常":"有火情");
    $("#fireImage").attr("src", fireStatus == 1 ? "../../img/svg/fire_on.svg" : "../../
```

```
img/svg/fire_off.svg");
            alarmStatus = parseInt(streamdata.alarmStatus);
            $("#alarmStatus").text(alarmStatus == 1 ? "警报" : "正常");
            $("#alarmImage").attr("src", alarmStatus == 1 ? "../../img/svg/alarm_on.svg" :
"../../img/svg/alarm_off.svg");
            if(alarmMode){
                if(shakeValue >= localData.shakeTop){
                    if(alarmStatus == 0){
                        rtc.publish("$creq/security_alarm",channel0_cmds.on,0,false);
                    }
                } else {
                    if(alarmStatus == 1){
                        rtc.publish("$creq/security_alarm",channel0_cmds.off,0,false);
                    }
                }
            }
        };
```

### 7.3.5 开发验证

#### 1. 硬件设备部署

智能仓储安防报警系统硬件环境主要使用物联网开源双创实验箱中的震动检测、火焰检测、声光报警及 Wi‐Fi 无线节点模块。请参照实验箱的使用说明书进行设备间的连接操作，传感器通信数据引脚连接示意图如图 7‐32 所示。

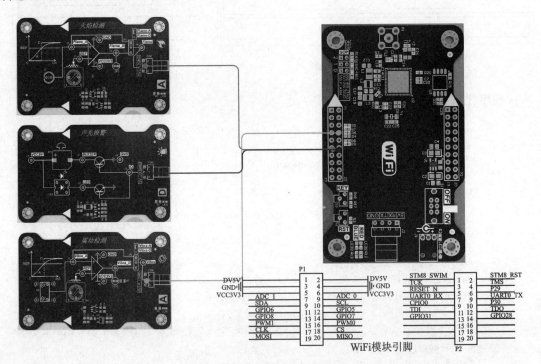

图 7‐32　传感器信号线连接示意图

按照实验箱使用说明书烧写本系统的 Wi-Fi 模块 MQTT 客户端程序(说明:烧写前需要在 IAR 软件源码中修改 MQTT 服务端 IP 地址及连接的 AP 热点信息)。

根据 PC 端 MQTT Broker 服务搭建章节内容,在 PC 端创建本智能照明系统项目客户端鉴权信息(用户名:security_alarm,密码:123456),并重新运行 MQTT Broker 服务。

**2. 移动端应用安装**

将"实训代码\7-3-SecurityAlarm\SecurityAlarm.apk"安装包下载到 Android 手机上并完成安装。

智能仓储安防报警系统的 Web 端应用无须安装,打开项目"实训代码\7-3-Security-Alarm\SecurityAlarm-web"目录下的 index.html 文件,在 Chrome 浏览器中运行显示。

**3. 应用运行测试**

Web 端打开安防报警系统应用后,主界面显示如图 7-33 所示。

单击"系统设置"按钮后输入运行 MQTT Borker 服务的 PC 端 IP 地址及本系统应用的用户名和密码,单击"确认"按钮登录。登录成功后可接收到传感器实时数据及设置报警器工作模式。

**图 7-33　Web 应用界面**

在 Web 端和移动端应用演示效果如图 7-34 所示。

连接成功后可看到传感器实时数据显示,模式设置默认处于人工模式下,单击"打开/关闭"按钮可以控制报警器。单击"智能模式"按钮后设定震动等级上限,在"阈值"右侧文本框输入后,单击右侧"设置"按钮生效并保存至数据库,如图 7-35 所示。

图 7-34 手动模式开启报警器

图 7-35 阈值设置

达到触发条件后自动控制报警灯,如图 7-36 所示。

单击"系统设置"下的"分享"按钮,会弹出二维码界面,Android 手机端运行本应用后单击

图 7 - 36　智能模式

"扫描"按钮,通过摄像头扫码后会自动完成登录信息的填写并登录,如图 7 - 37 所示。

图 7 - 37　Android 端应用演示

## 7.4　案例 3:农业大棚恒温控制系统设计

### 7.4.1　系统设计目标

农业大棚恒温控制系统功能设计分为三大模块:系统鉴权登录、传感器实时数据采集、智能模式设置,如图 7 - 38 所示。

系统鉴权登录功能模块包括:用户名、密码、服务器地址等参数设置与连接;连接参数二维码分享;扫码登录。

传感器实时数据采集模块包括:温湿度和风扇模块实时状态。

报警模式设置模块包括:人工模式可手动控制风扇开关,智能模式根据设定温度数值智能决策是否开启风扇。

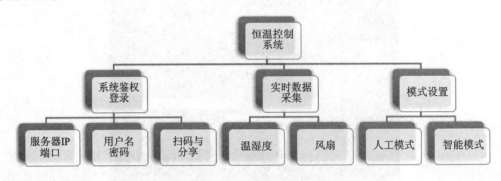

图 7 - 38　系统功能模块

## 7.4.2　感知层硬件选型与原理说明

**1. 温湿度**

如图 7 - 39 和图 7 - 40 所示,AM2322 数字温湿度传感器是一款含有已校准数字信号输出的温湿度复合型传感器。采用专用的温湿度采集技术,确保产品具有极高的可靠性与卓越的长期稳定性。

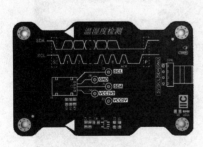

图 7 - 39　温湿度检测电路板

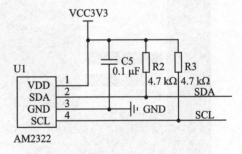

图 7 - 40　温湿度检测原理图

可通过 4 引脚排线与可编程 MCU 模块相连接(单片机/STM32/通信模块等),采用 $I^2C$ 总线通信,只需编程模拟 $I^2C$ 时序进行温湿度数据的读取。

**2. 风扇控制**

如图 7 - 41 和图 7 - 42 所示,按照一定的规则对各脉冲的宽度进行 PWM 脉宽调制,既可改变逆变电路输出电压的大小,又可改变输出频率。

可通过 3 引脚排线与可编程 MCU 模块相连接

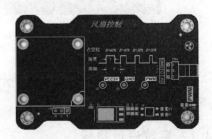

图 7 - 41　风扇控制电路板

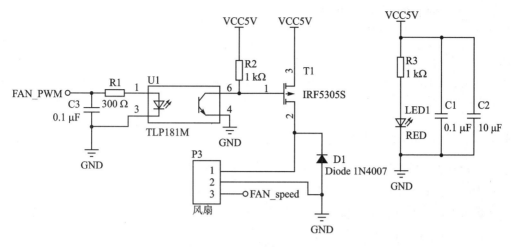

图 7-42　风扇原理图

（单片机/STM32/通信模块等），只需编程定时器 1 输出 PWM 正弦波，并通过改变寄存器 TH1 和 TL1 的数值来改变高低电平的时间，从而实现脉宽调制，控制风扇的转速。

### 7.4.3　通信模块外设驱动及网络框架编程分析

#### 1. 传感器驱动代码分析

CC3200 Wi-Fi 模块通过 $I^2C$ 接口获取温湿度模块数据，通过控制风扇模块连接的 PWM 接口实现对风扇的控制，关键实现代码如下：

```
//通过定时器任务查询当前风扇状态
MAP_TimerMatchSet(ulBase,ulTimer,(ucLevel * DUTYCYCLE_GRANULARITY));
//通过 AM2322_GetData 函数方法获取温湿度数据
void AM2322_GetData(float * Temp,float * Humi)
```

#### 2. MQTT 客户端关键代码分析

```
//在 mqtt_client 函数中上报传感器实时数据
    case   5://恒温控制
    {
        UpdateDutyCycle(TIMERA2_BASE, TIMER_B, motorstatus);
        UpdateDutyCycle(TIMERA3_BASE, TIMER_B, motorstatus);
        UpdateDutyCycle(TIMERA3_BASE, TIMER_A, motorstatus);
        Report("Fan: % 0.2f\n",motorstatus);
        float tmpF1 = 0;
        float tmpF2 = 0;
        AM2322_GetData(&tmpF1,&tmpF2);
        Report("C0 = % .2f,C1 = % .2f\n",tmpF1,tmpF2);
        cJSON * root = cJSON_CreateObject();
        cJSON_AddNumberToObject(root,"fanStatus",motorstatus);
        cJSON_AddNumberToObject(root,"temperature",tmpF1);
        cJSON_AddNumberToObject(root,"humidity",tmpF2);
```

```
        out = cJSON_PrintUnformatted(root);
        strncpy(resultStr,out,strlen(out));
        Report("C0 = % d,C1 = % .2f,C2 = % .2f\n",motorstatus,tmpF1,tmpF2);
        free(out);//释放 malloc 分配的空间
        cJSON_Delete(root);//释放 cJSON 结构体指针
    }break;
```

### 7.4.4 移动 Web 应用开发

#### 1. Android 项目工程开发

Android 工程框架同案例 1,需要修改的是 AgentWeb 框架中 WebView 载入的 URL 地址。关键代码在 AgentWebFragment.java 类中的 getUrl 方法中定义,示例代码如下:

```java
public String getUrl() {
        String target = "";
        if (TextUtils.isEmpty(target = this.getArguments() ! = null ? this.getArguments().
getString(URL_KEY) : null)) {
                target = "file:///android_asset/demo/AutomaticThemostat/index.html";
        }
        return target;
    }
```

需要将 target 变量赋值为 assets 目录下的本项目 Web 应用入口 index.html 地址。

#### 2. Web 应用开发

Web 应用采用 Bootstrap 自适应框架开发,应用界面如图 7 - 43 所示。

自适应后移动端界面如图 7 - 44 所示。

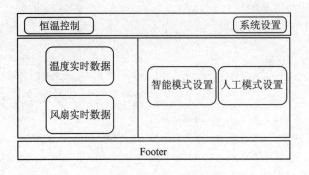

图 7 - 43 Web 应用界面

图 7 - 44 移动端适配界面

js 程序代码分析如下:

```js
rtc.onmessageArrive = function (message) {
    var messageObj = {
        'topic': message.destinationName,
        'retained': message.retained,
        'qos': message.qos,
```

```
        'payload': message.payloadString,
        'timestamp': moment()
    };
    console.log(messageObj);
//获取传感器实时数据并更新界面中相关组件内容
    var streamdata = JSON.parse(message.payloadString);
    fanStatus = parseInt(streamdata.fanStatus);
    $("#fanStatus").text(fanStatus?"开启":"关闭");
    $("#fanImage").attr("src", humanStatus != 0 ? "../../img/svg/fan_on.svg" : "../../
img/svg/fan_off.svg");
    temperatureValue = parseFloat(streamdata.temperature).toFixed(1);
    $("#temperatureValue").text(temperatureValue + " C");
//开启智能模式后根据设定温度自动控制风扇开关
    if(linkageMode){
        if(temperatureValue >= localData.tempSet){
            if(fanStatus == 0){
                rtc.publish("$creq/auto_thermostat",channel0_cmds.fanOn,0,false);
            }
        }else {
            if(fanStatus >200){
                rtc.publish("$creq/auto_thermostat",channel0_cmds.fanOff,0,false);
            }
        }
    }
};
```

## 7.4.5 开发验证

### 1. 硬件设备部署

农业大棚恒温控制系统硬件环境主要使用物联网开源双创实验箱中的温湿度、风扇及Wi-Fi无线节点模块。请参照实验箱的使用说明书进行设备间的连接操作,传感器通信数据引脚连接示意图如图7-45所示。

按照实验箱使用说明书烧写本系统的 Wi-Fi 模块 MQTT 客户端程序(说明:烧写前需要在 IAR 软件源码中修改 MQTT 服务端 IP 地址及连接的 AP 热点信息)。

根据 PC 端 MQTT Broker 服务搭建章节内容,在 PC 端创建本恒温控制系统项目客户端鉴权信息(用户名:auto_thermostat,密码:123456),并重新运行 MQTT Broker 服务。

### 2. 移动端应用安装

将"实训代码\7-4-AutomaticThermostat\AutomaticThermostat.apk"安装包下载到Android 手机上并完成安装。

农业大棚恒温控制系统的 Web 端应用无须安装,打开项目"实训代码\7-4-Automatic Thermostat\AutomaticThermostat-web"目录下的 index.html 文件,在 Chrome 浏览器中运行显示。

### 3. 应用运行测试

Web 端打开恒温控制系统应用后,主界面显示如图7-46所示。

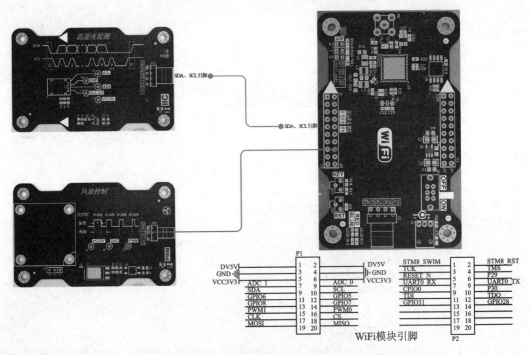

图 7 - 45　传感器信号线连接示意图

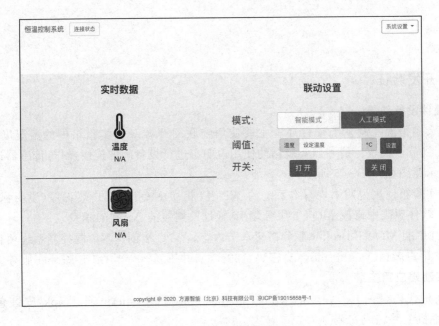

图 7 - 46　Web 应用界面

　　单击"系统设置"按钮后输入运行 MQTT Borker 服务的 PC 端 IP 地址及本系统应用的用户名和密码,单击"确认"按钮登录。登录成功后可接收到传感器实时数据及联动模式设置。

　　在 Web 端和移动端应用演示效果如图 7 - 47 所示。

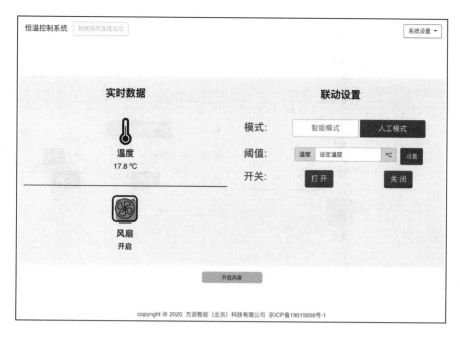

图 7-47　手动模式开启风扇

连接成功后可实时显示传感器数据,模式设置默认处于人工模式下,单击"打开/关闭"按钮可以控制风扇。

单击"智能模式"按钮后设定温度阈值,在"阈值"右侧文本框输入后,单击右侧"设置"按钮生效并保存至数据库,如图 7-48 所示。

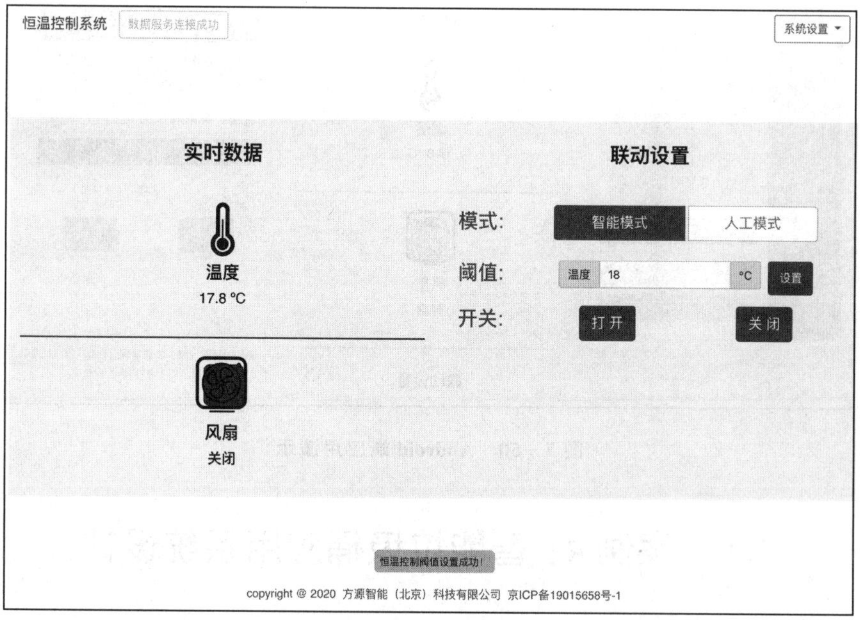

图 7-48　阈值设置

在达到触发条件后自动控制风扇,如图 7-49 所示。

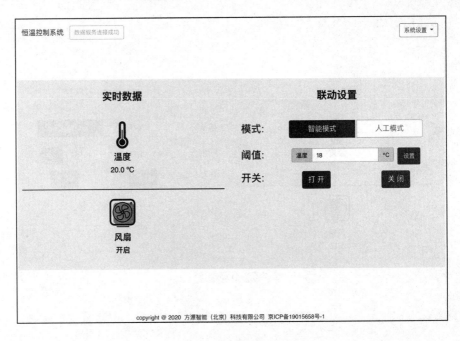

图 7 - 49　智能模式

单击"系统设置"下的"分享"按钮,会弹出二维码界面,Android 手机端运行本应用后单击"扫描"按钮,通过摄像头扫码后会自动完成登录信息的填写并登录,如图 7 - 50 所示。

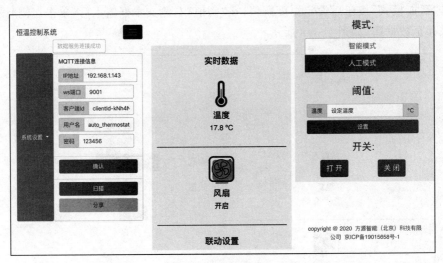

图 7 - 50　Android 端应用演示

# 7.5　案例 4: 智能垃圾桶应用系统设计

## 7.5.1　系统设计目标

智能垃圾桶应用系统功能设计分为两大模块:系统鉴权登录、传感器实时数据采集与智能联动,如图 7-51 所示。

系统鉴权登录功能模块包括:用户名、密码、服务器地址等参数设置与连接;连接参数二维码分享;扫码登录。

传感器实时数据采集与智能联动包括:碰撞检测和步进电机实时状态,当检测到碰撞状态后自动控制步进电机开合实现垃圾桶桶盖的自动控制。

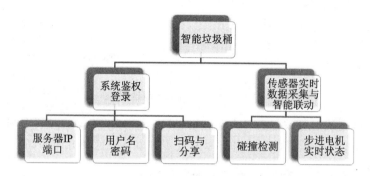

图 7-51 系统功能模块

## 7.5.2 感知层硬件选型与原理说明

### 1. 碰撞检测

如图 7-52 和图 7-53 所示,I/O 检测引脚默认为高电平,当传感器开关被触发时输出低电平。

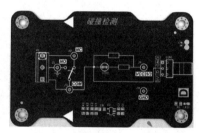

图 7-52 碰撞检测电路板

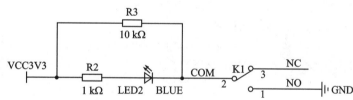

图 7-53 碰撞检测原理图

可通过 3 引脚排线与可编程 MCU 模块相连接(单片机/STM32/通信模块等),只需编程将 MCU 的引脚设置为上升沿和下升沿中断触发模式,当检测到有碰撞和碰撞完成时触发中断。

### 2. 步进电机

如图 7-54 和图 7-55 所示,步进电机型号为 24BYJ48。这是一款 5 V 驱动的 4 相 5 线的步进电机,而且是减速步进电机,减速比为 1∶64,步进角为 5.625/64 度。如果需要转动 1 圈,那需要 360/5.625×64=4 096 个脉冲信号。

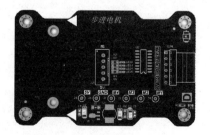

图 7-54 步进电机电路板

步进电机采用 ULN2003 芯片驱动,除去供电电源 5 V,驱动端口为 M1、M2、M3 和 M4(M1~M4 代表 4 个 GPIO 引脚)。正转次序为 M1—M2—M3—M4;反转次序为 M4—M3—M2—M1。

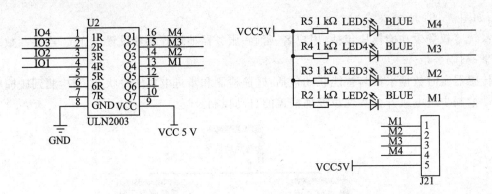

图 7-55　步进电机原理图

　　可通过 6 引脚排线与可编程 MCU 模块相连接（单片机/STM32/通信模块等），只需编程通过 MCU 引脚改变脉冲信号的顺序和频率实现步进电机转速和方向的调节。

### 7.5.3　通信模块外设驱动及网络框架编程分析

**1. 传感器驱动代码分析**

　　CC3200 Wi-Fi 模块通过 GPIO 接口获取碰撞和步进电机模块状态，通过控制步进电机模块连接的 GPIO 接口实现正反转的控制，关键实现代码如下：

```
//通过 GPIO_IF_LedStatus 函数获取碰撞检测模块 GPIO 口状态
//MCU_ORANGE_LED_GPIO 宏映射为碰撞检测模块 GPIO 口引脚
unsigned char
GPIO_IF_LedStatus(unsigned char ucGPIONum)
//通过 SetpMotor_set 函数控制步进电机转动
#ifdef SENSOR_MOTOR
                motorstatus = val;
                if(val == 2){                          //反转
                  motorstatus = val;
                  n = 125;
                  while(n--){
                     for(m = 0;m<4;m++){
                  StepMotor_set(speed[m]);
                        }
        }
        delay_ms(2 * 1000);
                }else if(val == 1){                     //正转
                     n = 125;
        while(n--){
                        for(m = 0;m<4;m++){
                  StepMotor_set(speedBack[m]);
                     }
        }
                  delay_ms(2 * 1000);
                }else{                                  //停止
```

```
        for(m = 0;m＜4;m + + ){
            StepMotor_set(zero[m]);
        }
        delay_ms(2 * 1000);
    }
# endif
```

## 2. MQTT 客户端关键代码分析

```
    case    6://智能垃圾桶
    {
        unsigned int tmpI1 = 1;
        tmpI1 = GPIO_IF_LedStatus(MCU_ORANGE_LED_GPIO);
        cJSON * root = cJSON_CreateObject();
        cJSON_AddNumberToObject(root,"crashValue",tmpI1);
        cJSON_AddNumberToObject(root,"trashStatus",motorstatus);
        out = cJSON_PrintUnformatted(root);
        strncpy(resultStr,out,strlen(out));
        Report("C0 = % d,C1 = % d\n",tmpI1,motorstatus);
        free(out);//释放 malloc 分配的空间
        cJSON_Delete(root);//释放 cJSON 结构体指针
    }break;
```

## 7.5.4　移动 Web 应用开发

### 1. Android 项目工程开发

Android 工程框架同案例 1,需要修改的是 AgentWeb 框架中 WebView 载入的 URL 地址。关键代码在 AgentWebFragment.java 类中的 getUrl 方法中定义,示例代码如下:

```
public String getUrl() {
        String target = "";
        if (TextUtils.isEmpty(target = this.getArguments() ! = null ? this.getArguments().
getString(URL_KEY) : null)) {
                target = "file:///android_asset/demo/SmartTrash/index.html";
        }
        return target;
    }
```

需要将 target 变量赋值为 assets 目录下的本项目 Web 应用入口 index.html 地址。

### 2. Web 应用开发

Web 应用采用 Bootstrap 自适应框架开发,应用界面如图 7 - 56 所示。

自适应后移动端界面如图 7 - 57 所示。

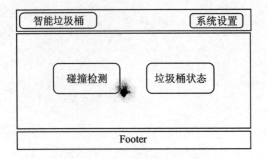

图 7 - 56　Web 应用界面　　　　　　图 7 - 57　移动端适配界面

js 程序代码分析如下：

```
rtc.onmessageArrive = function (message) {
    var messageObj = {
        'topic': message.destinationName,
        'retained': message.retained,
        'qos': message.qos,
        'payload': message.payloadString,
        'timestamp': moment()
    };
    console.log(messageObj);
    var streamdata = JSON.parse(message.payloadString);
    crashValue = parseInt(streamdata.crashValue);
        if (crashValue == 0) {
            $("#ultrasonicValue").text("请求打开垃圾桶桶盖");
            if(dropingFlag <1){
                rtc.publish(" $ creq/smart_trash", "{C0 = 1}",0,false);
            }
            dropingFlag ++ ;
        } else {
            $("#ultrasonicValue").text("使用结束");
            if(dropingFlag >1){
                rtc.publish(" $ creq/smart_trash", "{C0 = 2}",0,false);
                dropingFlag = 0;
            }
        }
    motorStatus = parseInt(streamdata.trashStatus);
    $("#trashValue").text(motorStatus != 2 ? "已开启" : "已闭合");
    $("#trashImage").attr("src", motorStatus != 2 ? "../../img/svg/trash_open.svg" :
"../../img/svg/trash_close.svg");
    };
}
```

### 7.5.5 开发验证

#### 1．硬件设备部署

智能垃圾桶系统硬件环境主要使用物联网开源双创实验箱中的碰撞检测、步进电机及Wi-Fi无线节点模块。请参照实验箱的使用说明书进行设备间的连接操作，传感器通信数据引脚连接示意图如图7-58所示。

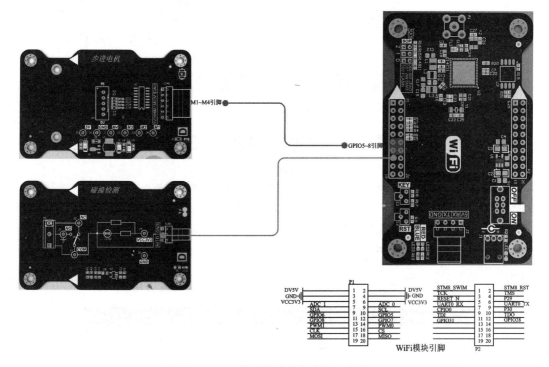

**图7-58　传感器信号线连接示意图**

按照实验箱使用说明书烧写本系统的Wi-Fi模块MQTT客户端程序（说明：烧写前需要在IAR软件源码中修改MQTT服务端IP地址及连接的AP热点信息）。

根据PC端MQTT Broker服务搭建章节内容，在PC端创建恒温控制系统项目客户端鉴权信息（用户名：smart_trash，密码：123456），并重新运行MQTT Broker服务。

#### 2．移动端应用安装

将"实训代码\7-5-IntelligentAshbin\IntelligentAshbin.apk"安装包下载到Android手机上并完成安装。

智能垃圾桶的Web端应用无须安装，打开项目"实训代码\7-5-IntelligentAshbin\IntelligentAshbin-web"目录下的index.html文件，在Chrome浏览器中运行显示。

#### 3．应用运行测试

在Web端打开恒温控制系统应用后，主界面显示如图7-59所示。

单击"系统设置"按钮后，输入运行MQTT Borker服务的PC端IP地址及本系统应用的用户名和密码，单击"确认"按钮登录。登录成功后可接收到传感器实时数据。

在Web端和移动端应用演示效果如图7-60所示。

图 7-59    Web 应用界面

图 7-60    连接成功

连接成功后可实时显示传感器数据,系统默认工作在联动模式下,当达到触发条件后,自动控制步进电机实现垃圾桶桶盖的自动开合,如图 7-61 所示。

图 7-61    智能联动

单击"系统设置"下的"分享"按钮,会弹出二维码界面,Android 手机端运行本应用后单击"扫描"按钮,通过摄像头扫码后会自动完成登录信息的填写并登录,如图 7-62 所示。

图7-62 Android 端应用演示

# 思考与练习

## 一、选择题

1. MQTT 最小的长度是（　　）。

A. 1　　　　　　B. 2　　　　　　C. 3　　　　　　D. 4

2. JSON 使用（　　）符号来表示对象。

A. {}　　　　　　B. []　　　　　　C. :　　　　　　D. ""

3. MQTT 协议是基于（　　）协议传输的。

A. HTTP　　　　B. TCP/IP　　　C. FTP　　　　　D. SMTP

4. 最多收到一次，你应该选择（　　）。

A. QoS=0　　　B. QoS=1　　　C. QoS=2　　　D. QoS=−1

5. MQTT 节点之前通过一个变量进行上下文传递，是以下哪一个变量？（　　）

A. context　　　B. payload　　　C. logger　　　D. node

6. 负责将模拟信号转换为数字信号的模块叫作（　　）。

A. ADC　　　　B. BME280　　　C. CCS811　　　D. MQ-5

7. 楼宇智能照明系统中所用的人体感应传感器为（　　）。

A. BME280　　B. CCS811　　　C. MQ-5　　　　D. AM412

8. 农业大棚恒温控制系统的 Wi-Fi 模块与温湿度连接所用的通信方式为（　　）。

A. IIC　　　　　B. UART　　　　C. SPI　　　　　D. 模拟量

## 二、简答题

1. 简述 MQTT 的特点。

2. 简述物联网综合应用系统数据通信流程。

3. 智能照明系统照明灯开启的条件是什么？

4. 智能垃圾桶项目中可以使用哪些技术实现垃圾的分类识别？

# 第8章　物联网与虚拟化技术开发实战

知识目标

➢ 熟悉 VR 虚拟仿真应用开发；
➢ 熟悉基于 Unity 3D 虚拟仿真智能家居的开发。

## 8.1　案例1：基于3D仿真的物联网智能家居系统设计

### 8.1.1　项目背景

　　智能家居系统是物联网的典型应用案例之一，一套较完善的智能家居系统除了需要有丰富多样的传感器等硬件设备作为支撑，还需要有实景场地或载体（如沙盘、展台或展板等）进行实际硬件的部署，而这些条件对于软件系统的开发者和学习者来说较难满足，而且存在成本高、部署不方便、不灵活、体验度低、设备易损坏等问题。所以本项目设计采用3D仿真技术与传统物联网智能家居系统进行结合，通过3D虚拟仿真家居场景和智能家居系统所需的硬件设备，再现家居的真实场景智能操作，并通过与智能家居功能点体验无缝对接，实现高度还原的现场实操体验。使软件系统的开发者和学习者可以脱离硬件和部署载体的条件要求，同时系统采用虚实结合的设计，可以将真实家居硬件设备接入系统进行监控。

### 8.1.2　系统设计目标

　　软件系统结合3D虚拟仿真技术实现，设计目标实现以下主要功能：
　　**场景漫游　设备展示**：漫游家居内的各区域并在过程中对系统及各设备进行介绍，通过场景漫游的体验帮助用户快速了解智能家居系统的构建及相关设备的原理信息。
　　**环境监测　设备控制**：实时监测家居环境，可直接单击场景中的设备直接控制，也可通过设备控制菜单中的功能进行控制，场景设备根据控制切换至相应状态。
　　**安防联动　模拟演示**：系统支持安防联动设置，如自动调温、光照窗帘联动、人体入侵检测报警、烟雾联动报警等，当联动触发时系统移动至对应区域并进行模拟演示。
　　**情景模式　一键控制**：系统支持常见生活模式设置，包括离家模式、回家模式、就餐模式、睡眠模式等，通过不同生活模式的简单设置实现一键控制设备的情景模式功能。
　　**虚实结合　无缝对接**：系统采用虚实结合的设计，既可进行纯虚拟仿真实验及体验，又可与智能家居实景软硬件结合进行监控。

### 8.1.3　系统架构设计

　　系统架构如图8-1所示，整体划分为设备层、网关层、仿真应用层，其中门禁单元、环境安防监测单元、视频监控单元、家电遥控单元、电动窗帘单元等构成设备层，是智能家居中常用的

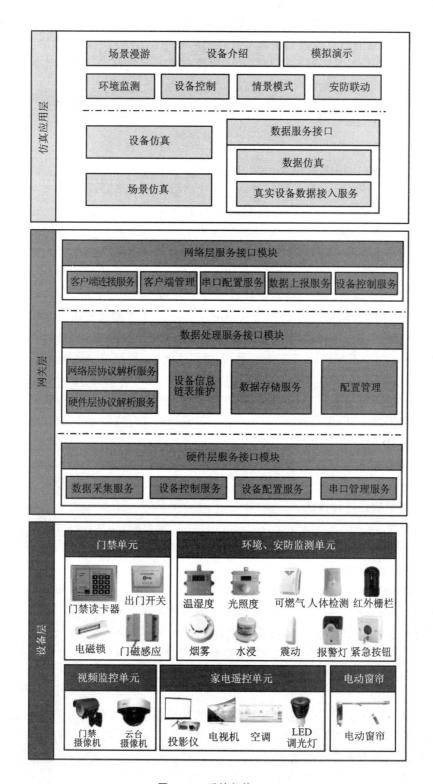

图 8-1　系统架构

硬件设备,可根据实际需求进行扩展;网关层作为服务端系统,通过通信节点实时采集终端节点上报的设备数据并进行处理,同时通过网络接口提供远程访问控制服务,仿真应用层系统软件通过设备仿真、场景仿真及数据仿真可脱离实际硬件设备进行智能家居的仿真教学体验,同时采用统一的接口标准可连接家居网关将实际设备接入并进行验证及操作,实现智能家居系统的实际应用和虚拟体验的虚实结合、无缝对接。

## 8.1.4 Unity 3D 开发概述

### 1. Unity 3D 简介

本项目 3D 仿真应用端采用 Unity 3D 进行设计开发,Unity 3D 也称 Unity,是由 Unity Technologies 公司开发的一个让开发者轻松创建诸如三维视频游戏、建筑可视化、实时三维动画等类型互动内容的多平台的综合型游戏开发工具。Unity 类似于 Director、Blender game engine、Virtools 或 Torque Game Builder 等利用交互的图形化开发环境为首要方式的软件,其编辑器运行在 Windows 和 MacOS X 下,可发布游戏至 Windows、Mac、Wii、iPhone、Windows Phone 8 和 Android 平台,也可以利用 Unity web player 插件发布网页游戏,支持 Mac 和 Windows 的网页浏览。它的网页播放器也被 Mac widgets 所支持。

据不完全统计,目前国内有 80% 的 Android、iPhone 手机游戏使用 Unity 3D 进行开发,比如著名的手机游戏《王者荣耀》《炉石传说》《神庙逃亡》都是使用 Unity 3D 开发的。

当然,Unity 3D 不仅只限于游戏行业,在虚拟现实、工程模拟、3D 设计等方面也有着广泛的应用,国内使用 Unity 3D 进行虚拟仿真教学平台、房地产三维展示等项目开发的公司非常多,比如绿地地产、保利地产、中海地产、招商地产等大型房地产公司的三维数字楼盘展示系统很多都是使用 Unity 3D 进行开发的。

### 2. Unity 3D 的特色

Unity 3D 游戏开发引擎目前之所以炙手可热,与其完善的技术以及丰富的个性化功能密不可分。Unity 3D 游戏开发引擎易于上手,降低了对游戏开发人员的要求。下面对 Unity 3D 游戏开发引擎的特色进行阐述。

(1)跨平台

游戏开发者可以通过不同的平台进行开发。游戏制作完成后,无须任何修改即可直接一键发布到常用的主流平台上。

Unity 3D 游戏可发布的平台包括 Windows、Linux、MacOS X、iOS、Android、Xbox360、PS3 以及 Web 等,跨平台开发可以为游戏开发者节省大量时间。

在以往游戏开发中,开发者要考虑平台之间的差异,比如屏幕尺寸、操作方式、硬件条件等,这样会直接影响到开发进度,给开发者造成巨大的麻烦,Unity 3D 几乎为开发者完美地解决了这一难题,将大幅度减少移植过程中不必要的麻烦。

(2)综合编辑

Unity 3D 的用户界面具备视觉化编辑、详细的属性编辑器和动态游戏预览特性。Unity 3D 创新的可视化模式让游戏开发者能够轻松构建互动体验,当游戏运行时可以实时修改参数值,方便开发,为游戏开发者节省大量时间。

(3)资源导入

项目可以自动导入资源,并根据资源的改动自动更新。Unity 3D 支持几乎所有主流的三维格式,如 3ds Max、Maya、Blender 等,贴图材质自动转换为 U3D 格式,并能和大部分相关应用程序协调工作。

（4）一键部署

Unity 3D 只需一键即可完成作品的多平台开发和部署，让开发者的作品在多平台呈现。

（5）脚本语言

Unity 3D 集成了 MonoDeveloper 编译平台，支持 C♯、JavaScript 和 Boo 3 种脚本语言，其中 C♯ 和 JavaScript 是在游戏开发中最常用的脚本语言。

（6）联　　网

Unity 3D 支持从单机应用到大型多人联网游戏的开发。

（7）着色器

Unity 3D 着色器系统整合了易用性、灵活性和高性能。

（8）地形编辑器

Unity 3D 内置强大的地形编辑器，该编辑器可使游戏开发者实现游戏中任何复杂的地形，支持地形创建和树木与植被贴片，支持自动的地形 LOD、水面特效，尤其是低端硬件亦可流畅运行广阔茂盛的植被景观，能够方便地创建游戏场景中所用到的各种地形。

（9）物理特效

物理引擎是模拟牛顿力学模型的计算机程序，其中使用了质量、速度、摩擦力和空气阻力等变量。Unity 3D 内置 NVIDIA 的 PhysX 物理引擎，游戏开发者可以用高效、逼真、生动的方式复原和模拟真实世界中的物理效果，例如碰撞检测、弹簧效果、布料效果、重力效果等。

（10）光　　影

Unity 3D 提供了具有柔和阴影以及高度完善的烘焙效果的光影渲染系统。

**3. Unity 3D 开发项目基本流程**

采用 Unity 3D 开发项目，这里以控制一个球体前后左右移动为例，大概分为以下 6 步：

第一步：创建工程。打开 Unity 3D，弹出一个窗口提示要打开工程还是创建工程，选择创建工程（Create new project→Browse 选择路径→Create）。一旦工程创建成功，系统自动生成 3 个文件：Assets（此文件是系统的资源文件，有物理属性、贴图等资源）、Library、Temp。

第二步：建立场景。你可以添加一个地形作为场景，方法是菜单栏 Terrain→Create Terrain。为了简单直接，在此新建一个平面作为场景。方法是：菜单栏→GameObject→3D Object→Plane。创建成功后在场景编辑窗口（Scene 窗口）出现一个灰色的平面，同时在 Hierarchy 窗口出现该平面的名称。为了直观，你可以帮它改名，方法是 F2（或单击然后右键 rename），输入想要的名字（例如 myScene）。你可以在 Inspector 窗口查看 myScene 的一些属性，为了方便，我们把 myScene 的 Transform 的 position 的 x、y、z 全改为 0。改完以后如果在场景窗口找不到你的场景（myScene），可以采用以下方法快速找到它：在 Hierarchy 窗口选中 myScene，然后把鼠标的光标移到场景窗口，按"F"键，myScene 就会出现在场景窗口的中央。这个方法适用于所有游戏对象的查找。

第三步：建立一个球体。单击菜单栏→GameObject→3D Object→Sphere，同样修改其名称为（mySphere），在 Inspector 窗口修改其位置 x、z 为 0，y 为 0.5。

第四步：添加灯光。如果觉得光线比较暗，可以为场景添加灯光，Unity 3D 提供了两种灯光：点光源及平行光源。添加的方法与添加 Plane 及 Sphere 类似，区别在于选择 point light 或 directional light。

第五步:这时你应该注意到 Hierarchy 窗口有一个系统默认生成的摄像机。如果没有这个摄像机,在 Game 窗口是看不到你所创建的场景、球体以及灯光。如果觉得 Game 窗口的物体太小了,可以把摄像机往前移动,方法是修改摄像机的属性里的 position,把 z 坐标设为一5。

第六步:让球动起来! 要控制球的移动,就需要编写脚本。回到 project 窗口,单击 Create→C♯ Script(当然也可以单击右键弹出菜单 Create→C♯ Script),脚本添加成功,按"F2"键把它改名为 MoveSphere。双击脚本把它打开,默认生成的文本如下:

```
using System.Collections;
using System.Collections.Generic;
using UnityEngine;
public class MoveSphere : MonoBehaviour {
    //Use this for initialization
    void Start () {
    }
    //Update is called once per frame
    void Update () {
    }
}
```

这里先介绍一下 void Update (),此函数的意思是每画一帧就调用一次。接下来编写控制球移动的代码如下(按上下左右键就把球往前后左右移动一段距离):

```
if(Input.GetKey(KeyCode.UpArrow)){
    transform.Translate(0,0,2 * Time.deltaTime);
}
if(Input.GetKey(KeyCode.DownArrow)){
    transform.Translate(0,0,- 2 * Time.deltaTime);
}
if(Input.GetKey(KeyCode.LeftArrow)){
    transform.Translate( - 2 * Time.deltaTime,0,0);
}
if(Input.GetKey(KeyCode.RightArrow)){
    transform.Translate(2 * Time.deltaTime,0,0);
}
```

代码写完以后,按快捷键 Ctrl+S 保存。保存好以后就可以执行程序了,这个时候执行,按上下左右,但是球没动! 因为我们还没把球和代码关联起来,所以球是不会动的,不受代码控制。关联的方法很简单,直接把代码从 Project 窗口拖到 Hierarchy 窗口的球(mySphere)上就行了。再次执行,按上下左右键,这时候球就向前后左右移动起来了,如图 8-2 所示。

## 8.1.5 项目设计实现

### 1. 智能家居 3D 仿真软件设计实现

(1)场景搭建

创建项目后首先进行智能家居的场景搭建,将需要用的家居场景及设备模型导入到项目

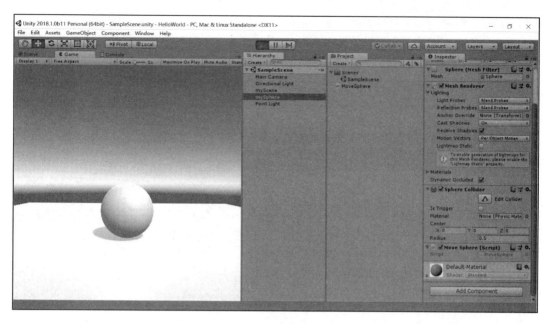

图 8-2 控制小球移动示例

中然后新建场景,在家居场景中的客厅、厨房、卫生间、卧室等区域根据需求将设备模型安放至相应位置(如图 8-3 所示),然后再设计与用户进行交互的相关 UI 界面。

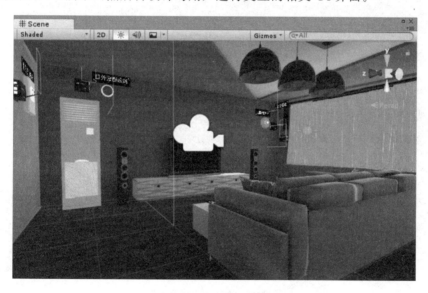

图 8-3 场景搭建

(2)功能实现

a. 摄像机的移动功能

场景漫游功能主要通过对摄像机的移动进行轨迹和动画的控制。

使用 Animator 创建并配置摄像机的移动轨迹动画,如图 8-4 和图 8-5 所示。

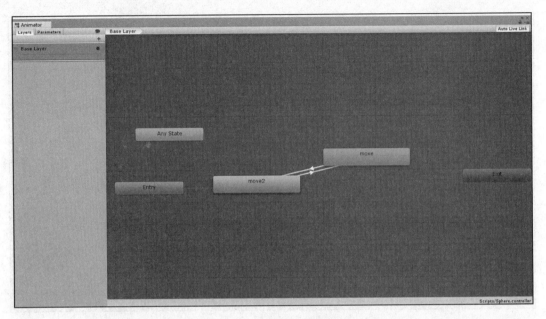

图 8-4　Animator 编辑器

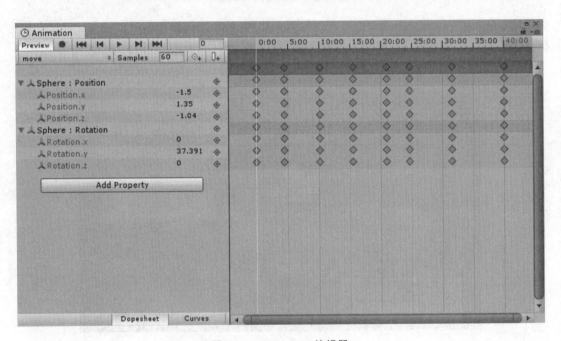

图 8-5　Animation 编辑器

新建一个相机移动的控制脚本并挂载在控制摄像机移动的物体上,在用户需要开启场景漫游时调用控制脚本进行漫游,用户单击场景按钮调用脚本中的方法,代码如下:

```
public void ManyouBut(){
      foreach (Transform item in allchuan. transform){
          item.gameObject. SetActive(true);
      }
```

```
        pos.SetActive(true);
        transform.position = new Vector3( -1.5f, 1.35f, -1.04f);
        animator.SetTrigger("jin");
        transform.GetComponent<Animator>().enabled = true;
        //animator.StartPlayback();
    }
```

b. 画布控制

当用户使用软件不同的功能时,在画面中单击相应菜单或按钮,需要弹出或进入相应的功能界面,所以需要对画布进行控制。原理是通过射线检测碰撞体,当检测到碰撞时弹出 UI,射线检测碰撞体弹出的脚本代码如下:

```
bool CheckGuiRaycastObjects()//检测 UI 射线{
    PointerEventData eventData = new PointerEventData(eventSystem);
    eventData.pressPosition = Input.mousePosition;
    eventData.position = Input.mousePosition;
    List<RaycastResult> list = new List<RaycastResult>();
    RaycastInCanvas.Raycast(eventData, list);
    //Debug.Log(list.Count);
    return list.Count > 0;
}
```

c. 模拟场景联动功能

场景联动功能主要包括红外栅栏报警、人体检测报警、自动调温联动、自动采光联动、烟雾报警联动和智能门禁,如图 8-6 所示。

场景联动模拟功能主要通过动画效果演示联动触发的工作原理及数据传输和处理的流程,联动功能的实现主要包括:动画录制与触发状态设置、动画控制脚本、用户交互处理。

➢ 红外栅栏报警

红外栅栏报警联动硬件采用红外栅栏传感器实时检测是否有物体阻碍和穿过,采用报警灯作为报警联动的响应设备,传感器通过 ZigBee 进行组网和数据传输,智能网关通过 ZigBee 协调器获取数据进行处理及指令下发。数据传输和处理流程如下:红外栅栏实时检测并将状态数据通过 ZigBee 上报给网关,网关实时处理数据,当发现状态异常时,打开报警灯的控制指令,通过 ZigBee 下发给报警灯实现报警联动,如图 8-7 所示。

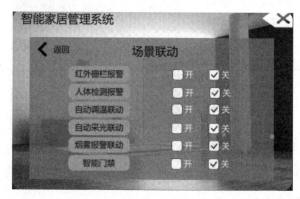

图 8-6 场景联动功能

图 8-7 红外栅栏报警联动

红外栅栏报警联动演示时,动画播放到不同状态弹出窗口进行说明,用户单击确定,动画进入下一状态,与用户交互至演示结束,通过脚本控制动画在不同状态切换弹出窗口,功能参照脚本代码如下:

```
public void InfraYS(){
    AnfPos._instance.hongPos();
    Jiguang.SetActive(true);
    man.SetActive(true);
}
private void OnTriggerEnter(Collider other){
    Debug.Log(123);
    if (other.gameObject.name == "man"){
        Debug.Log("碰到红外");
        man.GetComponent<ManMove>().enabled = false;
        UiButCon._instance.Infrared1();
    }
}
public void InfraDes(){
    man.GetComponent<ManMove>().enabled = true;
    UIManger._instance.Infrared1.isOn = false;
    UIManger._instance.Infrared2.isOn = true;
    InfraredCon._instance.Infrared3.SetActive(false);
    InfraredCon._instance.Infrared2.SetActive(false);
    InfraredCon._instance.Infrared1.SetActive(false);
    man.transform.position = manpos1;
    Jiguang.SetActive(false);
    man.SetActive(false);
    BJlight.SetActive(false);
}
```

➢ 人体检测报警

人体检测报警联动硬件采用人体检测传感器实时检测范围内是否有人,采用报警灯作为报警联动的响应设备,传感器通过 ZigBee 进行组网和数据传输,智能网关通过 ZigBee 协调器获取数据进行处理及指令下发。数据传输和处理流程如下:人体检测传感器实时检测并将状态数据通过 ZigBee 上报给网关,网关实时处理数据,当发现状态异常时将打开报警灯的控制指令,通过 Zig-Bee 下发给报警灯实现报警联动,如图 8-8 所示。

图 8-8　人体检测报警联动

人体检测报警联动功能对应的脚本实现通过状态检测是否有人进入检测范围,控制报警灯闪烁动画和弹出窗口,主要参照代码如下:

```
private void OnTriggerEnter(Collider other){
    //Debug.Log(123);
```

```
if (other.gameObject.name == "man2"){
    Debug.Log("碰到红外");
    //BJlight.SetActive(true);
    man2.GetComponent<ManMove>().enabled = false;
    HwLight.SetActive(true);
    Invoke("closeui",3f);
}
}
public void LwirOpen(){
    AnfPos._instance.renPos();
    HwLine.SetActive(true);
    man2.SetActive(true);
}
public void closeui(){
    if (UIManger._instance.Lwir1.isOn == true){
        lwircloseui.SetActive(true);
    }
}
```

> 自动调温联动

自动调温联动硬件采用温湿度检测传感器实时检测温度,采用空调作为联动的响应设备,传感器通过 ZigBee 进行组网和数据传输,智能网关通过 ZigBee 协调器获取数据进行处理及指令下发。数据传输和处理流程如下:温湿度传感器实时检测并将状态数据通过 ZigBee 上报给网关,网关实时处理数据,当温度高于或低于指定温度时,通过 ZigBee 发送控制指令至红外转发器,红外转发器接收到指令后通过红外控制空调开启或关闭,实现温度调节,如图 8-9 所示。

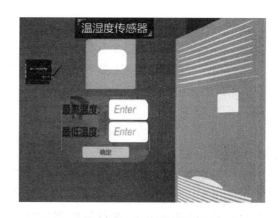

图 8-9　自动调温联动

自动调温联动对应的功能脚本实现当自动调温开启时,显示温度范围设定界面,用户设定最高温度和最低温度后开始模拟温度升高,当温度达到设定的最高温度时,显示一个界面说明联动触发的工作流程,并控制启动空调动画同时开始模拟温度下降,当温度下降到设定的最低温度时,控制空调动画停止,主要参照代码如下:

```
public void TemUp(){
    pre++;
    if (pre> TemhighNum * 100){
        pre = TemhighNum * 100;
    }
    Tempre.text = (int)(pre/100) + "℃";
    if (pre == TemhighNum * 100){
```

```
            Temper2.SetActive(true);
        }
    }
    public void TemDown(){
        pre--;
        if (pre < TemlowNum * 100){
            pre = TemlowNum * 100;
        }
        Tempre.text = (int)(pre / 100) + "℃";
        if (pre == TemlowNum * 100){
            Temperlow2.SetActive(true);
        }
    }
    public void TemOpen(){
        AnfPos._instance.wenPos();
        if (closeAir){
            UiButCon._instance.AirClose();
            closeAir = false;
        }
        if (TemhighNum == 0){
            Temsys.SetActive(true);
        }
        if (temb1){
            TemUp();
        }
        if (temb2){
            TemDown();
        }
    }
```

> 自动采光联动

自动采光联动硬件采用光照度检测传感器实时检测光照度,采用电动窗帘作为联动触发响应设备,传感器通过 ZigBee 进行组网和数据传输,智能网关通过 ZigBee 协调器获取数据进行处理及指令下发。数据传输和处理流程如下:光照度传感器实时检测并将状态数据通过 ZigBee 上报给网关,网关实时处理数据,当光照度高于或低于指定光照度时,通过 ZigBee 发送控制指令至电动窗帘控制器,实现对窗帘的控制,如图 8-10 所示。

图 8-10　自动采光联动

自动采光联动对应的功能脚本实现当自动采光开启时弹出提示检测到光照度低,将打开窗帘自动采光的界面,用户单击确定后播放打开窗帘动画演示采光,经过一段时间后模拟检测到光照度高弹出提示界面,用户单击确定后,播放关闭窗帘动画完成演示,主要参照代码如下:

```
    void Update () {
```

```
if (bolightup){
    UiButCon._instance.CloseBlind1();
    guang.intensity += 0.01f;
    if (guang.intensity >= 3){
        Illum1.SetActive(true);
        guang.intensity = 3;
        bolightup = false;
    }
}
if (bolightdown){
    Debug.Log("进去");
    guang.intensity -= 0.01f;
    if (guang.intensity <= 0){
        guang.intensity = 0;
    }
}
}
public void LightOpen(){
    if (bolstart){
        AnfPos._instance.guangPos();
        Illumopen.SetActive(true);
    }
}
public void LigthUP(){
    bolstart = false;
    Illumopen.SetActive(false);
    bolightup = true;
    bolightdown = false;
}
public void LightDown(){
    UiButCon._instance.OpenBlind1();
    bolightdown = true;
    bolightup = false;
    Debug.Log("下降");
    Illum1.SetActive(false);
}
```

➢ 烟雾报警联动

烟雾报警联动硬件采用烟雾传感器实时检测烟雾浓度,采用报警灯作为报警联动的响应设备,传感器通过 ZigBee 进行组网和数据传输,智能网关通过 ZigBee 协调器获取数据进行处理及指令下发。数据传输和处理流程如下:烟雾检测传感器实时检测并将状态数据通过 ZigBee 上报给网关,网关实时处理数据,当检测到烟雾浓度异常时,通过 ZigBee 发送控制指令至报警灯控制报警,如图 8-11 所示。

烟雾报警联动对应的功能脚本实现当烟雾报警联

图 8-11 烟雾报警联动

动开启时播放烟雾动画,模拟厨房起火产生烟雾,然后播放报警灯闪烁,报警动画模拟产生报警,主要参照代码如下:

```
public void SmokeOpen(){
    AnfPos._instance.yanPos();
    smoke.SetActive(true);
    peng.transform.Translate(0, 0.5f * Time.deltaTime, 0);
}
private void OnTriggerEnter(Collider other){
    if(other.name == "peng"){
        Debug.Log("烟雾");
        baojing.SetActive(true);
        Invoke("smokeClose", 3f);
    }
}
public void smokeClose(){
    if (UIManger._instance.CFsmoke1.isOn == true){
        skclose.SetActive(true);
        Debug.Log("******");
    }
}
public void SmokeDes(){
    UIManger._instance.CFsmoke1.isOn = false;
    UIManger._instance.CFsmoke2.isOn = true;
    skclose.SetActive(false);
    smoke.SetActive(false);
    baojing.SetActive(false);
    peng.transform.position = pengPos;
}
```

> 智能门禁

智能门禁硬件由门禁机及配套电磁锁构成,智能门禁可以是一套独立的控制系统,不依赖于智能网关进行数据处理及控制,如图 8-12 所示。

图 8-12 智能门禁

　　智能门禁对应的功能脚本实现当用户单击智能门锁时弹出输入密码的界面,用户输入密码并单击确定后判断密码是否正确,若正确,则播放门打开的动画,完成智能门禁的演示,主要参照代码如下:

```
public void DoorOpen2(){
    if (pass1.text == ""){
        if (password.text == "123456"){
            door.transform.Rotate(0,90,0);
            passUI.SetActive(false);
            passerror.gameObject.SetActive(false);
            topdoor.SetActive(false);
        }
        else{
            passerror.gameObject.SetActive(true);
        }
    }
    else{
        if (password.text == pass1.text){
            door.transform.Rotate(0,90,0);
            passUI.SetActive(false);
            passerror.gameObject.SetActive(false);
            topdoor.SetActive(false);
        }
        else{
            passerror.gameObject.SetActive(true);
        }
    }
}
```

d. 虚实结合功能

　　虚实结合功能主要实现在智能家居仿真体验的基础之上通过连接真实智能家居系统服务器获取传感器等设备数据,并将真实的硬件设备与软件中的仿真设备进行对应,实现虚拟的体验仿真与真实智能家居应用的结合。

　　虚实结合功能的实现需要基于智能家居提供的服务端程序,按照提供的通信协议即可获取提供的Socket网络服务,功能原理图如图8-13所示。

　　客户端与服务端通过Socket进行连接并通信,根据执行流程,客户端与服务端建立连接成功后,客户端首先要请求打开串口,然后向服务端发送请求获取数据的指令,客户端请求获取数据成功后即可不断地获取到服务端返回的数据,接着客户端再按照相应的通信协议将这些数据解析后即可得到传感器的信息并将这些信息展示到界面中,该过程在程序运行过程

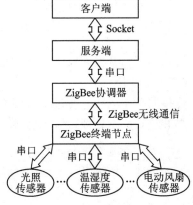

图8-13　功能原理图

中循环执行,实现对数据的实时获取和展示,过程中用户还可通过界面的交互向服务端发送一些控制指令,完成对一些可控类模块的控制,最后程序退出时向服务端发送断开串口的指令即可不再获取到数据并断开连接,执行流程时序图见图8-14。

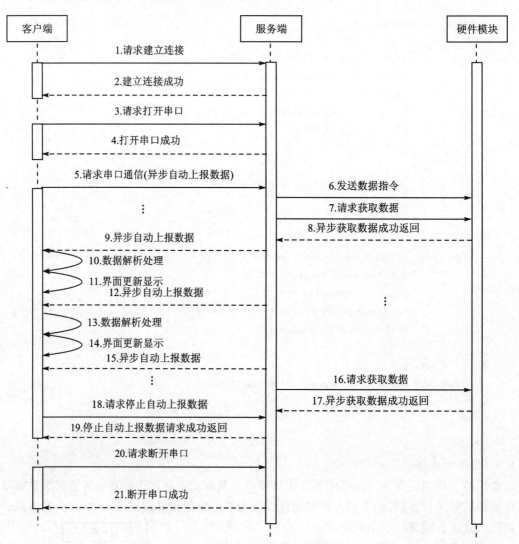

图8-14 执行流程时序图

进入虚实结合模式需要通过配置IP和端口号连接服务器,如图8-15所示。

连接服务器成功后通过编写脚本代码实现异步接收服务器数据并进行解析处理,连接服务器主要参照代码如下:

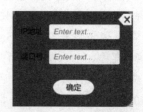

图8-15 配置服务器的IP和端口

```
//1.ip地址 2.端口 3.委托对象
public void InitClient(string ip, int port){
    try{
        clientSocket = new Socket(AddressFamily.InterNetwork,
            SocketType.Stream, ProtocolType.Tcp);
```

```
//实例化一个客户端的网络端点,IPAddress.Parse(ip):将 IP 地址字符串转换为 ip 地址实例
            IPEndPoint clientEP = new IPEndPoint(IPAddress.Parse(ip), port);
            IAsyncResult result = clientSocket.BeginConnect(clientEP, null, null);
            __connected = result.AsyncWaitHandle.WaitOne(1000, false);
            if (__connected){
                clientSocket.EndConnect(result);
                xushiCon._instance.clientmesg.SetActive(false);
                Debug.Log("服务器连接成功");
            }
            else{
                clientSocket.Close();
                xushiCon._instance.clientmesg.SetActive(true);
                Debug.Log("服务器连接失败");
            }
        }
        catch (SocketException ex){
            __connected = false;
            Debug.Log("connect error:" + ex.Message);
            clientSocket.Close();
            return;
        }
        ClientSendMessage(openSerialBuf(0x01, serialName, 115200));
        Debug.Log("123456789456");
        clientSocket.BeginReceive(clientBuffer, 0, this.clientBuffer.Length, SocketFlags.None,
        new System.AsyncCallback(clientReceive), this.clientSocket);
    }
```

异步接收服务器数据主要参照代码如下:

```
    //从服务器接收数据
    public void clientReceive(System.IAsyncResult ar){
        //获取一个客户端正在接收数据的对象
        Socket workingSocket = ar.AsyncState as Socket;
        int byteCount = 0;
        string content = "";
        try{
            //结束接收数据,完成存储
            byteCount = workingSocket.EndReceive(ar);
        }
        catch (SocketException ex){
            //如果接收消息失败
        }
        Dataparsing(byteCount);
        clientSocket.BeginReceive(clientBuffer, 0, this.clientBuffer.Length, SocketFlags.None,
            new System.AsyncCallback(clientReceive), this.clientSocket);
    }
```

最后将获取的数据根据传感器数据协议进行解析。

**2. 智能家居系统网关及设备端系统设计实现**

（1）软件架构

系统基于 C/S 架构设计。服务端运行在智能网关系统中,其功能主要是为上层的客户端提供网络服务,通过接收来自客户端的请求,经过解析处理之后将请求向下通过串口传给传感器,同时接收传感器的响应数据,经过协议封装之后再返回给上层客户端;客户端程序通过网络连接服务端后即可按照相关的协议进行通信,如图 8-16 所示。

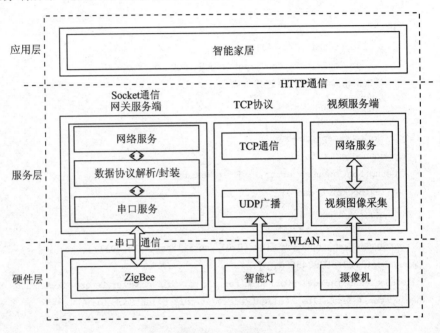

**图 8-16　软件架构**

应用层:位于系统的最上层,应用层的软件可通过 Socket 与服务端建立连接,之后按照相关通信协议发送请求即可获取服务端提供的网络服务。

服务层:位于智能网关系统中,作为应用层与硬件层进行通信的纽带,接收来自应用层的请求,经过处理后向下通过串口传给底层的传感器,同时采集底层模块的信息经过协议封装后向上通过网络服务提供给应用层。

硬件层:工业级传感器通过 ZigBee 通信节点组网,智能网关连接 ZigBee 协调器获取数据,可通过串口接收服务端的请求并将封装后的数据返回给服务端。

（2）传感层

本系统智能家居传感器采用工业级传感器,每个传感器连接一个 ZigBee 终端节点构成传感层,ZigBee 终端节点根据传感器各自协议接口进行连接并获取数据。

（3）网络通信层

协调器建立 ZigBee 无线网络,终端节点自动加入该网络中,然后终端节点周期性地采集数据并将其发送给协调器,协调器接收到数据后,输出至串口。设备组网与数据传输如图 8-17 所示。

协调器工作流程如图8-18所示。

终端节点工作流程如图8-19所示。

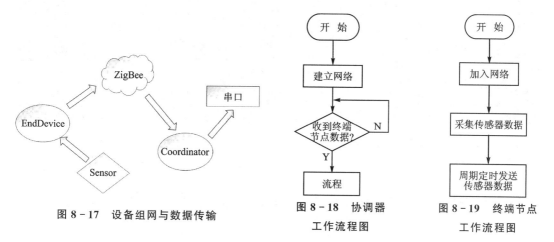

图8-17 设备组网与数据传输　　图8-18 协调器工作流程图　　图8-19 终端节点工作流程图

### 3. 系统运行演示介绍

软件启动后,按键盘 W/S/A/D 键进行上/下/左/右移动,按住鼠标右键可转动视角,在界面中,单击传感器设备弹出相应界面,单击灯开关、空调、电视、窗帘等可控制相应的设备打开关闭,主界面如图8-20所示。

单击右上角场景漫游按钮启动场景漫游功能,引导用户了解智能家居系统及相关设备,熟悉软件中的家居场景和设备部署。

单击设备介绍按钮,弹出设备介绍页面,用户可以单击想了解的传感器进入介绍查看,功能界面如图8-21所示。

图8-20 主界面

图8-21 设备介绍

单击系统演示按钮,弹出系统演示的菜单界面,包括普通模式、情景模式和场景联动,功能界面如图8-22所示。

单击虚实结合按钮,进入虚实结合模式,首先需要配置IP连接服务器,连接成功后即可在界面中显示真实设备的数据,同时可进行控制,界面如图8-23所示。

图 8 - 22　系统演示菜单界面

图 8 - 23　虚实结合模式功能界面

# 8.2　案例 2：基于 VR 技术的物联网智能超市系统设计

## 8.2.1　项目背景

随着共享经济、新零售等概念的兴起及物联网的快速发展及渗透，传统超市、便利店迎来巨大变革。网络零售巨头亚马逊的首个线下智能超市 Amazon Go 正式在美国西雅图亮相，将无人零售的概念引入公众后，阿里巴巴智能超市、缤果盒子、快猫和 TakeGo 等多家智能零售便利店现身国内。

智能超市也是新零售的一种形式，它是对传统超市的一次升级改造，降低了人工、店租、选址要求，核心在于"无人化"运营、"自助化"服务，其发展的关键基础正是物联网技术的高效运用。使用物联网技术创建智能超市，对于商家来说，可以节省人力，降低超市人工管理成本；对于消费者来说，购物更加便捷，免去排队结算的麻烦。

在硬件条件和实际场景难以满足的情况下，本项目将 VR 虚拟现实技术与物联网智能超市系统进行结合，为开发者和学习者提供沉浸式的场景和体验。

## 8.2.2　系统设计目标

软件系统结合 VR 技术实现，无人超市场景如图 8 - 24 所示。

图 8 - 24　无人超市场景

设计实现以下主要功能：

① 场景初始化，VR 设备初始化
　　➢ 加载软件运行所需的场景及模型资源；
　　➢ 连接并启动 VR 设备；
　　➢ 将虚拟用户放置于超市的入口区域。

② VR 左右手柄功能区分
　　➢ 左手控制移动、抓取、交互；
　　➢ 右手控制虚拟鼠标（滑动、单击）。

③ 射线指向移动，移动目标点标记
　　➢ 从手柄前端向手柄正方向发送射线，查找碰撞点，画出射线，并在碰撞点正上方绘制移动标记。

④ 手柄控制拣选商品待抓取
　　➢左手手柄触碰到可拣选商品时，商品高亮。

⑤ 实例化抓取商品，被手柄抓起
　　➢ 隐藏手柄，商品模型放置于手柄节点；
　　➢ 转动手柄可旋转商品，可 360°全方位观察商品；
　　➢ 商品右侧显示商品详情。

⑥ 手柄与冰箱门交互（开关门）
　　➢ 左手手柄进入冰箱交互区域，冰箱门高亮（蓝色）；
　　➢ 扣动手柄扳机键，打开（关闭）冰箱门。

⑦ 冰箱内物品抓取权限控制（开门后方可抓取）
　　➢ 冰箱门关闭时，冰箱内的商品不可交互和抓取；
　　➢ 冰箱门打开后，冰箱内的商品可交互和抓取。

⑧ 抓取的商品详情展示
　　➢ 抓取商品后，在其右侧显示商品 UI 面板，用于展示商品的详细信息；
　　➢ 右手手柄在指向所有 UI 面板时，显示虚拟鼠标，此时右手扳机键相当于鼠标左键；
　　➢ UI 面板可使用单击，可滑动。

⑨ 商品评价展示
　　➢ 商品 UI 面板支持多标签页展示；
　　➢ 切换到"评价"标签页，则展示其他用户的商品评价信息。

⑩ 手柄与购物车交互，商品放入购物车
　　➢ 商品移动至购物车范围时，购物车高亮；
　　➢ 单击左手扳机键，释放商品；
　　➢ 商品跳转到购物车正上方，以自由落体方式落入购物车；
　　➢ 购物车四周有空气墙，限制商品移动；
　　➢ 商品在购物车内，会由于重力自由堆叠和滚动。

⑪ 购物车自动寻路跟随用户移动
　　➢ 场景使用导航网格烘焙，购物车使用导航网格代理寻路，跟随用户。

⑫ 查看购物车
  ➢ 单击左手菜单键,弹出购物车 UI 面板;
  ➢ 显示当前已放入购物车内的商品及其数量。
⑬ 自助结账区域入口交互
  ➢ 在超市出口处,设置收银区;
  ➢ 单击结算牌方可进入,防止误入。
⑭ 购物车内商品结算展示
  ➢ 用户直接跳转到收银区内,面向结算板;
  ➢ 购物车直接跳转到用户右侧;
  ➢ 关闭购物车寻路;
  ➢ 结算板上显示购物详情及统计价格信息;
  ➢ 单击"结账"按钮,可自助结账(无此功能);
  ➢ 单击"重新开始"按钮,回到入口区域。
⑮ 场景及 VR 设备信息重置(开始下一轮体验)
  ➢ 清空购物车内商品;
  ➢ 购物车跳转到入口区域;
  ➢ 用户跳转到入口区域;
  ➢ 启用购物车寻路。

### 8.2.3　VR 介绍

#### 1. VR 概述

虚拟现实(Virtual Reality,缩写 VR)简称虚拟技术,也称虚拟环境,是利用电脑模拟产生一个三维空间的虚拟世界,提供用户关于视觉等感官的模拟,让用户感觉仿佛身临其境,可以即时、没有限制地观察三维空间内的事物。用户进行位置移动时,电脑可以立即进行复杂的运算,将精确的三维世界影像传回产生临场感。该技术集成了电脑图形、电脑仿真、人工智能、感应、显示及网络并行处理等技术的最新研究成果,是一种由电脑技术辅助生成的高技术模拟系统。

从技术角度来说,虚拟现实系统具有下面三个基本特征即三个"I":immersion - interaction - imagination(沉浸-交互-构想),它强调了在虚拟系统中人的主导作用。从过去人只能从计算机系统的外部去观测处理结果,到人能够沉浸到计算机系统所创建的环境中,从过去人只能通过键盘、鼠标与计算环境中的单维数字信息发生作用,到人能够用多种传感器与多维信息的环境发生交互作用;从过去的人只能以定量计算为主的结果中启发从而加深对事物的认识,到人有可能从定性和定量综合集成的环境中得到感知和理性的认识从而深化概念和萌发新意。总之,在未来的虚拟系统中,人们的目的是使这个由计算机及其他传感器所组成的信息处理系统去尽量"满足"人的需要,而不是强迫人去"凑合"那些不是很亲切的计算机系统。

现在的大部分虚拟现实技术都是视觉体验,一般是通过电脑屏幕、特殊显示设备或立体显示设备获得的,不过一些仿真中还包含了其他的感觉处理,比如从音响和耳机中获得声音效果。在一些高级的触觉系统中还包含了触觉信息,也叫作力反馈,在医学和游戏领域有这样的应用。人们与虚拟环境交互,要么通过使用标准设备(例如一套键盘与鼠标),要么通过仿真设备(例如一只有线手套),要么通过情景手臂或全方位踏车。虚拟环境是可以和现实世界类似的(例如,飞行仿真和作战训练),也可以和现实世界有明显差异(如虚拟现实游戏等)。就目前的实际情况来说,它还很难形成一个高逼真的虚拟现实环境,这主要由于技术上的限制造成的,这些限制来自计算机处理能力、图像分辨率和通信带宽。然而,随着时间的推移,处理器、图像和数据通信技术变得更加强大,并具有成本效益,这些限制将最终被克服。

**2. 关键技术**

(1)动态环境建模技术

虚拟环境的建立是虚拟现实技术的核心内容。动态环境建模技术的目的是获取实际环境的三维数据,并根据应用的需要,利用获取的三维数据建立相应的虚拟环境模型。三维数据的获取可以采用 CAD 技术(有规则的环境),而更多的环境则需要采用非接触式的视觉建模技术,两者的有机结合可以有效提高数据获取的效率。

(2)实时三维图形生成技术

三维图形的生成技术已经较为成熟,其关键是如何实现"实时"生成。为了达到实时的目的,至少要保证图形的刷新率不低于 15 帧/秒,最好高于 30 帧/秒。在不降低图形质量和复杂度的前提下,如何提高刷新频率将是该技术的研究内容。

(3)立体显示和传感器技术

虚拟现实的交互能力依赖于立体显示和传感器技术的发展。现有的虚拟现实技术还远远不能满足系统的需要,例如,数据手套有延迟长、分辨率低、作用范围小、使用不便等缺点;虚拟现实设备的跟踪精度和跟踪范围也有待提高,因此有必要开发新的三维显示技术。

(4)应用系统开发工具

虚拟现实应用的关键是寻找合适的场合和对象,即如何发挥想象力和创造力。选择适当的应用对象可以大幅度地提高生产效率、减轻劳动强度、提高产品开发质量。为了达到这一目的,必须研究虚拟现实开发工具,例如虚拟现实系统开发平台、分布式虚拟现实技术等。

(5)系统集成技术

由于虚拟现实中包括大量的感知信息和模型,因此系统的集成技术起着至关重要的作用。集成技术包括信息的同步技术、模型的标定技术、数据转换技术、数据管理模型、识别和合成技术等。

**3. 应用领域**

虚拟现实技术的使用有着非常重要的现实意义,现已应用在诸多领域。

(1)娱乐领域

丰富的感觉能力与 3D 显示环境使得 VR 成为理想的视频游戏工具。由于在娱乐方面对 VR 的真实感要求不是太高,所以近些年来 VR 在该应用发展最为迅猛。如 Chicago(芝加哥)开放了世界上第一台大型可供多人使用的 VR 娱乐系统,其主题是关于 3025 年的一场未来战争;近几年推出的 Oculus Rift 是一款为电子游戏设计的头戴式显示器,以虚拟现实为用户提供更好的体验,并推出了开发者版本,如今已有许多游戏对其支持。

(2)军事航天领域

军事领域的研究一直是推动虚拟现实技术发展的原动力,目前依然是主要的应用领域。如模拟训练一直是军事与航天工业中的一个重要课题,这为 VR 提供了广阔的应用前景。美国国防部高级研究计划局 DARPA 自 20 世纪 80 年代起一直致力于研究称为 SIMNET 的虚拟战场系统,以提供坦克协同训练,该系统可联结 200 多台模拟器;美国空军技术研究所(Air Force Institute of Technology)也在利用 VR 开发培养实际空军操作人员的环境;美国宇航局(NASA)目前已建立了航空、卫星维护 VR 训练系统和空间站 VR 训练系统,并建立了能够供全国使用的 VR 教育系统,用于模拟实际环境培养训练宇航员。

（3）医学领域

虚拟现实技术可以弥补传统医学的不足,主要应用在解剖学、病理学教学、外科手术训练等方面。在教学中,虚拟环境可以建立虚拟的人体模型,借助于跟踪球、HMD、感觉手套,学生可以很容易了解人体各器官结构,这比现有的采用教科书的方式更加有效。在医学院校,学生可在虚拟实验室中进行"尸体"解剖和各种手术练习。同样,外科医生在真正动手术之前,可以通过虚拟现实技术的帮助在显示器上重复地模拟手术,完成对复杂外科手术的设计,寻找最佳手术方案,这样的练习和预演能够将手术对病人造成的损伤降至最低。

（4）艺术领域

虚拟现实技术作为传输显示信息的媒体,在艺术领域有着巨大的应用潜力。例如,VR 技术能够将静态的艺术(如绘画、雕塑等)转化为动态的,可以提高用户与艺术的交互,并提供全新的体验和学习方式。

（5）教育领域

虚拟现实技术应用是教育技术发展的一个飞跃。虚拟学习环境、虚拟现实技术能够为学生提供生动、逼真的学习环境。亲身去经历的"自主学习"环境比传统的说教学习方式更具说服力。虚拟实验利用虚拟现实技术可以建立各种虚拟实验室,如物理、化学、生物实验室等,利用 VR 能够极有效地降低实验室成本投入,并让学生获得与真实实验一样的体会,得到同样的教学效果。

（6）文物古迹

利用虚拟现实技术可以为文物古迹的展示和保护带来更大的发展。将文物古迹通过影像建模,更加全面、生动地展示文物,提供给用户更直观的浏览体验,使文物实时实现资源共享,而不受地域限制,并能有效保护文物古迹不被过多游客的游览而影响。同时使用三维模型能提高文物修复的精度、缩短修复工期。

（7）生产领域

利用虚拟现实技术建成的汽车虚拟开发工程可以在汽车开发的整个过程中全面采用计算机辅助技术来缩短设计周期。例如,福特官方公布过一项汽车研发技术——3D CAVE 虚拟技术。设计师戴上 3D 眼镜坐在"车里",就能模拟"操控汽车"的状态,并在模拟的车流、行人、街道中感受操控行为,从而在车辆未被生产出来之前,及时、高效地分析车型设计,了解实际情况中的驾驶员视野、中控台设计、按键位置、后视镜调节等,并进行改进,这套系统能够有效降低汽车开发成本。

## 8.2.4　VR 硬件与软件交互

系统采用了 HTC 的 VR 硬件,HTC 官方集成了 StreamVR 软件开发包,极大简化了 VR 软件开发成本。在 Unity 中,只需导入 StreamVR 开发包,使用其提供的[CameraRig]预制体,即可完成与 VR 硬件的交互。

**1. 详细示例**

〔CameraRig〕预制体在工程中的位置如图 8 - 25 所示。

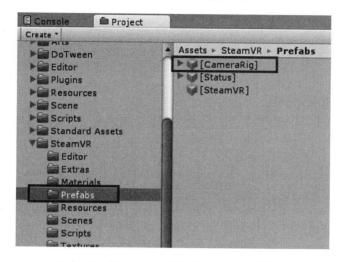

图 8 - 25 〔CameraRig〕预制体在工程中的位置

**2. VR 交互**

〔CameraRig〕预制体下包含：Camera（head），代表 VR 头盔；Controller，代表左右手柄，如图 8 - 26 所示。

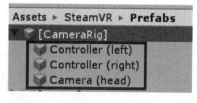

（1）手柄按钮详解

手柄按钮示意图如图 8 - 27 所示。

图 8 - 26 〔CameraRig〕预制体下包含的子预制体

（2）手柄事件详解

StreamVR 提供了脚本（SteamVR_TrackedController.cs），负责与 VR 硬件交互并处理手柄事件触发响应。初始化时会自动挂载。

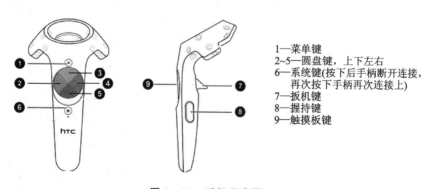

1—菜单键
2~5—圆盘键，上下左右
6—系统键（按下后手柄断开连接，再次按下手柄再次连接上）
7—扳机键
8—握持键
9—触摸板键

图 8 - 27 手柄示意图

手柄事件如下：

➢ MenuButtonClicked：菜单键按下；

➢ MenuButtonUnclicked：菜单键抬起；

➢ TriggerClicked：扳机键按下；

➤ TriggerUnclicked：扳机键抬起；

➤ PadClicked：圆盘键按下；

➤ PadUnclicked：圆盘键抬起；

➤ PadTouched：圆盘键触摸；

➤ PadUntouched：菜单键触摸抬起；

➤ Gripped：抓取键按下；

➤ Ungripped：抓取键抬起。

## 8.2.5　软件架构

**1. 工程结构**

Unity 项目的解决方案中，开发者只需关注第一个工程，其他的是 Unity 引擎使用的。所有的代码都放在 Assets 目录下，如图 8 - 28 所示。

**2. Assets 目录说明**

Assets 目录如图 8 - 29 所示。

图 8 - 28　工程结构

图 8 - 29　Assets 目录

➤ Art：美术资源（程序中无须使用）；

➤ DoTween：程序动画插件（程序中可直接引用）；

➤ HighlightingSystem：高亮插件（程序中可直接引用）；

➤ Scripts：项目脚本代码存放目录；

➤ SteamVR：steam 公司提供的 VR 开发套件（基础层，程序中可直接引用）；

➤ VRTK：steam 公司提供的 VR 开发工具包（逻辑层，程序中可直接引用）。

**3. Scripts 目录说明**

Scripts 目录如图 8 - 30 所示。

➤ Common：通用模块（可跨项目复用）；

➤ Config：配置文件加载逻辑（可跨项目复用）；

➤ Logic：业务逻辑代码（核心部分）；

➤ UGUIEx：UGUI 自定义扩展（可跨项目复用）；

➤ Utils：C♯ 自定义扩展（可跨项目复用）；

➤ GripAble.cs：可抓取物品（可跨项目复用）；

➤ Interactively.cs:可交互物品(可跨项目复用);

➤ UseAble.cs:可使用物品(可跨项目复用)。

**4. Common 目录说明**

Common 目录如图 8-31 所示。

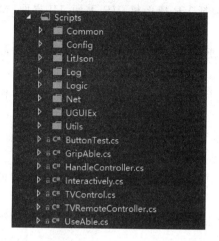

图 8-30 Scripts 目录

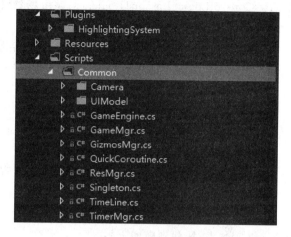

图 8-31　Common 目录

➤ GameEngine.cs:游戏驱动器,用于驱动;

➤ GameMgr.cs:游戏启动管理,用于初始化;

➤ ResMgr.cs:资源(模型)管理,用于动态加载模型;

➤ TimerMgr.cs:定时器。

**5. Config 目录说明**

Config 目录如图 8-32 所示。

➤ GoodsTable.cs:本项目使用到的唯一的配置文件读取逻辑。

**6. Logic 目录说明**

Logic 目录如图 8-33 所示,此目录存放业务强相关代码。

图 8-32　Config 目录

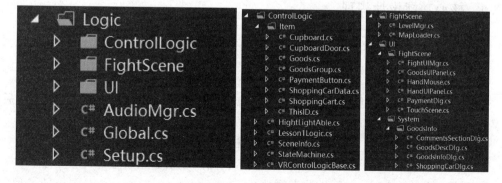

图 8-33　Logic 目录

➢ Setup.cs：游戏启动类；

➢ MapLoader.cs：管理场景加载；

➢ LevelMgr.cs：管理场景加载后的启动逻辑；

➢ ControlLogic/HightLightAble.cs：物品高亮（实体类，挂载到模型上）；

➢ ControlLogic/Lesson1Logic.cs：超市场景管理，包括 VR 摄像机、VR 手柄、UI 界面、初始化、重新开始；

➢ ControlLogic/SceneInfo.cs：场景的静态信息，方便在 Unity 中拖拽定位（实体类，挂载到模型上）；

➢ ControlLogic/VRControlLogicBase.cs：VR 操作控制基类，主要处理 VR 手柄的操作事件，支持开发期模拟操作；

➢ ControlLogic/Item/Cupboard.cs：柜子控制（实体类，挂载到模型上）；

➢ ControlLogic/Item/CupboardDoor.cs：柜子门控制（实体类，挂载到模型上）；

➢ ControlLogic/Item/Goods.cs：商品类，负责抓取、放下、放入购物车（实体类，挂载到模型上）；

➢ ControlLogic/Item/GoodsGroup.cs：货架上的商品，等待抓取，抓取时生成一个新实例（实体类，挂载到模型上）；

➢ ControlLogic/Item/PaymentButton.cs：结算按钮（实体类，挂载到模型上）；

➢ ControlLogic/Item/ShoppingCart.cs：购物车控制，跟随、放入商品（实体类，挂载到模型上）；

➢ ControlLogic/Item/ShoppingCarData.cs：购物车数据，记录已放入的商品；

➢ UI/FightScene/GoodsUIPanel.cs：抓起商品后的信息界面（UI 画布）；

➢ UI/FightScene/PaymentDlg.cs：结算界面（UI）；

➢ System/GoodsInfo/GoodsInfoDlg.cs：商品信息大界面，包含商品详情和用户评论，2 个标签（UI）；

➢ System/GoodsInfo/GoodsDescDlg.cs：商品详情，配置文件所配置的商品信息，在此展示（UI）；

➢ System/GoodsInfo/CommentsSectionDlg.cs：用户评论，静态界面，没有控制逻辑（UI）；

➢ System/GoodsInfo/ShoppingCarDlg.cs：购物车信息，展示购物车内的所有商品（UI）。

## 8.2.6　核心功能设计实现

### 1. 运行流程

运行流程如下：

① Setup 作为软件入口，调用 GameMgr 进行项目初始化。

② 初始化完毕后，进行场景加载。本项目只有一个场景，所以直接加载，加载完成后初始化 VR 设备。

③ 初始 VR 设备分为 3 步：绑定手柄事件、初始化手柄 UI、重置位置。

④ 手柄事件包括：左手抓取、右手移动/鼠标、手柄 UI 根节点显隐。

⑤ 手柄 UI 包括：商品详情、购物车详情。

运行流程图如图 8-34 所示。

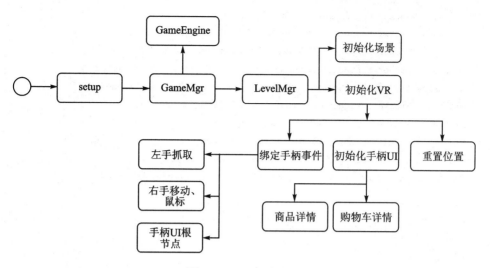

图 8-34 运行流程图

## 2. 手柄事件绑定流程

Lesson1Logic 类的 Init 函数负责处理初始化工作,其中会实例化 VRControlLogicBase 控制对象。

```
public void Init(){
        _moveLayerMask = ~((1 << LayerMask.NameToLayer("ShoppingCar"))
          | (1 << LayerMask.NameToLayer("UI"))
          | (1 << LayerMask.NameToLayer("Ignore Raycast"))); //UI 鼠标使用的层
        _vrCtrl = new VRControlLogicBase();
        _vrCtrl.VRLogicInited += = OnInited;
        MapLoader.instance.LoadMap("Scene/Lesson1", _vrCtrl.Init);
}
```

VRControlLogicBase 中包含 StreamVR 提供的手柄事件控制器实例。

```
public class VRControlLogicBase{
    #region 事件
    //....
    #endregion 事件
    const int maxRayDis = 100; //射线检测距离
    public ControllerContent LeftHand = new ControllerContent(), RightHand = new Controller-
Content();
    ...
}
```

在函数 InitinalizeHandle()中,处理了底层手柄事件和逻辑层手柄事件的绑定关系,代码如下:

```
private void InitinalizeHandle(){
    LeftHand.Tracker.TriggerUnclicked += = OnLeftTriggerUnclicked;
    LeftHand.Tracker.Gripped += = OnLeftGripped;
```

```
        LeftHand. Tracker. Ungripped + = OnLeftUngripped;

        LeftHand. Tracker. PadUnclicked + = OnLeftPadUnclicked;

        LeftHand. Tracker. MenuButtonClicked + = OnLeftMenuButtonClicked;

        LeftHand. Tracker. MenuButtonUnclicked + = OnLeftMenuButtonUnclicked;

        LeftHand. Ctrl. TouchingSomethingCallback + = OnLeftTouchingChanged;

        RightHand. Tracker. TriggerUnclicked + = OnRightTriggerUnclicked;

        RightHand. Tracker. PadClicked + = OnRightPadClicked;

        RightHand. Tracker. PadUnclicked + = OnRightPadUnclicked; //转盘抬起

        RightHand. Tracker. Gripped + = OnRightGripped;

        RightHand. Ctrl. TouchingSomethingCallback = OnRightTouchingChanged;

    }
```

手柄事件绑定流程如图 8 - 35 所示。

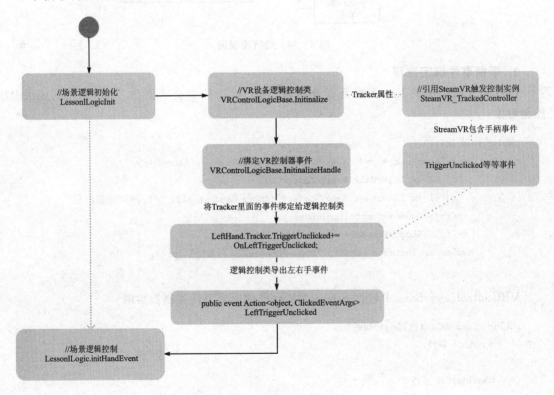

图 8 - 35　手柄事件绑定流程

### 3. 手柄事件响应流程示例

手柄本身不区分左右,在设备启动时,会根据 2 个手柄的相对位置动态确定左右手柄。

以左手抓取为例:

① 左手柄按下扳机键时,左手柄上的委托(事件)SteamVR _ TrackedController. TriggerUnclicked 被调用。该委托在函数 VRControlLogicBase. InitinalizeHandle 中已绑定给委托 OnLeftTriggerUnclicked。

② 手柄事件会传递给委托 VRControlLogicBase. LeftTriggerUnclicked。该委托在函数 Lesson1Logic. initHandEvent 中已绑定给委托 OnGripped。

③ 在函数 OnGripped 中，真正处理抓取，主要代码如下：

```
public void OnGripped(object sender, ClickedEventArgs e){
    //抓着东西,放下
    if (IsInteracting){
        Interacting.Hightlight = false;
        //有东西就使用,并丢弃
        if(Interacting.Use()){
            UnInteract(_gripHand);
        }
        return;
    }
    //没抓东西,可抓则抓
    if (touching != null){
        touching.Hightlight = false;
        Interact(_gripHand, touching);
        return;
    }
}
```

## 4. 核心代码分析

### (1) 软件 Setup 启动入口

游戏启动入口代码如下：

```
//游戏启动的入口
public class Setup : MonoBehaviour{
    //Use this for initialization
    void Start(){
        GameMgr.instance.Init();
    }
}
```

### (2) GameMgr 主控器

启动管理主要用于初始化软件相关资源,初始化完成后跳转到智能超市的场景界面,代码如下：

```
///<summary>
///游戏主控器
///</summary>
public class GameMgr : Singleton<GameMgr>{
    GameEngine _engine;
    public GameMgr(){
        if(_engine == null){
            //生成引擎
            var go = new GameObject("Engine");
            _engine = go.AddComponent<GameEngine>();
            GameObject.DontDestroyOnLoad(go);
```

```
        }
    }
    //初始化
    internal void Init(){
        LogMgr.Init();
        UIManager.instance.Init();
        LogMgr.InitLogUI();
        AudioMgr.instance.Init();
        QuickCoroutine.instance.Init();
        Net.instance.Init();
        //跳转到无人超市场景界面
        LevelMgr.instance.LoadLevel(1);
    }
}
```

（3）LevelMgr 场景管理

根据传入的场景 ID 加载场景并初始化场景逻辑，代码如下：

```
//场景管理
public class LevelMgr : Singleton<LevelMgr>{
    Lesson1Logic _curLogic;
    //加载场景
    public void LoadLevel(int levelID){
        //加载 Scene
        //初始化 Scene
        //FightUIMgr.instance.Init();
        //处理场景表数据，初始化场景逻辑
        _curLogic = new Lesson1Logic();
        _curLogic.Init();
    }
}
```

（4）Lesson1Logic 场景逻辑

该脚本主要用于超市场景管理，包括 VR 摄像机、VR 手柄、UI 界面、初始化、重新开始。超市场景初始化主要代码如下：

```
public void Init(){
//计算可移动层
    _moveLayerMask = ~((1 << LayerMask.NameToLayer("ShoppingCar")) | (1 << LayerMask.NameToLayer("UI")));
    _vrCtrl = new VRControlLogicBase();
    _vrCtrl.VRLogicInited += OnInited;
    MapLoader.instance.LoadMap("Scene/Lesson1", _vrCtrl.Init);
}
    protected void OnInited(){
        _moveHand = _vrCtrl.RightHand;
        _gripHand = _vrCtrl.LeftHand;
```

```
//左手增加碰撞器，用于抓取
var sphereCollider = _gripHand.HandObject.AddComponent<SphereCollider>();
sphereCollider.radius = 0.06f;
sphereCollider.center = new Vector3(0，-0.04f，0.01f);
sphereCollider.isTrigger = true;
LogMgr.Normal("VR 设备初始化完毕");
//场景信息
_si = GameObject.Find("SceneInfo").GetComponent<SceneInfo>();
_si.PaymentButton.Init(this);
//VR 设备
_vrCtrl.Pos = _si.StartPos.position;
_vrCtrl.Rotation = _si.StartPos.rotation;
//购物车
_sc = ResMgr.instance.InstanceGameObject("Scene/ShoppingCar"，_vrCtrl.Pos).GetCompo-
nent<ShoppingCart>();
_sc.transform.rotation = _vrCtrl.Rotation;
//手柄模拟鼠标
_handMouse = new HandMouse(_moveHand.HandObject.transform);
//UI 物品信息
_guip = new GoodsUIPanel();
_guip.Init(_vrCtrl.VRHead.transform，_gripHand.HandObject.transform，_handMouse);
//UI 购物车
_huip = new HandUIPanel();
_huip.Init(AddShoppingCarDataChangedCallback，
    RemoveShoppingCarDataChangedCallback，
    GetGoodsListInShoppingCar，
    _gripHand.HandObject.transform，_handMouse);
Restart();
}
```

手柄事件初始化代码如下：

```
private void initHandEvent(){
    _vrCtrl.LeftTouchingChanged + = OnGripHandTouchingChanged;
    _vrCtrl.LeftTriggerUnclicked + = OnGripped;
    _vrCtrl.RightPadClicked + = OnMoveBtnCicked;
    _vrCtrl.RightPadUnclicked + = OnMoveBtnUnclicked;
    _vrCtrl.RightPadPressed + = OnMoveBtnPressed;
    _vrCtrl.LeftMenuButtonUnclicked + = OnInfoButtonUnclicked;
}
```

手柄按下抓取键抓取物品主要功能代码如下：

```
public void OnGripped(object sender, ClickedEventArgs e){
    //抓着东西，放下
    if(IsInteracting){
        Interacting.Hightlight = false;
```

```
        //有东西就使用,并丢弃
        if (Interacting.Use()){
            UnInteract(_gripHand);
        }
        return;
    }
    //没抓东西,可抓则抓
    if (touching ! = null){
        touching.Hightlight = false;
        Interact(_gripHand, touching);
        return;
    }
}
```

瞬移到手柄射线指向的位置并让购物车跟随,主要代码如下:

```
public void OnMoveBtnUnclicked(object sender, ClickedEventArgs e){
//关闭射线
    _moveHand.Line.enabled = false;
//计算移动目标点
    var point = VRControlLogicBase.GetFlashToPoint(_moveHand.HandObject.transform.posi-
tion,_moveHand.HandObject.transform.forward, _moveLayerMask);
    if (! point.HasValue) { return; }
    NavMeshHit hit;
    if (NavMesh.SamplePosition(point.Value, out hit, 10, NavMesh.AllAreas)){
        _vrCtrl.Pos = hit.position;
    }
    else{
        _vrCtrl.Pos = point.Value;
    }
    _sc.SetTargetPoint(point.Value);//购物车跟随
    _handMouse.Enable = true;
}
```

重新开始,恢复初始状态主要代码如下:

```
internal void Restart(){
    LogMgr.Normal("重新开始");
    removeHandEvent();
    _guip.Show = false;
    _guip.GetCurGoodsInfoCallback = null;
    _huip.Show = false;
    _handMouse.Enable = true;
    _vrCtrl.Pos = _si.StartPos.position;
    _vrCtrl.Rotation = _si.StartPos.rotation;
    _sc.transform.position = _vrCtrl.Pos;
    _sc.transform.rotation = _vrCtrl.Rotation;
    _sc.Clear();
    Goods.Clear();
```

```
        _sc.OnShopping();
        if (_payDlg != null) { _payDlg.Close(); }
        //抓着东西,放下
        if (IsInteracting){
            Interacting.Hightlight = false;
            UnInteract(_gripHand);
        }
        initHandEvent();
    }
}
```

（5）VR 控制器

VR 操作控制基类 VRControlLogicBase,主要处理 VR 手柄的操作事件,支持开发期模拟操作,初始化主要代码如下：

```
public void Init(){
//找到场景中的 VR 节点,做初始化
        VRRoot = GameObject.Find("[CameraRig]");
        VRRoot.GetComponent<SteamVR_PlayArea>().BuildMesh();
        GameObject.DontDestroyOnLoad(VRRoot);
        var ctrlrMgr = VRRoot.transform.GetComponent<SteamVR_ControllerManager>();
        LeftHand.Initinalize(this, ctrlrMgr.left);
        RightHand.Initinalize(this, ctrlrMgr.right);
        VRHead = VRRoot.transform.Find("Camera (head)").gameObject;
        UIManager.instance.SetMainCamera(VRHead.FindComponent<Camera>("Camera (eye)"));
        //初始化手柄
        InitinalizeHandle();
        LogMgr.Normal("手柄初始化完毕");
        OnInited();
    }
```

## 8.2.7　数据管理

### 1. 持久化数据

本客户端软件仅涉及少量数据,无须使用数据库,相关配置数据放置在 Client/Config/GoodsTable.csv 中,数据条目及格式如图 8 - 36 所示。

| 编号 | 服务器ID | 名称 | 商品路径 | 价格 | 描述 | 毛重 | 产地 | 进口/国产 | 分类 |
| ID | ServerID | Name | GoodsPath | Price | Desc | Weight | Addr | ComeFrom | Classes |
| 1 | 1678 | 百事可乐 | Scene/Goods/bottle15 | 3.5 | 假的商品 | 1kg | 河南/郑州 | 国产 | 膨化食品 |
| 2 | 1680 | 红瓶饮料 | Scene/Goods/bottle3 | 2.5 | | 2kg | 天津/武清 | 进口 | 饮料 |
| 3 | 1679 | 可口可乐 | Scene/Goods/bottle2 | 2.5 | | 3kg | 天津/武清 | 进口 | 饮料 |

**图 8 - 36　商品信息**

### 2. 打包配置文件

项目发布前要将软件运行时需读取的商品信息配置表进行打包,在 Unity 中已提供了一键打包功能按钮菜单：Custom-→ ConfigToResources,如图 8 - 37 所示。运行后会生成一份

供程序读取的配置文件，放置于 Assets/
Resource/Config 目录下。

**3．运行中的数据**

本软件运行中的数据集中在"购物车"部
分。使用的存储结构代码如下：

图 8-37　打包配置文件

```
//商品的销售信息
public class GoodsInfoForSell{
    public GoodsDatabase TableData; //配置文件数据
    public int Num; //商品数量
}
//购物车数据
public class ShoppingCarData{
    //Table.id,商品销售信息
Dictionary<int, GoodsInfoForSell> _allInfoForSell = new Dictionary<int, GoodsInfoForSell>();
//购物车内所有的商品
}
```

## 8.2.8　运行效果展示

软件启动并连接 VR 设备后，虚拟用户在超市入口区域，如图 8-38 所示。

图 8-38　虚拟用户位于超市入口区域

使用手柄抓取商品并查看商品信息，如图 8-39 所示。

将商品放入购物车，如图 8-40 所示。

图 8-39　抓取物品查看商品信息

图 8-40　商品放入购物车

查看购物车,如图 8 - 41 所示。

商品结算,如图 8 - 42 所示。

图 8 - 41　查看购物车

图 8 - 42　商品结算

# 思考与练习

## 一、选择题

1. Unity 引擎使用的是左手坐标系还是右手坐标系?(　　)

　　A. 左手坐标系

　　B. 右手坐标系

　　C. 可以通过 Project Setting 切换左右手坐标系

　　D. 可以通过 Reference 切换左右手坐标系

2. 在 Unity 引擎中,Collider 指的是什么?(　　)

　　A. Collider 是 Unity 引擎中所支持的一种资源,可用作存储网格信息

　　B. Collider 是 Unity 引擎中内置的一种组件,可用作对网格进行渲染

　　C. Collider 是 Unity 引擎中所支持的一种资源,可用作游戏对象的坐标转换

　　D. Collider 是 Unity 引擎中内置的一种组件,可用作游戏对象间的碰撞检测

3. 可以通过以下哪个视图来录制场景中 Game Object 的动画?(　　)

　　A. Mecanim　　　　　B. Animation　　　　　C. Animator　　　　　D. Navigation

4. 以下哪一个选项不属于 Unity 引擎所支持的视频格式文件?(　　)

　　A. 后缀名为 mov 的文件　　　　　　　　B. 后缀名为 mpg 的文件

　　C. 后缀名为 avi 的文件　　　　　　　　D. 后缀名为 swf 的文件

5. 以下哪个组件是任何 Game Object 必备的组件?(　　)

　　A. Mesh Renderer　　　B. Transform　　　C. Game Object　　　D. Main Camera

6. 下列选项中,有关 Animator 的说法错误的是哪一个?(　　)

　　A. Animator 是 Unity 引擎中内置的组件

　　B. 任何一个具有动画状态机功能的 Game Object 都需要一个 Animator 组件

　　C. 主要用于角色行为的设置,包括 State Machines、混合树 Blend Trees 和通过脚本控

制的事件

　　D. Animator 同 Animation 组件的用法是相同的

7. 在 Unity 引擎中,关于如何向工程中导入图片资源,以下做法错误的是哪一个?(　　)

　　A. 将图片文件复制或剪切到项目文件夹下的 Assets 文件夹或 Assets 子文件夹下

　　B. 通过 Assets→Import New Asset 导入资源

　　C. 选中所需图片,按住鼠标左键拖入 Project 视图中

　　D. 选中所需图片,按住鼠标左键拖入 Scene 视图中

**二、简答题**

1. 解释游戏对象(GameObjects)和资源(Assets)的区别与联系。

2. 什么是预制体,使用预制体的目的是什么?

3. 物体发生碰撞的必要条件有哪些?

# 参考文献

［1］赖友源.物联网系统设计及应用研究[J].科学技术创新,2019(7):61-62.

［2］苏博妮,化希耀.物联网应用系统设计课程教学探讨[J].电脑知识与技术,2018,14(11):140-142.

［3］王昆,贺海育.基于物联网技术的智慧农业大棚监控系统研究[J].粘接,2019,40(8):183-186.

［4］孙其博,刘杰,黎羴,等.物联网:概念、架构与关键技术研究综述[J].北京邮电大学学报,2010,33(3):1-9.

［5］丁小伟,徐娟娟.智能垃圾桶的设计与实现[J].信息通信,2019(9):152-153.

［6］袁凯烽.虚拟仿真技术在物联网应用技术专业教学中的应用[J].文教资料,2017(28):170-171.

［7］王栋,袁伟,吴迪.基于 Wi－Fi 物联网的图书馆环境监测系统[J].计算机科学,2018,45(B11):532-534.

［8］张烈超.融合移动互联网应用的响应式 Web 开发模型设计[J].武汉交通职业学院报,2017,19(1):78-82.